模拟电子技术

（第2版）

主　编　王　彦

副主编　路文娟　魏　颖

U0205849

西南交通大学出版社

·成　都·

内容简介

本书内容充分考虑了高职人才培养目标和高职学生目前的知识层次与接受能力的实际情况，汲取了近年来各高职高专院校在教学过程中以及在探索培养高素质技术应用型人才方面取得的成功经验，突出应用性、针对性，淡化理论推导，注重结论与实践，以能力培养为主，强调技术的实用性，强化电子电路的分析方法的介绍，更好地体现模拟电子技术课程专业技术基础的地位。本书共分为 8 章，内容包括：半导体二极管及其应用电路、半导体三极管及其放大电路、场效应管及其放大电路、负反馈放大电路、集成运算放大电路、正弦波振荡电路、低频功率放大电路、直流稳压电源等。为便于教学和自学，每章后面均有小结和习题。

本书可以作为高职高专电子信息工程技术、电气自动化技术、通信技术、机电一体化、汽车电子等专业的专业技术基础课教材，也可作为职工大学、业余大学等的同类专业基础课教材，还可供从事电子技术的工程技术人员参考和学习。

图书在版编目（ＣＩＰ）数据

模拟电子技术 / 王彦主编. – 2 版. —成都：西
南交通大学出版社，2018.2（2023.1 重印）
　　ISBN 978-7-5643-6033-7

Ⅰ. ①模… Ⅱ. ①王… Ⅲ. ①模拟电路 – 电子技术 –
高等职业教育 – 教材 Ⅳ. ①TN710

中国版本图书馆 CIP 数据核字（2018）第 024974 号

模拟电子技术
（第 2 版）

主编　王　彦

责任编辑	宋彦博
封面设计	墨创文化

出版发行	西南交通大学出版社
	（四川省成都市金牛区二环路北一段 111 号
	西南交通大学创新大厦 21 楼）
邮政编码	610031
发行部电话	028-87600564　　　　87600533
官网	http://www.xnjdcbs.com
印刷	成都中永印务有限责任公司

成品尺寸	185 mm×260 mm
印张	15.25
字数	378 千
版次	2018 年 2 月第 2 版
印次	2023 年 1 月第 8 次
定价	35.00 元
书号	ISBN 978-7-5643-6033-7

课件咨询电话：028-81435775

前　言

本书是在贯彻《关于全面提高高等职业教育教学质量的若干意见》(教高〔2006〕16号)文件精神的教育改革中,积累了多年的教学改革与实践的经验,根据高职高专"模拟电子技术"基础课程教学的基本要求而编写的。本书可以作为高职高专电子信息、电气自动化技术、通信技术、机电一体化、汽车电子等的专业技术基础课教材,也可供从事电子技术的工程技术人员自学与参考。

"模拟电子技术"是电类专业的技术基础课程,内容包括:半导体的基础知识、半导体二极管及其应用电路、半导体三极管及其放大电路、场效应管及其放大电路、负反馈放大电路、集成运算放大电路、正弦波振荡电路、低频功率放大电路、稳压电源等。通过本课程的学习,学生能掌握模拟电子技术的基本理论、基本分析方法、基本测量技能,提高分析问题、解决问题的能力,拓宽知识面,为今后的学习、创新和科学研究工作打下扎实的理论基础和实践基础。

为了适应高职高专培养目标及现代化技术发展需要,本书以现代电子技术的基本知识与基本理论为主线,重视模拟电子技术的应用,克服了以往学生学完本课程后不知其用处的缺陷,而理论分析主要体现应用的目的,删繁就简,遵循"够用"与"实用"的基本原则,增强教学的实践性。在教材内容的安排上,以满足岗位需求和培养学生独立分析、解决问题的能力为目的。每章都有小结,并配有习题,以方便学生练习,并培养学生独立自学、开阔视野的能力。

本书由武汉铁路职业技术学院王彦任主编,路文娟、魏颖任副主编。王赟参与了第5章主要内容的编写,余海潮、朱琳等老师为本书的课件、插图、习题解答做了大量的工作,在此一并表示感谢。

在本书的编写过程中,武汉铁路职业技术学院电子电气工程系的任课老师给予了大量支持,并对大纲进行了审定;在教材的修订过程中,陈晓明副教授提出了许多宝贵意见,并对书稿进行了认真的校对,在此一并表示衷心的感谢!

本书配有便于教学的电子教案,并配有多套模拟试题,以及习题参考答案。由于篇幅有限,书中没有列出这些内容。读者若需要,可发邮件至电子邮箱 28526306@qq.com 索取。

由于编者水平有限,加之电子技术日新月异,书中难免存在不足之处,恳请广大读者批评指正,以便今后改进。

编　者
2011 年 7 月

再版前言

电子技术（Electronic Technique）已经在人类社会发展了一个多世纪，当前仍以半导体为重要材料基础，主要研究电子器件及其电子器件构成的电路的应用。电子技术包括模拟（Analog）电子技术和数字（Digital）电子技术，模拟电子技术主要对模拟信号进行发生、放大、滤波、转换等处理，模拟电子技术课程是电类专业的重要专业基础课程之一。

第二版继续遵循第一版"够用"与"实用"的基本原则，注重结合实际和教学实践，有利于读者增强创新意识，培养实践能力，形成自学能力，学以致用，解决电路实践中所遇到的问题。全书共 8 章，主要内容包括：第 1 章为半导体二极管及应用电路，介绍二极管的结构、特性、识别、检测及应用。第 2 章为半导体三极管及其放大电路，介绍三极管的特性、参数、识别与检测，以及三极管所构成的三种组态放大器。第 3 章为场效应管及其放大电路，介绍场效应管的分类、原理、特性、参数以及所构成的放大电路分析。第 4 章为负反馈放大电路，介绍反馈的基本概念、分类、判别，以及负反馈对放大电路的影响。第 5 章为集成运算放大器，介绍差分放大电路的原理，集成运放的组成和特性，以及集成运放的线性和非线性应用。第 6 章为正弦波振荡电路，介绍自激振荡的原理，以及 LC、RC 和石英晶振三种振荡电路。第 7 章为低频功率放大电路，介绍互补对称功率放大电路以及集成功率放大器的应用实例。第 8 章为直流稳压电源电路，介绍整流、滤波、串联型稳压电路、集成稳压器、开关型稳压电路等。

全书由武汉铁路职业技术学院王彦担任主编，路文娟、魏颖担任副主编，王赟参编。王彦对本书的编写思路和大纲进行了总体策划，负责统筹全书的编写，对全书统稿、定稿，并编写了第二、三、四、八章。路文娟负责编写了 5.2 节、第七章、附录和参考文献。魏颖负责编写了第一、六章。王赟编写了 5.1 节、5.3—5.6 节。吴杰、李一平、余海潮、朱琳等参与了大纲审定和书稿校对，同时为本书的课件、插图、习题解答做了大量工作。

在本书第一版的使用过程中，许多读者向我们提出了了宝贵的建议和意见，并给与我们大力支持和鼓励，在此一并致谢。

为了便于读者学习，本书配有电子教案、课件、虚拟实验室等教学资源。如读者有需要可登陆课程资源网站 http://jpkc.wru.com.cn/JPKC/mndzjs/Index.asp，进行下载或使用。

限于作者水平，书中的内容难免出现疏忽、不恰当甚至错误之处，恳请教师同行及读者指正请您将阅读中发现的错误或意见建议发送到 28526306@qq.com，以便我们不断完善本书。

编 者

2017 年 12 月

常用符号说明

1. 分立元器件

（1）元器件名称及在电路中的符号

T	三极管、场效应管
D	普通二极管
D_Z	稳压二极管
LED	发光二极管
A	运算放大器
K	开关
R_P	电位器、集成运放同相端平衡电阻
R	电阻器
C	电容器
L	电感器

（2）元器件的管脚名称及在电路中的符号

b（B）	三极管基极
c（C）	三极管集电极
e（E）	三极管发射极
g（G）	场效应管栅极
d（D）	场效应管漏极
s（S）	场效应管源极

2. 电压与电流

（1）工作电源电压

① 符号规定：

大写的字母，大写下标（英文字母），并双写该下标字母。

② 符号使用：

U_{BB}	晶体三极管基极直流电源电压
U_{CC}	晶体三极管集电极直流电源电压
V_{CC}	晶体三极管集电极直流电源电位
V_{EE}	晶体三极管发射极直流电源电位
U_{GG}	场效应管漏极直流工作电压

U_{DD} 　　　　　　　场效应管漏极直流工作电压

（2）电压与电流

① 符号规定：

英文小写字母符号，小写字母下标，表示交流电压、电流瞬时值；

英文小写字母符号，大写字母下标，表示交直流叠加的电压、电流瞬时值；

英文大写字母符号，小写字母下标，表示交流电压、电流有效值；

英文大写字母符号，大写字母下标，表示直流电压、电流值。

② 符号使用：

电压用字母 U（或 u）表示，电位用字母 V（或 v）表示。

U_{BE}	三极管基极与发射极间的直流工作电压
U_{CE}	三极管集电极与发射极间的直流工作电压
V_B、V_C、V_E	三极管基极、集电极、发射极的直流电位
$U_{(BR)CEO}$	基极开路时三极管集电极与发射极间的反向击穿电压
$U_{(BR)EBO}$	集电极开路时三极管发射极与基极间的反向击穿电压
$U_{(BR)CBO}$	发射极开路时三极管集电极与基极间的反向击穿电压
U_{CES}	三极管集电极与发射极间的饱和电压
u_{BE}	三极管基极与发射极间含直流的瞬时电压
u_{CE}	三极管集电极与发射极间含直流的瞬时电压
v_i	交流输入电位
u_i	交流输入电压
v_s	信号源电位
i_B、i_C、i_E	三极管基极、集电极、发射极的交直流叠加电流瞬时值
i_b、i_c、i_e	三极管基极、集电极、发射极的交流电流瞬时值
I_{BQ}、I_{CQ}、I_{EQ}	三极管基极、集电极、发射极的静态工作电流
I_{CBO}	三极管发射极开路时的集电极与基极间的反向饱和电流
I_{CEO}	三极管基极开路时的集电极与发射极间的反向饱和电流
I_{CM}	三极管集电极最大允许电流
U_Z、I_Z	稳压管的稳定电压、稳定电流
I_{FM}	二极管最大整流电流
I_R	二极管的反向电流
U_{RM}	最大反向工作电压
U_P	场效应管的夹断电压
U_T	场效应管的开启电压
U_{GS}	场效应管的栅源直流电压
U_{DS}	场效应管的漏源直流电压
u_{GS}	场效应管的栅源含直流的瞬时电压
u_{DS}	场效应管的漏源含直流的瞬时电压

u_{id}	差模输入电压
u_{ic}	共模输入电压
u_{od}	差模输出电压
u_{oc}	共模输出电压
u_+、i_+	同相端的输入电压、输入电流
u_-、i_-	反相端的输入电压、输入电流
U_{REF}	电压比较器的参考电压
I_{REF}	电流源提供的标准电流
u_f	反馈电压

3. 功 率

P_{CM}	三极管集电极最大耗散功率
P_C	三极管集电极耗散功率
P_o	放大电路输出功率
P_E	直流电源提供的功率
P_{omax}	放大电路最大输出功率

4. 电 阻

R_b	基极偏置电阻
R_c	集电极电阻
R_e	发射极电阻
R_L	负载电阻
R_s	信号源内阻
r_{be}	三极管基极-发射极间的等效输入电阻
r_o	输出等效电阻
r_i	输入等效电阻
r_{id}	差模输入等效电阻
r_{od}	差模输出等效电阻
r_{ic}	共模输入等效电阻
r_{oc}	共模输出等效电阻
R_g	场效应管的栅极电阻
R_d	场效应管的漏极电阻
r_d	场效应管的输出等效电阻

5. 频率参数

f_0	谐振频率
f_S	石英晶体的串联谐振频率
f_P	石英晶体的并联谐振频率
ω_0	谐振角频率

f_M	二极管的最高工作频率
f_H	上限截止频率
f_L	下限截止频率
BW	通频带

6. 性能参数、技术指标

$\bar{\beta}$	三极管共射极直流电流放大系数
β	三极管共射极交流电流放大系数
$\bar{\alpha}$	三极管共基极直流电流放大系数
α	三极管共基极交流电流放大系数
A_u	交流电压放大倍数
A_i	交流电流放大倍数
A_{us}	源电压放大倍数
g_m	场效应管低频互导（跨导）
A_{ud}	差模电压放大倍数
A_{uc}	共模电压放大倍数
K_{CMR}	共模抑制比
φ_A	基本放大电路的相移
φ_F	反馈网络的相移
F	反馈系数
A	开环放大倍数
A_{uf}	闭环电压放大倍数
A_{if}	闭环电流放大倍数
$\dot{F}$	反馈系数的相量形式
$\dot{A}$	开环放大倍数的相量形式
η	效率
S_r	稳压系数
S_T	温度系数
δ_U	纹波系数
I_{os}	整定电流

目　录

半导体二极管及其应用电路

1.1 半导体的基础知识

1.1.1 半导体的导电特性

1.1.1.1 半导体的特点

自然界中的各种物质按其导电性能的不同可分为：导体、半导体和绝缘体。半导体的导电能力介于导体和绝缘体之间，它具有独特的热敏性、光敏性和掺杂性。

热敏特性：半导体的电阻率随着温度的变化会发生明显改变。例如，对于半导体锗，温度每升高 10 ℃，其电阻率将减小为原来的一半。利用半导体的热敏特性，可以制作热敏电阻，用于控制系统以及温度测量等。需要指出的是，因为半导体器件存在温度敏感性问题，所以环境温度的变化将引起由半导体器件组成的电子线路性能的变化。

光敏特性：半导体的电阻率对光照十分敏感。例如，常用的硫化镉光敏电阻，无光照射时，电阻值高达几十兆欧；受到光照射时，电阻值降至几十千欧。利用半导体的光敏性，可以制造出多种类型的光电器件，它们广泛应用于自动控制和电子设备中。

掺杂特性：在纯净的半导体中，人为地掺入微量的杂质元素，就会使它的导电能力产生极大的变化。例如，在纯净半导体中掺入百万分之一的杂质，其导电能力可以提高近 100 万倍。所有半导体器件都是由掺有特定杂质的半导体材料制成的。

自然界中的半导体材料有：元素半导体，如硅（Si）、锗（Ge）等；化合物半导体，如砷化镓（GaAs）等；掺杂材料，如硼（B）、磷（P）等。其中硅和锗是目前用得最多的半导体材料，由于硅和锗都是以晶体结构存在于自然界中，因此半导体二极管、三极管常被称作晶体二极管和晶体三极管。

由化学元素周期表可知，硅和锗都是四价元素，即它们的原子最外层轨道上都有 4 个电子（称为价电子）。它们的简化原子结构模型如图 1.1（a）所示，由于原子呈中性，所以原子核用标有"+4"的圆圈表示，外围价电子用 • 表示。在晶体中，由于相邻原子的距离很近，价电子不仅受到自身原子核的约束，还受到相邻原子核的吸引，使得每个价电子为相邻原子所共有，从而形成共价键，这样 4 个价电子与相邻的 4 个原子中的价电子分别组成 4 对共价键。图 1.1（b）所示是硅（或锗）共价键结构的平面示意图。

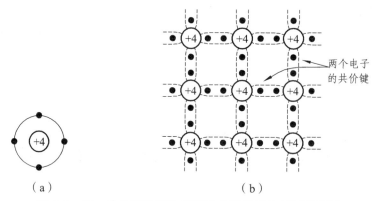

（a）　　　　　　　　（b）

图 1.1　硅、锗的原子结构模型及共价键结构平面示意图

共价键中的价电子，由于受到原子核的束缚，不能在晶体中自由移动，因而也称为束缚电子，它不能参与导电。

1.1.1.2　本征半导体

半导体按其是否掺有杂质来划分，又可分为本征半导体和杂质半导体。

本征半导体是一种完全纯净、结构完整的半导体晶体。在绝对零度（−273.15 ℃）和没有外界激发时，每一个原子的外围电子被共价键所束缚，不能自由移动。这样，本征半导体中虽然有大量的价电子，但没有自由电子，此时半导体是不能导电的。当温度升高或受光照射时，共价键中的价电子会获得足够能量，从共价键中挣脱出来，变成自由电子；同时，在原共价键的相应位置上留下一个空位，这个空位称为"空穴"，如图 1.2 所示。显然，电子和空穴是成对出现的，所以称为电子-空穴对。在本征半导体中，电子和空穴的数目总是相等的，我们把在热或光的作用下，本征半导体中的价电子挣脱共价键的束缚产生电子-空穴对的现象，称为本征激发。

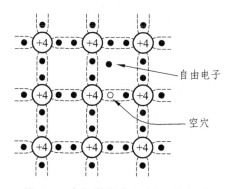

图 1.2　本征激发产生电子-空穴对

由图 1.1（b）可见，一个完整的共价键的价电子数等于原子核的正电荷数，所以原子中正负电荷数目相等，半导体呈电中性。电子挣脱共价键的束缚而成为自由电子后，原子核因失去电子而带等量的异性电荷，因为自由电子带负电荷，所以空穴带等量的正电荷。

由于共价键中出现了空穴，在外电场或其他能源的作用下，邻近的价电子就可以填补到这个空穴上来，而这个价电子的原来位置上又留下新的空穴，其他价电子又可以转移到这个新的空穴上。这样，电子和空穴就产生了相对移动，它们的运动方向相反，而形成的电流方向是一致的。由此可见，本征半导体中存在两种载流子：自由电子和空穴。而导体中只有一种载流子——自由电子，这是半导体与导体的一个本质区别。

1.1.1.3 杂质半导体

从前面的分析可见，在本征半导体内，自由电子和空穴总是成对出现的，即自由电子的数目总是和空穴的数目相等。

在本征半导体（纯净的硅或锗）中掺入微量的杂质，会使半导体的导电性能发生显著的变化。因掺入的杂质性质不同，杂质半导体可分为 P 型半导体和 N 型半导体。

（1）P 型半导体

在纯净的半导体材料硅（或锗）中掺入微量的三价元素（如硼），则可构成 P 型半导体。硼原子只有 3 个价电子，它取代硅（或锗）原子，而与相邻的 4 个硅（或锗）原子形成共价键时，会因缺少一个价电子而出现空穴。这样，在掺入微量三价元素后的本征半导体中，其载流子除了本征激发产生的电子-空穴对外，还有因掺杂而出现的空穴，如图 1.3 所示，这种半导体就称为 P 型半导体。在 P 型半导体中，空穴的数目远大于自由电子的数目，空穴为多数载流子，简称"多子"；而电子为少数载流子，简称"少子"。由于 P 型半导体主要靠空穴导电，因而又称为空穴型半导体。

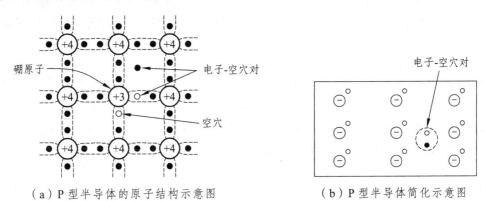

（a）P 型半导体的原子结构示意图　　　　　（b）P 型半导体简化示意图

图 1.3　P 型半导体的结构

（2）N 型半导体

在纯净的半导体材料硅（或锗）中掺入微量的五价元素（如磷），则可构成 N 型半导体。磷原子有 5 个价电子，它取代硅（或锗）原子，而与相邻的 4 个硅（或锗）原子组成 4 个共价键时，会多出一个价电子，这个电子便成为自由电子。这使得 N 型半导体中的载流子——电子和空穴——的数目不再相等，自由电子的数目远大于空穴的数目，如图 1.4 所示，这就是 N 型半导体。在 N 型半导体中，电子为多数载流子，空穴为少数载流子，因此，N 型半导体又称为电子型半导体。

从上面的分析还可以了解到，杂质半导体中的多数载流子的浓度与掺杂浓度有关；而少数载流子是因本征激发产生的，因而其浓度与掺杂无关，只与温度等激发因素有关。

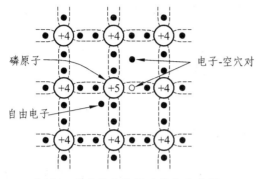

磷原子
电子-空穴对
自由电子

（a）N型半导体的原子结构示意图

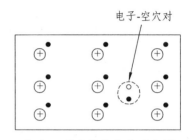

电子-空穴对

（b）N型半导体简化示意图

图 1.4　N 型半导体的结构

1.1.2　PN 结

掺杂增强了半导体的导电能力。但是，单一的 N 型或 P 型半导体只能起到电阻的作用，如果将这两种半导体以某种方式结合在一起构成 PN 结，就可以使半导体的导电性能受到控制，从而制成各种具有不同特性的半导体器件。

1.1.2.1　PN 结的形成

在一块本征半导体上，利用特殊的掺杂工艺，将其一边制成 P 型半导体，另一边制成 N 型半导体，这样在它的交界面处就会形成一个具有特殊性能的薄层，称为 PN 结。PN 结的形成如图 1.5 所示。

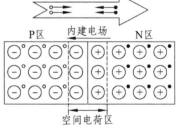

图 1.5　PN 结的形成

因为 P 区的多数载流子是空穴，少数载流子是电子，而 N 区的多数载流子是电子，少数载流子是空穴，因此，P 区的空穴浓度远大于 N 区的空穴浓度,而 N 区的电子浓度远大于 P 区的电子浓度。由于浓度差的存在，P 区的空穴向 N 区扩散，N 区的电子向 P 区扩散，人们把因浓度差而产生的多数载流子的移动，称为扩散运动。于是，在 P 区和 N 区的交界面附近形成电子和空穴的扩散运动。因为电子与空穴在扩散过程中会产生复合，因此，在交界面靠近 P 区一侧留下了负离子，靠近 N 区一侧留下了等量的正离子。P 区和 N 区交界面两侧形成的正、负离子薄层，称为空间电荷区。

空间电荷区的出现，建立了 PN 结的内电场。内电场的方向由 N 区指向 P 区，它阻碍了多数载流子的扩散运动，却对两边的少数载流子（即 P 区的电子、N 区的空穴）向对方的漂移起到了推动作用。在电场的作用下而产生的少数载流子的移动，称为漂移运动。因此，在 PN 结中，同时存在两种载流子的运动，即扩散运动与漂移运动。

在扩散运动开始时，由于空间电荷区刚刚形成，内建电场还很弱，扩散运动很强，而漂移运动较弱。随着扩散运动的不断进行，空间电荷区逐渐变宽，内建电场不断加强，于是少数载流子的漂移运动随之增强，而扩散运动相对减弱。最后，因浓度差产生的多数载流子的扩散与电场作用产生的少数载流子的漂移相抵消，即扩散运动与漂移达到动态平衡，空间电荷区的宽度保持不变。

在空间电荷区内，由于电子和空穴几乎全部复合，或者说载流子都消耗尽了，因此，空间电荷区又称为耗尽层。又因为空间电荷区存在的内建电场对多数载流子具有阻碍作用，好像壁垒一样，所以又称为阻挡层或势垒区。

1.1.2.2   PN 结的单向导电性

PN 结最基本的特性就是单向导电性，即外加正向电压时，PN 结导通，而外加反向电压时，PN 结截止。

（1）外加正向电压

当 PN 结外加正向电压，即 P 区接电源正极，N 区接电源负极时，称 PN 结正向偏置，简称"正偏"，如图 1.6（a）所示。

PN 结处于正向偏置时，外加电压产生的外电场与 PN 结的内电场方向相反，削弱了 PN 结的内电场，空间电荷区变窄，有利于多数载流子的扩散运动，形成较大的正向电流。随着外加正向电压的增加，正向电流迅速增大，这种情况称为 PN 结的正向导通。这也意味着 PN 结的正向电阻越小。

（2）外加反向电压

当 PN 结外加反向电压，即 P 区接电源的负极，N 区接电源的正极时，称 PN 结反向偏置，简称"反偏"，如图 1.6（b）所示。这时外加电压产生的外电场与 PN 结的内电场方向相同，空间电荷区变宽，内电场的作用增强，阻碍了多数载流子的扩散运动，而有助于少数载流子的漂移运动。由于是少数载流子移动形成的电流，所以反向电流很小。在常温下，由于少数载流子有限，因而反向电流十分微弱，近似为零，所以称为反向截止。

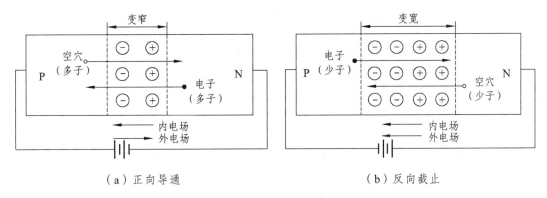

（a）正向导通   （b）反向截止

图 1.6   PN 结外加电压

当温度一定时，增大外加反向偏置电压，刚开始反向电流会随电压的增加而有所加大，但很快就保持几乎不变的状态。这种反向电压增加而反向电流几乎不随着改变的现象，称为饱和，这时形成的反向电流称为反向饱和电流。

1.1.2.3   PN 结的反向击穿特性

如上所述，PN 结外加反向电压时，反向电流十分微弱、几乎为零，而且反向电流几乎不随外加电压的增加而增加。但这些现象有个前提，就是反向电压不能超过其反向击穿电压。所谓反向击穿，是指当 PN 结的反向电压增加到某一数值时，反向电流急剧增大的现象。PN 结的击穿现象有下列两类：

（1）雪崩击穿

当反向电压增至击穿电压 $U_{(BR)}$ 时，PN 结内的少数载流子受电场力的作用，产生加速运动，获得较大的动能，在沿电场方向前进过程中，会把晶格上的价电子从共价键中碰撞出来，成为自由电子，同时产生等量的空穴。这种新产生的电子再次受到电场的加速，把更多的价电子撞击出来，再产生电子-空穴对。如此连锁反应就像雪崩一样，造成载流子的猛增，使反向电流急剧增大，这种形式的 PN 结击穿称为雪崩击穿。

（2）齐纳击穿

在掺杂浓度较高的 PN 结中，空间电荷区极窄（微米数量级），这样较小的反向电压就能使空间电荷区形成很强的电场，强电场足以破坏共价键，将束缚电子从共价键中分离出来，产生大量的电子-空穴对，形成较大的反向电流，这种击穿称为齐纳击穿。齐纳击穿需要的电场强度约为 2×10^5 V/cm，这只有在杂质浓度特别大的 PN 结中才能达到。因为杂质浓度大，空间电荷区内的电荷密度（即杂质离子）也大，因而空间电荷区很窄，电场强度就可能很高。

必须注意的是，上述两种电击穿过程是可逆的，当加在 PN 结两端的反向电压降低后，PN 结仍可以恢复原来的状态。但它有一个前提，就是反向电流和反向电压的乘积不超过 PN 结允许的耗散功率，超过了就会因为热量散不出去而使 PN 结温度升高，直至过热烧毁，这种现象就是热击穿。所以热击穿和电击穿的概念是不同的，电击穿往往为人们所利用（如稳压管），而热击穿则是必须尽量避免的。

综上所述，对半导体作如下总结：

① 本征半导体中，电子与空穴总是以电子-空穴对的形式出现。

② 杂质半导体有两种类型，即 P 型和 N 型。在 P 型半导体中，多数载流子是空穴，少数载流子是电子；在 N 型半导体中，多数载流子是电子，少数载流子是空穴。

③ 多数载流子的浓度只与掺杂浓度有关，不随温度变化而变化；少数载流子的浓度只与温度等激发条件有关，而不随掺杂浓度变化而变化。

④ 在浓度梯度的作用下，多数载流子产生扩散运动，形成较大的电流；在电场的作用下，少数载流子产生漂移运动，形成很小的饱和电流。

⑤ PN 结外加正向电压时，电流较大，并随外加电压的增大而增大；外加反向电压时，电流很小，几乎为零，且几乎不随外加电压值变化而变化。PN 结的这种正向导通、反向截止的特性就称为 PN 结的单向导电性。

1.2　半导体二极管

1.2.1　二极管的结构及其在电路中的符号

在一个 PN 结的两个区引出两根电极引线，并用外壳封装，就制成了二极管。其结构示意图如图 1.7（a）所示，其中从 P 区引出的电极称为正极（或阳极），从 N 区引出的电极称为负极（或阴极）。二极管的电路符号如图 1.7（b）所示。图 1.7（c）所示是几种常用二极管的外形图。

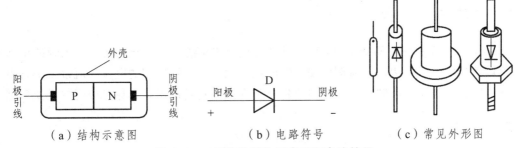

（a）结构示意图　　　　（b）电路符号　　　　（c）常见外形图

图 1.7　二极管的结构示意图和电路符号

二极管按其材料、功率大小、用途及结构等可以分成多种类型。

二极管按其所用材料可分为锗二极管、硅二极管，其中硅二极管的热稳定性比锗二极管的热稳定性要好得多。

二极管按其用途可分为普通二极管、整流二极管、检波二极管、稳压二极管、开关二极管、光电二极管等。

二极管按其结构的不同可分为点接触型、面接触型和平面型 3 类，如图 1.8（a）~（c）所示。

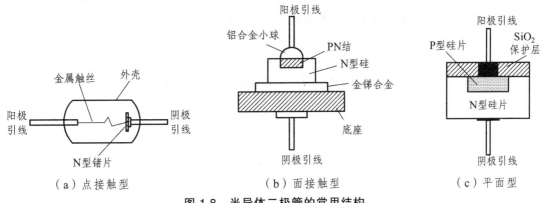

（a）点接触型　　　　（b）面接触型　　　　（c）平面型

图 1.8　半导体二极管的常用结构

点接触型二极管是由一根很细的金属触丝和一块 N 型（或 P 型）硅片（或锗片）表面接触，然后正方向通以很大的瞬时电流，使触丝和晶片熔接在一起，从而形成 PN 结。其特点是结面积小，因而结电容很小，适合在较高频率（如几百兆赫兹）下工作，但不能承受高的反向电压和大的电流。点接触型二极管主要用于高频电路中的检波器、混频器和脉冲数字电路里的开关元件，也可用于小电流整流。

面接触型二极管是采用合金法将合金小球经高温熔化在晶片上，从而形成 PN 结。其特点是结面积较大，可以承受较大的电流。因其极间电容较大，故只能在较低频率下工作，主要用于电源整流。

硅工艺平面型二极管采用高温扩散工艺形成 PN 结，是集成电路中常见的一种形式。根据工艺方法的不同,结面积可以做得较大,也可以做得较小。结面积大的二极管,可以通过较大的电流,适用于低频大功率整流电路;结面积小的二极管,适用于高频整流电路或在数字电路中作开关管。

1.2.2　二极管的伏安特性曲线

半导体二极管的核心部分是 PN 结,其特性就是 PN 结的单向导电性。二极管的单向导电性可以用伏安特性来表示。所谓伏安特性曲线,就是二极管两端的电压与流过二极管电流的关系曲线,它能全面反映二极管的主要特点和性能,它是使用和选择二极管的重要依据。

1.2.2.1　正向特性

正向特性是指二极管两端外加正向电压(正偏)时的特性,即二极管的正极接电源正极,负极接电源负极时的特性,如图 1.9 中曲线段 A 所示。当二极管外加正向电压很小时,外电场还不足以克服内电场的作用,因此正向电流十分微弱,几乎为零,二极管呈现很大的电阻。当正向电压超过某一值后,内电场大为削弱,正向电流迅速增大,此时二极管呈现很小的电阻,这一电压值称为"死区电压"或"门限电压"(也称"阈值电压"),用 V_{th} 表示。硅管的 V_{th} 约为 0.5 V,锗管的 V_{th} 约为 0.1 V。

当正向电压大于 V_{th} 时,内电场大为削弱,正向电流急剧增大,二极管呈现很小的电阻而处于导通状态。在室温下,硅管的正向导通电压为 0.6～0.7 V,锗管的导通电压为 0.2～0.3 V。这个值随电流变化而改变的范围不大,称为二极管的正向导通压降或管压降,用 V_D 表示。

经过理论分析与实测,得出二极管电流 i 与电压 u 近似满足下式:

$$i = I_S(e^{u/U_T} - 1) \tag{1.1}$$

式中,U_T 与温度有关,称为温度的电压当量,在室温下 $U_T = 26$ mV;I_S 为反向饱和电流。该式也称为二极管的伏安特性方程。

1.2.2.2　反向特性

反向特性是指二极管两端外加反向电压(反偏)时的特性,即二极管的正极接电源负极,负极接电源正极时的特性,如图 1.9 中曲线段 B 所示。当二极管外加反向电压时,P 区的少数载流子(电子)和 N 区的少数载流子(空穴),在电场力的作用下,很容易通过 PN 结,形成微弱的反向电流。由于少数载流子的数目很小,因此反向电流十分微弱。在温度一定时,反向电流基本不变,所以又称之为反向饱和电流,记作 I_S。硅管的反向饱和电流一般比锗管的小得多。小功率硅管的 I_S 一般小于 0.1 μA,而锗管的 I_S 为几微安。

在温度一定的条件下,当反向电压增加到一定大小时,反向电流急剧增加,这种现象叫做二极管的反向击

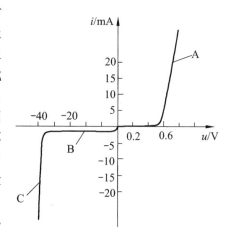

图 1.9　硅二极管的典型特性曲线

穿，如图 1.9 中曲线段 C 所示。

此外，温度对特性曲线有较大影响。温度升高时，正向特性曲线左移，导通电压 V_D 下降；由于少数载流子随温度升高而增加，反向饱和电流随之急剧增加，反向特性曲线下移。一般温度每升高 100 ℃，反向饱和电流便增大 1 倍。

1.2.2.3 二极管的等效电路模型

二极管是一种非线性器件，为了分析计算的方便，常用以下几种等效模型近似。

（1）理想电路模型

图 1.10 所示是理想二极管的伏安特性及其等效电路。由图 1.10（a）可见，在正向偏置时，其管压降为 0 V，相当于开关闭合（短路）；反向偏置时，反向电流为零，相当于开关断开（开路）。通常把这种特性称为二极管的开关特性，其等效电路如图 1.10（b）所示。

在实际电路中，当二极管的正向压降远小于与之串联电阻的电压时，可用此模型来近似分析。

（2）恒压降模型

当二极管正向导通时的压降不能忽略时，其理想化伏安特性如图 1.11（a）所示。在恒压降模型中，二极管正向导通后，其导通后的管压降 V_D 被认为是恒定的，且不随电流变化而变化。通常硅管的 V_D 取值约为 0.7 V，锗管的 V_D 取值约为 0.3 V。当二极管两端的正向电压超过其 V_D 时，二极管导通，相当于一个大小为 V_D 的电压源；当二极管两端的正向电压小于其导通电压时，二极管截止，相当于开路。图 1.11（b）所示是其等效电路。不过，只有当二极管的电流近似等于或大于 1 mA 时，才更接近于实际二极管的特性。

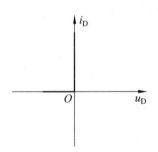

（a）理想二极管特性

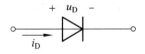

（b）理想二极管等效电路

图 1.10 理想模型

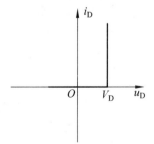

（a）考虑正向压降的理想模型

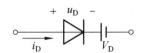

（b）考虑正向压降的等效电路

图 1.11 考虑恒压降的理想模型

（3）小信号模型

在二极管电路中，若已知加在二极管两端的直流电压和流过它的直流电流，则在该二极管的伏安特性曲线上可以相应找到一点，这一点称为静态工作点，简称 Q 点。Q 点所对应的电压、电流值称为静态值。如果二极管工作在静态工作点附近很小的范围内，则可以把在 Q 点附近的伏安特性曲线看成一条直线，其斜率的倒数就是所要求的小信号模型的微变等效电阻 r_d，如图 1.12（a）所示。

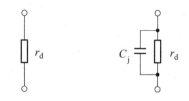

（a）低频小信号模型 （b）高频小信号模型

图 1.12 小信号模型

如果二极管的工作频率较高，结电容不能忽略时，其交流等效电路如图 1.12（b）所示。必须注意，r_d 和 C_j 均与工作点有关。

1.2.3 二极管的主要参数

器件的参数是对其特性的定量描述。这些参数可以从手册上或通过测量得到，是正确使用和合理选择器件的依据。二极管的主要参数包括直流参数和交流参数。普通二极管的主要参数有以下几个：

1.2.3.1 二极管的直流参数

（1）最大整流电流 I_{FM}

最大整流电流 I_{FM} 是指二极管长时间连续安全工作时，允许通过的最大正向平均电流。实际应用时，二极管的平均电流不能超过此值，否则因为通过 PN 结的电流过大，引起 PN 结过热，而使 PN 结烧坏。

（2）最高反向工作电压 U_{RM}

最高反向工作电压 U_{RM} 是指二极管在使用时所允许加的最大反向电压。反向电压增大到一定值时，二极管反向电流急剧增大，二极管的单向导电性被破坏，甚至因过热而烧坏。反向电流剧增时所对应的电压称为击穿电压，一般手册上给出的最高反向工作电压约为击穿电压的一半，以确保二极管的安全运行。

（3）反向电流 I_R

反向电流 I_R 是指二极管未击穿时的反向电流值，此值越小，二极管的单向导电性能越好。由于温度增加，反向电流会急剧增加，所以在使用二极管时要注意温度的影响。

（4）直流电阻 R_D

直流电阻 R_D 是二极管两端所加直流电压与流过它的直流电流之比（见式 1.2），如图 1.13（a）所示。

$$R_D = \frac{U}{I}\bigg|_Q = \frac{1}{\tan\theta} \tag{1.2}$$

二极管处于不同的工作点，对应的直流电阻也不同，Q 点越高，即电流 I 越大，OQ 直线的斜率越大，斜率的倒数值（即 R_D 值）越小。由于反向电流很小，因此反向直流电阻很大。正、反向电阻差别越大，则说明二极管的单向导电性越好。

1.2.3.2 二极管的交流参数

（1）交流电阻 r_d

交流电阻 r_d 是工作点 Q 附近电压与电流的变化量之比，即

$$r_d = \frac{\Delta u}{\Delta i} \qquad (1.3)$$

过 Q 点作切线，r_d 的值可以由切线斜率的倒数来确定，如图 1.13（b）所示。

二极管处于不同的工作点，对应的交流电阻也不同，Q 点越高，即电流 i 越大，Q 点处的切线斜率越大，r_d 值越小。利用式（1.1）中二极管电压、电流关系式，通过数学推导可以求得 r_d 的计算式为

$$r_d = \frac{U_T}{I_Q} = \frac{26\ \text{mV}}{I_Q} \qquad (1.4)$$

式中，I_Q 表示 Q 点处二极管的静态电流值。

比较图 1.13 中（a）与（b）可知：在同一静态工作点处，二极管的交流电阻 r_d 远小于其对应的直流电阻 R_D。

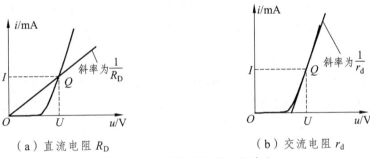

（a）直流电阻 R_D （b）交流电阻 r_d

图 1.13 二极管电阻的几何意义

（2）结电容 C_j

PN 结的结电容 C_j 由两部分组成，即由 PN 结的势垒电容 C_B 和扩散电容 C_D 所组成。

① 势垒电容 C_B。

在讨论 PN 结的形成时已经了解到：PN 结的空间电荷区（或势垒区）的宽窄会随外加电压的变化而改变，从而显示 PN 结的电容效应。因此，PN 结的势垒电容是用来描述空间电荷区的空间电荷随电压变化而产生的电容效应的。当外加电压升高时，N 区的电子和 P 区的空穴便进入空间电荷区而被复和掉，这就好像有一部分电子和一部分空穴"存入"PN 结，相当于电子和空穴分别向势垒电容"充电"。而当外加电压降低时，则有一部分电子和空穴离开空间电荷区，好像电子和空穴分别从势垒电容"放电"。这种充电效应与普通电容在外加电压作用下进行充放电的过程相似，可以用电容来等效。由于这个等效电容是势垒区宽度随外加电压变化而引起的，所以称为势垒电容。可以证明，势垒电容 C_B 的大小与 PN 结的面积 S 成正比，与空间电荷区的宽度 δ 成反比，还和半导体材料的介电系数 ε 有关。这和普通平行板电容器相似，所不同是平行板电容器的电容量与外加电压无关，是一个线性电容，而势垒

电容是随外加电压改变的，是一个非线性电容。

当外加电压保持不变时，空间电荷区中的空间电荷数目保持不变，势垒电容充放电就停止，因此，势垒电容只在外加电压改变时才起作用。而且，外加电压频率越高，每秒钟充放电次数越多，势垒电容的作用越显著。从电路上来看，势垒电容和结电阻是并联的。反偏时，结电阻很大，尽管势垒电容很小，但它的影响还是不能忽视；正偏时，结电阻小，虽然势垒电容较大，但其影响相对很小。因此，势垒电容的影响主要表现在反向偏置状态。

② 扩散电容 C_D。

当 PN 结正向偏置时，P 区的空穴和 N 区的电子相互向对方扩散形成正向电流。要使 P 区内形成扩散电流，注入 P 区的少数载流子——电子——沿 P 区必须有浓度差，即在 PN 结的交界面处浓度大，在离 PN 结交界面远的地方浓度小，从而在 P 区有电子的积累。同理，在 N 区也有空穴的积累。如果加大正向偏置电压，正向电流随之加大，注入 P 区的电子和 N 区的空穴浓度就会增加；如果减小正向偏置电压，正向电流减小，注入 P 区的电子和 N 区的空穴浓度就会相对减小。这分别相当于在扩散区的少数载流子的"充入"和"放出"。这也和普通电容器的充放电过程相似，也可以用电容器来等效。由于这个等效电容是由载流子的扩散运动随外加电压的变化引起的，所以称为扩散电容，用 C_D 表示。可以证明，扩散电容的大小与正向电流成正比，它也是一个非线性电容。

如果外加电压发生变化，上述两种充、放电过程所引起的电流变化在外电路上是叠加的，因此可以认为 C_B 与 C_D 是并联关系。PN 结总的结电容 C_j 为

$$C_j = C_B + C_D \tag{1.5}$$

PN 结正向偏置时，由于积累在 P 区的电子和 N 区的空穴浓度随正向电压的增大而很快增加，所以扩散电容较大，结电容主要取决于扩散电容，即 $C_j \approx C_D$；PN 结反向偏置时，载流子的数目很少，因此反向时扩散电容很小，一般可以忽略，结电容主要取决于势垒电容，即有 $C_j \approx C_B$。

（3）最高工作频率 f_M

二极管的最高工作频率 f_M 主要由结电容的大小来决定。点接触型二极管结电容较小，f_M 可达几百兆赫兹；面接触型二极管的结电容较大，f_M 只能达到几十千赫兹。若工作频率超过了最高工作频率 f_M，则二极管的单向导电性变坏。

必须注意的是，由于器件参数的分散性很大，手册上所给的参数是在一定条件下测得的。如果使用条件发生变化，相应的参数也会发生变化。因此，选择二极管时要注意留有余量。

1.2.4 二极管的命名与分类

（1）半导体二极管的命名方法

二极管的种类繁多，国内外都采用各自的命名方法。我国国产半导体器件的命名方法采用国家标准 GB 249—74。

半导体的型号由 5 部分组成，各部分的表示符号及其意义见"附录一"。如 2AP6，"2"表示电极数为 2，"A"表示 N 型锗材料，"P"表示普通管，"6"表示序号。

（2）半导体二极管的分类

① 按材料分，有硅、锗二极管和砷化镓二极管等。

② 按结构分，有点接触型二极管、面接触型二极管等。

③ 按用途分，有整流二极管、稳压二极管、开关二极管、检波二极管、变容二极管等。

④ 按封装分，有塑料封二极管、金属封二极管等。

⑤ 按功率分，有大功率二极管、小功率二极管等。

1.2.5　二极管的判别（仅适用于指针式万用表）

（1）二极管好坏的判别

选用万用表的欧姆挡，量程为 $R \times 100$ 或 $\times 1$ k 挡（$R \times 1$ 挡电流太大，$R \times 10$ k 挡的电压太高，二极管有被击穿的危险，故一般不选用）。将两表笔分别接二极管的两个电极，测得一个电阻值，然后交换表笔再测一次，从而得到两个电阻值。

二极管的正向电阻值一般为几十欧至几千欧，反向电阻值一般为几十千欧至几百千欧。性能好的二极管，一般反向电阻比正向电阻值大几百倍以上。若两次测得的正、反向电阻值差别在百倍以上，则说明该二极管是好的；如果两次测得的正、反向电阻值均很小或接近于零，说明管子内部已经击穿而短路；如果两次测得的正、反向电阻值均很大或接近于无穷大，说明管子内部断开；如果两次测得的正、反向电阻值相差不大，说明其性能变坏。出现后三种情况的二极管一般不能使用。

（2）二极管正、负极性的判断

二极管的正、负极一般可以通过二极管管壳上的符号、标志来识别。如果管壳上没有符号或标志不清，就需要用万用表进行检测。若已经用万用表判断出二极管的性能是好的，以测得电阻值数值较大的一次为准，则黑表笔接的是二极管的负极，红表笔接的是二极管的正极。如果以测得电阻值数值较小的一次为准，则黑表笔接的是二极管的正极，红表笔接的是二极管的负极。

1.3　特殊二极管

除前面所介绍的普通二极管外，还有若干种特殊用途的二极管，如稳压二极管、光电二极管、发光二极管等等，现分别介绍如下：

1.3.1　稳压二极管

稳压二极管简称稳压管，是一种采用特殊工艺制造的面接触型硅二极管。它是利用 PN 结反向击穿时，流过 PN 结的电流在很大的范围内变化，而管子两端的电压基本不变的特点来实现稳压的。

1.3.1.1　稳压管及其伏安特性

稳压二极管的伏安特性曲线及其电路符号如图 1.14 所示。由图中可以看出，稳压管的正向伏安特性与普通二极管相同，不同的是其反向击穿特性很陡峭，只要在外接电路上采取适当的限制电流措施，就能保证管子在击穿区内安全工作。

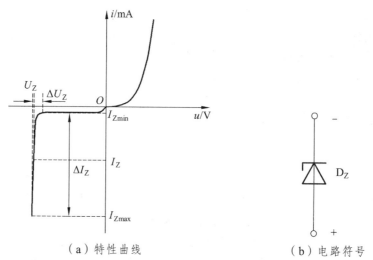

（a）特性曲线   （b）电路符号

图 1.14　稳压二极管的特性曲线和电路符号

1.3.1.2　稳压管的主要参数

（1）稳定电压 U_Z

稳定电压实际上就是稳压二极管的击穿电压，通常指在规定的测试电流下，管子两端的电压值。不同型号的稳压管有不同的稳定电压值，从几伏到几百伏，以适应不同的使用要求。即使是同一型号的稳压管，由于制造工艺的分散性，稳定电压值也不尽相同。但对每一个稳压管来说，对应一定的工作电流，都有一个确定的稳定电压值。

（2）最小稳定电流 I_{Zmin}

最小稳定电流通常指稳压二极管工作于击穿区的最小工作电流。当稳压二极管的工作电流小于 I_{Zmin} 时，则不能稳压。

（3）最大稳定电流 I_{Zmax}

当流过稳压管的电流超过最大稳定电流 I_{Zmax} 时，稳压管的功耗增加，结温升高，会造成稳压管永久性损坏，故使用时不允许工作电流超过此值。

（4）额定功耗 P_Z

额定功耗是由管子的温度所限制的参数，它与 PN 结的材料、结构及工艺有关。为保证管子不致因电流过大而产生永久性损坏，所限定的稳压管的功耗为额定功耗 P_Z，即

$$P_Z = I_{Zmax} \times U_Z \tag{1.6}$$

（5）动态电阻 r_Z

动态电阻 r_Z 是指在稳定电压范围内，稳压管两端电压的变化量与电流的变化量之比，即

$$r_Z = \frac{\Delta U_Z}{\Delta I_Z} \tag{1.7}$$

显然，当电流变化量 ΔI_Z 一定时，动态电阻 r_Z 越小，则稳定电压的变化量 ΔU_Z 越小，稳定性能越好。r_Z 一般在几欧到几十欧之间，它与工作电流大小有关，电流越大，r_Z 越小。

（6）温度系数 α_Z

温度系数是反映稳定电压 U_Z 受温度影响的参数。当温度改变时，稳定电压也将发生微小变化。通常用温度每升高 1 ℃ 稳定电压值的相对变化量（$\Delta U_Z / U_Z$）来表示稳压管的温度稳定性，并称为温度系数 α_Z，即 $\alpha_Z = \dfrac{1}{\Delta T} \times \dfrac{\Delta U_Z}{U_Z}$。$\alpha_Z$ 越小表示稳压性能受温度的影响越小。

1.3.1.3 稳压管的应用

最常用的并联型稳压电路如图 1.15 所示。图中 u_i 为输入电压，一般为整流滤波电路输出的直流电压，且满足 $u_i > U_Z$；R 为限流电阻，必须串联在电路中，以限制稳压管的电流不超过 I_{Zmax}；稳压二极管 D_Z 与负载 R_L 并联；输出电压为 u_o，且有 $u_o = U_Z$。

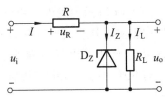

图 1.15 稳压管并联型稳压电路

所谓稳压，就是当输入电压 u_i 或负载电阻 R_L 发生变化时，输出电压 u_o 基本保持不变。该电路的稳压原理是：当 u_i 或 R_L 发生变化时，稳压二极管 D_Z 的电流发生相应的变化，使 u_o 基本保持不变。例如，当 R_L 一定，而 u_i 发生变化时，其稳压过程可简单表示如下：

$$u_i\uparrow \rightarrow u_o\uparrow \rightarrow I_Z\uparrow \rightarrow I\,(=I_Z+I_L)\uparrow \rightarrow u_R\uparrow \rightarrow u_o(=u_i-u_R)\text{基本不变}$$

当 u_i 下降时，稳压过程相同，但各电量变化趋势相反。

同理，当 u_i 一定，R_L 发生变化时，稳压管两端的电压仍然基本保持不变。

总之，在稳压过程中，是依靠稳压管在击穿区工作时电流急剧变化而电压基本不变来实现稳压的，稳压管起着电流的自动调节作用。限流电阻也必不可少，而且必须合理取值，以保证在 u_i、R_L 变化时，稳压管中的电流 I_Z 满足：$I_{Zmin} < I_Z < I_{Zmax}$，即保证稳压管能安全有效地实现稳压。

1.3.2 光电二极管和光电池

光电二极管又称光敏二极管，是一种将光信号转换成电信号的特殊二极管，可用于光的检测。它的结构与普通二极管类似，不同的是，它的 PN 结是在反向偏置状态下运行。

光电二极管在结构上与普通二极管相比，具有两方面的特点：一是外形上，光电二极管管壳上有一个能射入光线的窗口，管芯通过该窗口接收外部的光照；二是光电二极管的 PN 结面积做得较大，管芯上电极的面积做得较小，目的是提高光电转换效率。

图 1.16 所示是光电二极管的电路符号和特性曲线。由图可知：它的反向电流与照度成正比。

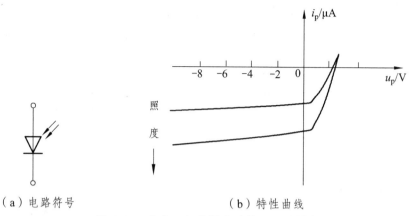

（a）电路符号　　　　　　　　（b）特性曲线

图 1.16　光电二极管的电路符号及特性曲线

图 1.17 所示为光电二极管的简单应用实例。图（a）中直流电压 U_S 是给光电二极管外加的反向偏置电压。光照射时，光电二极管导通，有电流流过负载电阻 R_L。光照射越强，光电流在 R_L 上产生的电压 u_o 越大。图（b）所示电路是一个光控开关电路，K 为高灵敏度的继电器。有光照射时，光电二极管产生的光电流通过二极管线圈，继电器的常开触头闭合。

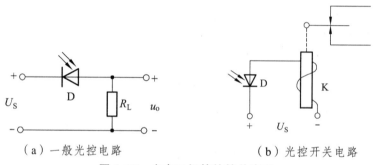

（a）一般光控电路　　　　　　　　（b）光控开关电路

图 1.17　光电二极管的简单应用

硅光电池是一种将光能直接转换成电能的半导体器件，又叫太阳能电池。PN 结光电池的工作原理与 PN 结光电二极管一样，但由于其用途较特殊，在设计与制造方面应尽量考虑其光电转换效率，因此需要增大受光面积和减小内部损耗，此外还需降低成本以获得广泛的应用。

图 1.18 所示电路是由光电池控制的直流电源开关电路。当光电池 PC_1、PC_2 受到光照射而产生电势时，单向晶闸管 T 导通，若开关 K_1 闭合，则此时有 9 V 直流电压加于负载上。

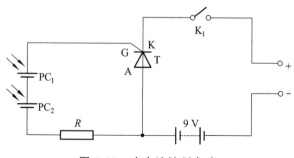

图 1.18　光电池控制电路

1.3.3 发光二极管和光电耦合器

发光二极管（LED，Light Emitting Diode）是一种将电能转换成光能的特殊二极管，是一种电流控制器件。其电路符号如图 1.19 所示。

发光二极管常用作显示器件，除了单个使用外，也常做成七段式或矩阵式器件，工作电流一般为几毫安至十几毫安。发光二极管的发光颜色（即发光波长）主要决定于制作该二极管所用材料，并与制造 PN 结所掺入的杂质有关。发光二极管的另一重要用途是将电信号转换为光信号，通过光缆传输，然后再用光电二极管接收，再现信号。

图 1.19　发光二极管的电路符号

在图 1.20 中，图（a）是一个 LED 作电源通断指示用的实用电路，图（b）是一个 LED 发射电路通过光缆驱动一个光电二极管电路。在图（a）中，LED 与稳压二极管串联，它的正向电压作为稳定输出电压的一部分，其工作电流受电阻 R 的限制，它所发出的光作为电源指示。在图（b）中，发射端的脉冲信号通过电阻 R 作用于 LED，使 LED 产生一串数字光信号，并作用于光缆，由 LED 发出的光信号约有 20% 耦合到光缆。在接收端传送的光中，约有 80% 耦合到光电二极管，从而在接收电路的输出端复原为原来的数字信号。

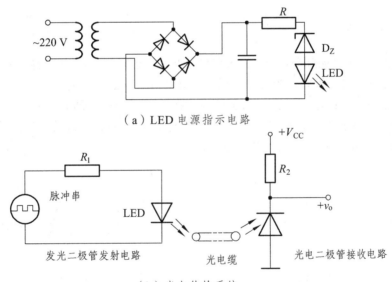

（a）LED 电源指示电路

（b）光电传输系统

图 1.20　发光二极管应用电路

光电耦合器主要由发光器件与光敏器件组成，其结构如图 1.21（a）所示。实际光电耦合器中的发光器件一般为砷化镓发光二极管，有时也用氖泡代替；光敏器件一般为硅光电器件（如硅光敏二极管、硅光敏三极管、光控晶闸管、硅光电池等）和光敏电阻。

如图 1.21（b）所示是一个电流、电压分别为 10 A、25 V 的直流固态继电器电路。当控制电压（+3～+5 V）加在光电耦合输入端后，光敏三极管导通，经过放大后（放大器的工作原理将在后面章节介绍）就可以控制高压直流端负载与电源接通。光电耦合控制电路与无触点功率开关相比具有无触点、无火花、切换频率高和寿命长等优点。

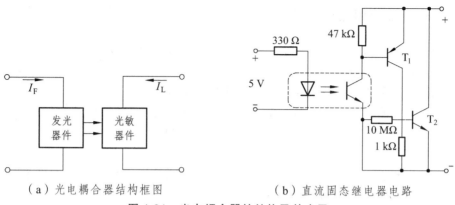

（a）光电耦合器结构框图　　　　（b）直流固态继电器电路

图 1.21　光电耦合器的结构及其应用

1.4　半导体二极管的应用

普通二极管具有单向导电性，是整流、检波、限幅、钳位等应用电路中的主要器件，实际应用时，应根据功能要求选择合适的二极管。下面分析几种常见的二极管应用电路。

1.4.1　整流电路

将交流电转换成单向脉动直流电的过程称为整流。简单的半波整流电路如图 1.22（a）所示。

为简化分析，将二极管视为理想二极管，即二极管正向导通时，作短路处理；反向截止时，作开路处理。假设输入电压 u_i 为正弦波，在 u_i 的正半周（即 $u_i > 0$）时，二极管因正向偏置而导通，输出电压 $u_o = u_i$；在 u_i 的负半周（即 $u_i < 0$）时，二极管因反向偏置而截止，输出电压 $u_o = 0$。该电路输入、输出电压波形如图 1.22（b）所示。

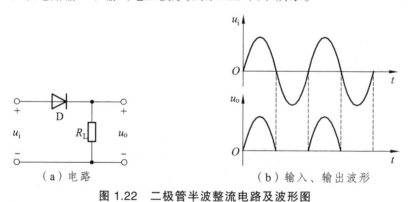

（a）电路　　　　　　（b）输入、输出波形

图 1.22　二极管半波整流电路及波形图

1.4.2　检波电路

在接收机中，将低频信号从高频调制信号中检取出来的过程，称为检波，实现检波的电路称为检波电路。最简单的检波电路由一个二极管和 RC 低通滤波器串联而成。其基本工作原理就是利用二极管的单向导电性和电容两端的电压不能突变的特性。图 1.23 所示

是一个简单包络检波电路。

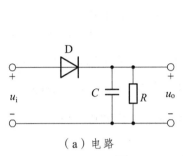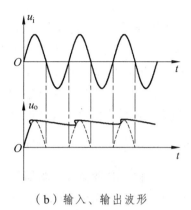

（a）电路　　　　　　　　（b）输入、输出波形

图 1.23　二极管包络检波电路及波形图

为简化分析过程并能说明电路的工作原理，假设电容的初始电压为零，输入信号足够大且为单一频率正弦波信号。在电路接通电源时，输入信号 u_i 由零开始上升，二极管 D 正偏导通，电容 C 充电。因二极管的正向电阻 r_d 很小，故充电时间常数 $\tau_充 = r_d C$ 很小，充电速度很快，电容两端的电压 $u_o = u_i$。当 u_o 达到输入信号峰值后，又因输入信号 u_i 下降很快，会有 $u_i < u_o$。这时二极管因反向偏置而截止，电容通过电阻 R 放电，因其放电时间常数 $\tau_放 = RC$ 较大，u_o 缓慢下降。直至输入信号下一个周期的正半周到来且 $u_i > u_o$ 时，二极管正向偏置而导通，输入信号又向电容充电。如此循环往复地充、放电，得到如图 1.23（b）所示的波形。

1.4.3　限幅电路

将输出电压的电平限制在预置的电平范围内，用于限制输入信号的峰值，有选择地传输一部分电压的电路，称为限幅电路，如图 1.24 所示。若图中硅二极管 D 采用具有恒压降的理想电路模型，则当输入电压 $u_i > U_{REF} + V_D = 5.7$ V 时，二极管 D 导通，管压降为 0.7 V，输出电压 u_o 保持在 5.7 V 的限幅电平上；当输入电压 $u_i < U_{REF} + V_D = 5.7$ V 时，二极管 D 截止，二极管相当于开路，则输出电压 $u_o = u_i$。该电路的输入、输出波形如图 1.24（b）所示。

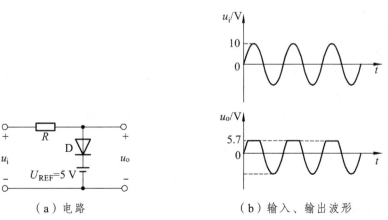

（a）电路　　　　　　　　（b）输入、输出波形

图 1.24　二极管限幅电路及波形图

1.4.4 钳位电路

将输入信号的顶部或底部钳位于某一直流电平上的电路,称为钳位电路。

图 1.25(a)所示为一个二极管钳位电路。当输入信号为高电平(+5 V)时,二极管导通,输入信号对电容充电,充电时间常数为 $\tau_{充} = r_dC$ 很小,电容充电很快,电容 C 上的充电电压 $u_C = u_i + 2.5$ V $= 7.5$ V,这时输出电压 $u_o = -2.5$ V,即输入脉冲信号的顶部钳位于 -2.5 V;当输入信号为低电平(0 V)时,二极管截止,C 通过 R 放电,由于放电时间常数 $\tau_{放} = RC = 20$ ms $\gg \dfrac{1}{f} = 0.25$ ms,放电十分缓慢,所以输出电压几乎等于电容充电最高电压,即 $u_o = -7.5$ V。由于脉冲信号要求器件的响应速度快,所以,电路中二极管应选用开关二极管。该电路的输入、输出波形如图 1.25(b)所示。

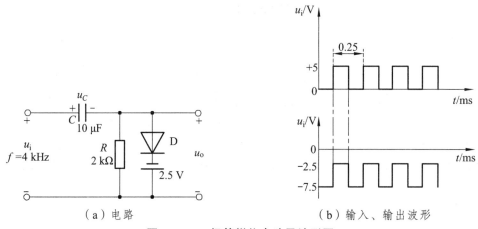

(a)电路 (b)输入、输出波形

图 1.25 二极管钳位电路及波形图

本章小结

1. 半导体基础知识

(1)常用的半导体材料有硅、锗等。纯净的硅(或锗)的晶体是本征半导体,本征半导体的特点是电导率低,有热敏性、光敏性、掺杂性等。掺杂性对半导体导电性能影响很大。

(2)半导体的载流子有两种:自由电子和空穴,自由电子带负电,空穴带正电。

(3)杂质半导体的特点是电导率高。杂质半导体有两种类型:N 型半导体的多子是自由电子,少子是空穴;P 型半导体的多子是空穴,少子是自由电子。

(4)多子的浓度与掺杂浓度有关,少子的浓度与温度等激发因素有关,而且由热激发产生的少子会影响半导体器件工作的热稳定性。

(5)当 N 型半导体和 P 型半导体结合在一起时,在它们的交界面处就形成 PN 结。PN 结具有单向导电性,它是构成各种半导体器件的基础。

2. 二极管的基本特性

(1)将 PN 结用外壳封装,并加上电极引线就构成半导体二极管。二极管的特性是单向导电性，即正向偏置时导通，表现出很小的正向电阻；反向偏置时截止，表现出很大的反向电阻。

（2）伏安特性曲线直观地体现了二极管的单向导电性。二极管的伏安特性曲线是非线性曲线，即流过二极管的电流与二极管两端外加电压不是正比关系。

（3）二极管的参数主要包括性能参数和极限参数。极限参数主要有最高工作频率（受结电容影响）、最大允许反向工作电压、最大允许电流和额定耗散功率等，一般可以从产品手册中查到。性能参数中的直流电阻和交流电阻不仅含义不同，而且与使用条件有关。正向运用条件下，直流电阻是二极管两端直流电压与直流电流之比值，而交流电阻则是在直流工作点附近电压变化量与电流变化量之比。

3. 二极管的应用

二极管的应用十分广泛，它是整流、检波、限幅、钳位等应用电路中的主要器件，这主要是利用了二极管的单向导电性。在二极管电路中，一般有直流和交流两种成分并存。对直流而言，二极管两端呈现一个导通电压；对交流信号而言，二极管呈现一个交流电阻 r_d。在大信号运用情况下，为了方便，常常把二极管看做理想二极管，即正向导通且导通压降为零；反向截止，电流为零。

在二极管电路分析中，往往要判断二极管是否导通，以及判断二极管是正向运用还是反向运用。判断的方法是假设二极管从电路中断开，看二极管两端正向开路电压是否大于其导通电压（理想情况下与 0 比较）。若正向电压大于其导通电压，则二极管接入后必将导通；反之，二极管接入后必将处于截止状态。

习　题

1. 选择填空题。

（1）半导体导电的载流子是_____，金属导电的载流子是_____。

　　　　a. 自由电子　　　　　　b. 空穴　　　　　　　　c. 自由电子和空穴

（2）N 型半导体中的多数载流子是_____，P 型半导体中的多数载流子是_____。

　　　　a. 自由电子　　　　　　b. 空穴　　　　　　　　c. 自由电子和空穴

（3）在杂质半导体中，多数载流子的浓度主要取决于_____，而少数载流子的浓度主要取决于_____。

　　　　a. 温度　　　　　　　　b. 掺杂浓度　　　　　　c. 掺杂工艺

（4）PN 结正向偏置是指 P 区接_____电位，N 区接_____电位，这时形成_____的正向电流。

　　　　a. 高　　　　　b. 低　　　　　　　c. 较大　　　　d. 较小

（5）二极管的正向电阻越_____，反向电阻越_____，说明二极管的单向导电性越好。

　　　　a. 大　　　　　　　　b. 小

（6）当温度升高时，二极管的正向压降_____，反向电流_____，反向击穿电压_____。

  a. 增大   b. 减小   c. 基本不变

2. 半导体材料有哪些重要特性？

3. 二极管的直流电阻 R_D 和交流电阻 r_d 有何不同？如何在伏安特性曲线上表示？

4. 怎样用万用表判断二极管的特性？用万用表 $R \times 100$ 挡和 $R \times 1k$ 挡测量同一个二极管的正向电阻，测得的阻值是否相同？为什么？

5. 二极管电路如图 1.26 所示，试判断图中的二极管是导通还是截止，并求出端电压 U_{AO}。（设二极管是理想的）

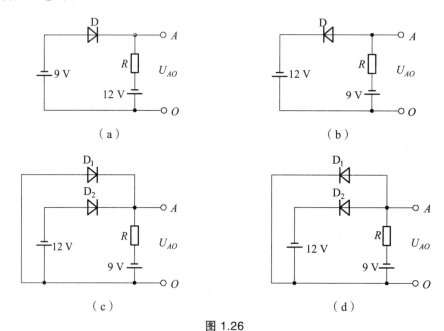

图 1.26

6. 在如图 1.27（a）~（d）所示的各限幅电路中，设二极管 D 是理想的。试画出当输入电压 u_i 为图（e）所示的正弦波信号时，各个电路的输出电压 u_o 波形。

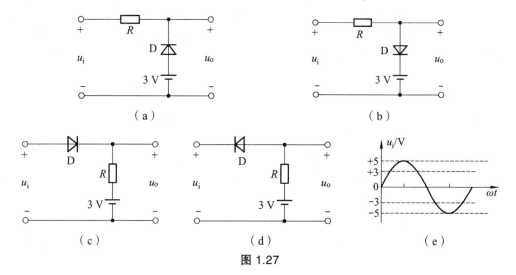

图 1.27

7. 电路如图 1.28 所示，已知 $u_i = 10\sin\omega t$（V），试画出 u_i 与 u_o 的波形。设二极管正向导通电压可忽略不计。

8. 电路如图 1.29 所示，已知 $u_i = 5\sin\omega t$（V），二极管导通压降 $V_D = 0.7$ V。试画出 u_i 与 u_o 的波形，并标出幅值。

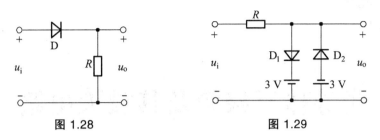

图 1.28　　　　　　　　　　　　　　　　图 1.29

9. 电路如图 1.30（a）所示，其输入电压 u_{i1} 和 u_{i2} 的波形如图（b）所示，二极管导通压降 $V_D = 0.7$ V。试画出输出电压 u_o 的波形，并标出幅值。

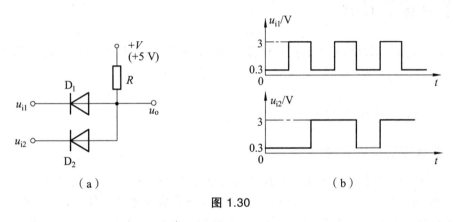

（a）　　　　　　　　　　　　　　　　　　（b）

图 1.30

10. 电路如图 1.31 所示，二极管导通压降 $V_D = 0.7$ V，常温下 $U_T \approx 26$ mV，电容 C 对交流信号可视为短路；u_i 为正弦波，有效值为 10 mV。试问：二极管中流过的交流电流有效值为多少？

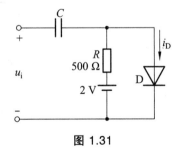

图 1.31

半导体三极管及其放大电路

2.1 半导体三极管

半导体三极管又叫晶体三极管或双极性晶体管,简称晶体管。它是放大电路的最基本元件之一。

2.1.1 三极管的结构及分类

2.1.1.1 三极管的基本结构

图 2.1 所示为半导体三极管的结构模型及电路符号。在一块本征半导体中掺入不同杂质制成两个 PN 结,并引出 3 个电极就构成三极管。若两边是 N 型半导体,中间是 P 型半导体,则称为 NPN 型三极管,如图 2.1(a)所示;若两边是 P 型半导体,中间是 N 型半导体,则称为 PNP 型三极管,如图 2.1(b)所示。

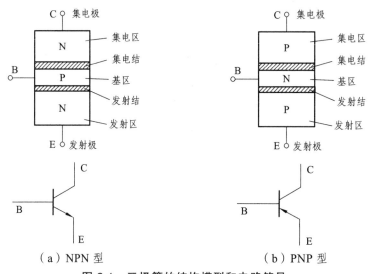

（a）NPN 型　　　　　　　　　（b）PNP 型

图 2.1　三极管的结构模型和电路符号

从图 2.1 中可以看出，三极管的基本结构包括：3 个区（发射区、集电区、基区），2 个 PN 结（集电结、发射结），3 个电极（基极 B、发射极 E、集电极 C）。从结构上看，虽然发射区和集电区都是 N 型（或 P 型）半导体，但是它们的掺杂浓度不同。半导体三极管制造工艺的特点是：发射区掺杂浓度最高，基区掺杂浓度最低且很薄（微米量级），集电结面积大。在使用三极管时，必须弄清管脚，避免接错。

2.1.1.2 三极管的分类

半导体三极管按照使用材料的不同，可以分为硅管和锗管两类，一般情况下，NPN 型多为硅管，PNP 型多为锗管。

半导体三极管按工作频率高低可分为低频管（3 MHz 以下）和高频管（3 MHz 以上）两类。

半导体三极管按照功率大小可分为大、中、小功率管等。

此外，根据特殊性能要求，又有开关管、低噪声管、高反压管等。

2.1.2 三极管的工作条件和基本组态

2.1.2.1 三极管的工作条件

半导体三极管在电子线路中常用作放大器件。三极管要实现放大作用，除了要有上述内部条件（即发射区掺杂浓度很高，基区掺杂浓度最低且很薄，集电结面积大）外，还必须具备一定的外部条件，也就是合适的偏置电压：使三极管的发射结处于正向偏置，集电结处于反向偏置。

2.1.2.2 三极管的基本组态

在将三极管接成放大电路时，三个电极中有一个电极作为信号输入回路和输出回路的公共端并接地，另两个端子一个接输入信号源，一个接输出负载。所以，按信号输入和输出回路公共端的不同，放大电路有三种不同的组态，即共发射极放大电路、共集电极放大电路和共基极放大电路，三种放大组态如图 2.2 所示。

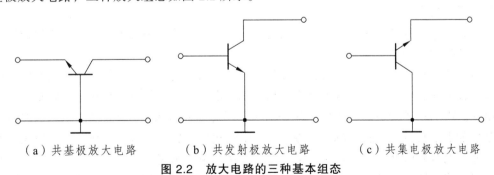

（a）共基极放大电路   （b）共发射极放大电路   （c）共集电极放大电路

图 2.2 放大电路的三种基本组态

在这三种放大组态中，基极总是在输入回路中，集电极总是在输出回路中。无论哪种接法，要实现放大作用，必须满足外部条件：发射结正偏，集电结反偏。

2.1.3　三极管的电流分配关系和电流放大作用

由于 NPN 管与 PNP 管的工作原理相同，只是工作时外加偏置电压极性和各极电流方向相反而已，因此下面只以 NPN 管为例进行分析。图 2.3 所示为 NPN 型管工作在放大状态时内部载流子的运动和各极电流示意图。

2.1.3.1　三极管内部载流子的运动过程

（1）发射区的多数载流子向基区扩散——形成发射极电流 I_E

当发射结外加正向偏置电压时，发射结的空间电荷区因正向偏置而变窄，有利于多数载流子的扩散运动，即发射区的多数载流子扩散至基区。与此同时，基区的空穴也向发射区扩散，形成较大的发射极电流 I_E。由于发射区的掺杂浓度远高于基区的掺杂浓度，所以流过发射结的电流 I_E 主要由从发射区注入基的电子形成，而从基区注入发射区的空穴量很少。在图 2.3 中忽略了从基区扩散到发射区的空穴。

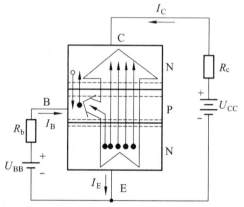

（2）电子在基区的复合——形成基极电流 I_B

多数载流子（电子）从发射区注入基区后，使基区靠近发射结处的电子浓度很高。而集电结处于反向偏置状态，使得靠近集电结处的电子浓度很低。因此，在基区形成电子浓度差，电子靠扩散作用继续向集电区运动。电子扩散的同时，

图 2.3　三极管内部载流子运动及各极电流

在基区将与空穴相遇产生复合，形成基极电流 I_B。由于基区空穴浓度比较低，且基区很薄，因此复合的电子数是极少数，绝大多数电子均能扩散到靠近集电结的边缘，被集电区收集。

（3）集电区收集电子——形成集电极电流 I_C

集电结处于反向偏置状态，在结电场的作用下，使得扩散到基区且靠近集电结边缘的电子很快漂移至集电区。因为集电结的面积大，所以基区扩散过来的电子，基本上全部被集电区收集，形成集电极电流 I_C。

此外，因为集电结反向偏置，所以集电区中的空穴和基区中的电子（均为少数载流子）在结电场的作用下做漂移运动。

通过上述分析可知，晶体三极管内部载流子运动的主流是：电子从发射区向基区扩散，形成发射极电流；少量电子在基区复合，形成基极电流；大多数电子被集电区收集，形成集电极电流。因为电子带负电，所以电流方向与电子运动方向相反，如图 2.3 所示。在发射区注入基区的电子总数中，复合数量与被送到集电结边缘的数量占多大比例，主要取决于基区厚度和基区的空穴浓度。三极管制成了，这个比例关系就确定了。

除了上述载流子运动的主流外，还有一些次要因素，在考虑温度特性时有必要考虑它们。例如，基区和集电区中的少数载流子（即基区的电子和集电区的空穴），在集电结反偏情况下，集电区中的空穴漂移到基区，基区的电子漂移到集电区，共同形成反向饱和电流 I_{CBO}。I_{CBO} 从集电极流入，从基极流出。一般情况下，$I_{CBO} \ll I_B$，因此可以忽略。但当温度升高后，本

征激发增强，少数载流子数目增多，I_{CBO} 将增大，所以在考虑温度特性时，需要考虑反向饱和电流。

2.1.3.2　三极管的电流分配关系

当晶体三极管满足外部条件——发射结正偏、集电结反偏时，三极管处于放大状态。从外电路来看，根据基尔霍夫电流定律，三极管的各极电流满足的基本关系为

$$I_E = I_B + I_C \tag{2.1}$$

I_B、I_C、I_E 之间除了满足上述关系外，还存在一定的分配关系，这种分配关系在三极管制成时就已经确定。根据三极管用法的不同，常用两个比例系数来建立它们之间的分配关系。

（1）I_C 与 I_E 的关系

I_C 与 I_E 的关系通过共基极直流放大系数 $\bar{\alpha}$ 来描述。$\bar{\alpha}$ 的定义为

$$\bar{\alpha} = \frac{I_C}{I_E} \tag{2.2}$$

$\bar{\alpha}$ 小于 1 且接近于 1，一般为 0.9 ~ 0.99。基区越窄，电子、空穴复合越少，$\bar{\alpha}$ 越接近于 1。利用 $\bar{\alpha}$ 可建立的三极管各极电流关系式如下：

$$I_C = \bar{\alpha} I_E \tag{2.3}$$

$$I_B = I_E - I_C = (1 - \bar{\alpha})I_E \tag{2.4}$$

（2）I_C 与 I_B 的关系

I_C 与 I_B 的关系通过共发射极直流放大系数 $\bar{\beta}$ 来描述，$\bar{\beta}$ 的定义为

$$\bar{\beta} = \frac{I_C}{I_B} \tag{2.5}$$

通常 $I_C \gg I_B$，即 $\bar{\beta} \gg 1$。

利用 $\bar{\beta}$ 可建立的三极管各极电流关系式如下：

$$I_C = \bar{\beta} I_B \tag{2.6}$$

$$I_E = I_B + I_C = (1 + \bar{\beta})I_B \tag{2.7}$$

上述 $\bar{\alpha}$ 与 $\bar{\beta}$ 都可描述三极管的电流分配关系，只是定义不同，两者可以互相转换。其转换关系如下：

$$\bar{\beta} = \frac{I_C}{I_B} = \frac{\bar{\alpha} I_E}{(1-\bar{\alpha})I_E} = \frac{\bar{\alpha}}{1-\bar{\alpha}} \tag{2.8}$$

或

$$\bar{\alpha} = \frac{\bar{\beta}}{1+\bar{\beta}} \tag{2.9}$$

若考虑反向饱和电流 I_{CBO} 的影响，用 $\bar{\beta}$ 表示的各极电流关系为

$$I_C = \bar{\beta} I_B + (1 + \bar{\beta})I_{CBO} = \bar{\beta} I_B + I_{CEO} \tag{2.10}$$

其中

$$I_{\text{CEO}} = (1 + \overline{\beta})I_{\text{CBO}} \qquad\qquad (2.11)$$

式中，I_{CEO} 叫做穿透电流，在数值上是 I_{CBO} 的（$1 + \overline{\beta}$）倍。在温度变化时，I_{CEO} 对 I_{C} 的影响较大，故在讨论温度对晶体三极管的影响时，必须考虑 I_{CEO} 的影响。在常温下，I_{CEO} 在工程计算中可以忽略不计。

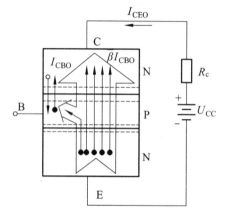

图 2.4　I_{CEO} 的形成

穿透电流 I_{CEO} 的物理意义可用图 2.4 说明。当基极开路时，电源电压 U_{CC} 大部分加在集电结上形成反向偏置电压，发射结只分得很少一部分正向电压（因为集电结反偏，电阻很大；发射结正偏，电阻很小）。发射区仍有极少量电子扩散到基区后与基区的空穴复合。因基极开路，这部分空穴只能由集电区漂移到基区的空穴来提供，此时基区复合电流实为基极反向饱和电流 I_{CBO}。而发射区扩散过来的大多数电子直接穿过基区进入集电区，与集电区的空穴复合，而形成的电流为 $\overline{\beta} I_{\text{CBO}}$（由电流分配关系得）。因此集电极穿透电流 I_{CEO} 由两部分组成，即

$$I_{\text{CEO}} = I_{\text{CBO}} + \overline{\beta} I_{\text{CBO}} = (1 + \overline{\beta})I_{\text{CBO}}$$

2.1.3.3　三极管的电流放大作用

图 2.5 所示是晶体三极管组成的共发射极放大电路原理图，基极是放大器的输入端，集电极是输出端，发射极是公共端。在外加输入信号电压 u_{i} 作用下，基极电流有一个变化量 Δi_{B}。由于晶体管存在电流分配关系，集电极电流和发射极电流也会发生相应变化，它们的变化量分别为 Δi_{C} 和 Δi_{E}。Δi_{C} 和 Δi_{E} 的比值称为共发射极交流放大系数，用 β 表示，即

$$\beta = \frac{\Delta i_{\text{C}}}{\Delta i_{\text{B}}} \qquad (2.12)$$

或

$$\Delta i_{\text{C}} = \beta \Delta i_{\text{B}} \qquad (2.13)$$

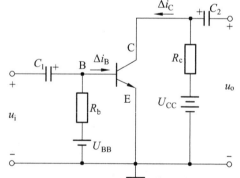

图 2.5　晶体三极管共发射极放大电路原理图

在工程分析中，β 与 $\overline{\beta}$ 在数值上一般被认为近似相等。但两者的含义不同，$\overline{\beta}$ 是直流电流放大系数，而 β 是对变化量（或交流量）而言的。式（2.12）、（2.13）表明，将基极电流 Δi_{B} 作为输入电流，集电极信号电流 Δi_{C} 作为输出电流，则 Δi_{C} 是 Δi_{B} 的 β 倍，实现了电流的放大作用。

所谓放大作用，是指输入一个较小的变化量，输出一个较大的变化量。三极管的电流放大作用表现在：由基极电流较小的变化量，控制集电极电流产生较大的变化量。所以，三极管是一个电流控制器件。

需要指出的是，晶体三极管的放大作用并不是三极管本身能凭空产生出新的能量。实际上，在集电极电阻 R 上得到的信号能量，完全是由集电极直流电源能量转换而来的，三极管只能在能量转换中起控制作用。

2.1.4　三极管的伏安特性曲线

三极管各极电压和电流之间的关系可以用伏安特性曲线来表示，这就是三极管的特性曲线。三极管的特性曲线分为输入特性曲线和输出特性曲线两种。它们可以通过晶体管特性图示仪测得，也可以用实验的方法测绘。图 2.6 所示电路是晶体管共发射极连接时，输入、输出特性曲线的测试电路。

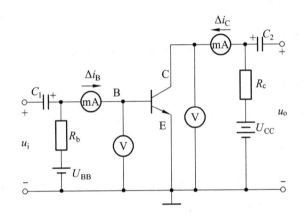

图 2.6　晶体三极管特性测试电路

2.1.4.1　输入特性曲线

三极管的输入特性曲线是以 U_{CE} 为参变量，描述 i_B 与 u_{BE} 之间的关系曲线，该曲线用函数表示为

$$i_B = f(u_{BE})\Big|_{U_{CE}=常数} \tag{2.14}$$

图 2.7（a）所示是典型 NPN 型三极管的共发射极输入特性曲线。由于 B、E 间是一个 PN 结（发射结），因此，三极管的输入特性曲线与二极管正向特性相似，也有门限电压和导通电压，不同的是 U_{CE} 对输入特性曲线有影响。下面分两种情况讨论：

（1）当 $U_{CE} < 1\text{ V}$ 时

三极管的发射结、集电结均正偏，此时的三极管相当于两个 PN 结的并联，曲线与二极管相似，所以增大 U_{CE} 时，输入曲线明显右移。

（2）当 $U_{CE} \geqslant 1\text{ V}$ 时

集电结反向偏置，发射结正向偏置，这时再继续增大 U_{CE}，特性曲线右移不明显，不同的输入特性曲线几乎重合。所以，手册上一般只给出一条 $U_{CE} \geqslant 1\text{ V}$ 的实用曲线。

从曲线上可以看出，输入特性是非线性的。三极管发射结的导通电压与二极管基本一致。

工程计算中，硅管的导通电压取值约为 0.7 V，锗管的导通电压取值约为 0.3 V。

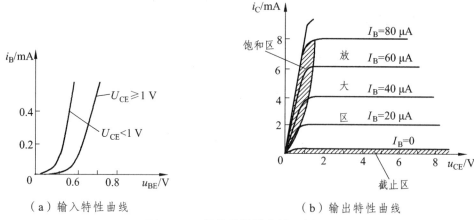

（a）输入特性曲线　　　　　　　　　　（b）输出特性曲线

图 2.7　三极管的特性曲线示例

2.1.4.2　输出特性曲线

三极管的输出特性曲线表示 I_B 取不同值时，i_C 与 u_{CE} 之间的关系，即

$$i_C = f(u_{CE})\big|_{I_B=常数} \tag{2.15}$$

图 2.7（b）所示是典型 NPN 型三极管的输出特性曲线。由图可见，三极管的工作状态分为三个区，即截止区、放大区和饱和区。

（1）放大区

三极管工作在放大区的条件是：发射结正偏，集电结反偏。

从图 2.7（b）可以看出，三极管工作在放大区有以下两个特点：

① 基极电流 i_B 对 i_C 有很强的控制作用，即 i_B 有很小的变化量 Δi_B 时，i_C 就会有很大的变化量 Δi_C，两者的比值近似为一个常数，即满足关系：$\beta = \Delta i_C / \Delta i_B$。

② 基极电流 i_B 一定时，i_C 基本不随 u_{CE} 变化，即对 u_{CE} 而言，i_C 具有恒流性。利用这一特性，晶体三极管可做成恒流源电路，在集成电路中广泛应用。

（2）截止区

在输出特性曲线 $I_B = 0$ 以下的区域称为截止区。

三极管工作在截止区的条件是：发射结反偏，集电结反偏。

三极管工作在截止区的特点是：基极电流 $i_B = 0$，集电极电流 i_C 很小。从前面分析可知，此时集电极电流值为 $i_C = I_{CEO} \approx 0$，管子处于截止状态。因此三极管截止时，相当于开关断开。

（3）饱和区

饱和区 u_{CE} 很小，并且 $u_{CE} \leqslant u_{BE}$，通常把 $u_{CE} = u_{BE}$（即集电极与基极电位相等），集电结为零偏置称为临界饱和。

三极管工作在饱和区的条件是：发射结正偏，集电结正偏。

三极管工作在饱和区的特点有以下两个：

① 在 i_B 一定的条件下，u_{CE} 略有增加，i_C 迅速上升。

② 在 u_{CE} 一定的条件下，增加 i_B，i_C 几乎不变。

为了估算方便，小功率管饱和时极间电压常取如下值：对于硅管，$\left|U_{BE}\right| = 0.7\ \text{V}$，$\left|U_{CE}\right| = 0.3\ \text{V}$；对于锗管，$\left|U_{BE}\right| = 0.3\ \text{V}$，$\left|U_{CE}\right| = 0.1\ \text{V}$。其中 $\left|U_{CE}\right|$ 称为饱和压降，记为 U_{CES}。由于在饱和时，三极管的极间电压都很小，可近似看做开关短路。

三极管饱和区和截止区都叫非线性区，对应的工作状态叫做饱和状态与截止状态。通常把三极管工作在这两个区的特性称为三极管的开关特性。

2.1.5　三极管的主要参数

三极管的参数是对其特性的定量描述，这些参数可以从手册上得到，也可以通过仪器测量得到，是正确使用和合理选择三极管的依据。三极管的主要参数有以下几类：

2.1.5.1　放大倍数

（1）直流电流放大系数

共发射极的直流电流放大系数 $\overline{\beta}$，是集电极直流电流与基极直流电流之比，即

$$\overline{\beta} = \frac{I_C}{I_B} \tag{2.16}$$

共基极的直流电流放大系数 $\overline{\alpha}$，是集电极直流电流与发射极直流电流之比，即

$$\overline{\alpha} = \frac{I_C}{I_E} \tag{2.17}$$

（2）交流电流放大系数

共发射极的交流电流放大系数 β，是集电极交流电流变化量与基极交流电流变化量之比，即

$$\beta = \frac{\Delta i_C}{\Delta i_B} \tag{2.18}$$

共基极的交流电流放大系数 α，是集电极交流电流变化量与基极交流电流变化量之比，即

$$\alpha = \frac{\Delta i_C}{\Delta i_E} \tag{2.19}$$

在工程计算中，一般可认为三极管放大电路的交、直流电流放大系数近似相等。

2.1.5.2　极间反向电流

（1）基极反向饱和电流 I_{CBO}

I_{CBO} 是发射极开路，集电结外加反向偏置电压时，集电极与基极间的反向电流。其值越小，表明三极管的温度稳定性越好。

（2）穿透电流 I_{CEO}

I_{CEO} 是基极开路时，集电极与发射极间的反向饱和电流。其值越小，表明三极管的温度稳定性越好。

2.1.5.3　极限参数

（1）集电极最大允许电流 I_{CM}

集电极的工作电流 i_C 在很大一个范围内，β 值是基本不变的，但当 i_C 值超过某一数值后，β 值将明显下降。通常把 β 值下降到最大值的 2/3 时所对应的 i_C 值规定为集电极最大允许电流 I_{CM}。

（2）集电极最大允许耗散功率 P_{CM}

三极管工作时，集电极与发射极间直流电压 U_{CE} 与集电极直流电流 I_C 的乘积定义为集电极耗散功率 P_C，即

$$P_C = I_C U_{CE} \tag{2.20}$$

三极管的工作电流通过集电结时，要消耗功率而产生热量，使管子的结温升高。由于结温不能超过上限温度，因此三极管的功率也受到限制，该限制功率即集电极最大允许耗散功率 P_{CM}。P_{CM} 不仅与三极管的结构有关，还与散热条件有关，有良好的散热条件，可以提高 P_{CM}。

（3）反向击穿电压

当发射极开路时，集电极与基极间的反向击穿电压，记作 $U_{(BR)CBO}$。

当基极开路时，集电极与发射极间的反向击穿电压，记作 $U_{(BR)CEO}$。

当集电极开路时，发射极与基极间的反向击穿电压，记作 $U_{(BR)EBO}$。

一般情况下，$U_{(BR)EBO} < U_{(BR)CEO} < U_{(BR)CBO}$。在放大电路中，由于发射结通常处于正向偏置状态，极少发生集电极开路时的击穿现象，所以在选择最大工作极限电压时参考集电极和发射极间的击穿电压 $U_{(BR)CEO}$，使集电极和发射极间的工作电压远低于 $U_{(BR)CEO}$，从而保证管子不被击穿。

在共发射极输出特性曲线上，由以上三个极限参数所限定的区域如图 2.8 所示，称之为三极管的安全工作区。为确保三极管正常而安全地工作，使用时不应超过这个区域。

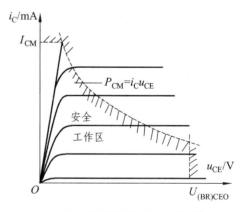

图 2.8　三极管的安全工作区

2.1.5.4　温度对三极管参数的影响

温度对三极管各参数的影响，主要有以下 3 个方面：

（1）对 I_{CBO} 的影响

在室温下，三极管的集电极反向饱和电流 I_{CBO} 很小。当温度升高时，反向电流急剧增大，输出特性曲线向上移。

（2）对 β 的影响

三极管的电流放大系数 β（或 $\bar{\beta}$）值随温度升高而变大，输出特性曲线变稀疏，即间距变大。

（3）对发射结导通电压 U_{BE} 的影响

温度升高时，输入特性曲线向左移，通电压 U_{BE} 值减小。

2.1.6　三极管的命名与检测

2.1.6.1　三极管的命名方法

半导体器件的种类繁多，国内外都采用各自的命名方法。我国国产半导体器件的命名方法采用国家标准 GB 249—74。

如型号"3DG6C"各部分所表示的含义是："3"表示三极管；"D"表示该三极管为硅材料 NPN 型三极管；"G"表示该三极管为高频小功率管；"6"为产品序列号；"C"为规格号，表示管子的耐压值。

2.1.6.2　三极管的检测（仅适用于指针式万用表）

三极管的管型、材料、电极可以通过管壳上的符号、标志来加以识别。下面主要介绍用万用表检测三极管的方法。

（1）三极管极性、管型的判别

用万用表 $R \times 1$ k 或 $R \times 100$ 挡确定三极管的管型、极性。

① 基极的判别。

将万用表的一个表笔固定接在三极管的某一个电极上，而另一表笔依次接另外两个电极，将这样测得的两个数据作为一组，可测得六组读数。若其中一组读数中的两个读数同小时，则可判定与表笔固定连接的那一个电极为三极管的基极。

② 管型的判别。

基极确定以后，将三极管的基极与红表笔相连，黑表笔依次接另外两个电极，如果测得的两个读数都大，则说明三极管的两个 PN 结均处于反向偏置，可以判断该管的基极从 P 区引出，即该管为 NPN 型；如果测得的两个读数都小，则说明三极管的两个 PN 结均处于正向偏置，可以判断该管的基极从 N 区引出，即该管为 PNP 型。如果将黑表笔与基极固定连接，红表笔分别接另外两个电极，其判断方法类似，这里不再赘述。一般以两读数同小作为判断依据。

③ 集电极的判别。

判断出三极管的基极、管型后，利用三极管正向电流放大系数比反向电流放大系数大的原理，确定集电极。

例如：已判断出某管为 NPN 型管，且基极已经确定，现在确定集电极。假设没确定的两个电极中的某一个为集电极，用手捏住三极管的基极与假设的集电极（即在这两极间接上一个人体电阻，注意不要将两极直接短接），将万用表的黑表笔接假设的集电极，红表笔接余下的电极（也是假设的发射极），观察万用表的表盘指针的偏转。再将假设的两电极对换，重复上述过程，并观察万用表的表盘指针的偏转。两次假设中，指针向右偏转角度大的那次假设是正确的，即假设的集电极是实际的集电极，余下的是发射极。判断集电极的检测方法可以通过图2.9所示电路来帮助理解。

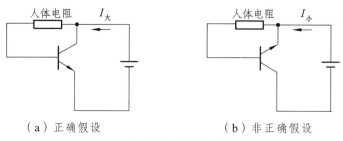

（a）正确假设　　　　　　　　（b）非正确假设

图2.9　集电极的判别电路示意图

对于PNP型管的判别，将万用表两表笔对调即可。

（2）三极管性能的简易判别

用万用表的 $R \times 100$ 或 $R \times 1 k$ 挡判别。

① 穿透电流 I_{CEO}。

可用如图2.10所示的电路来判别三极管的穿透电流的大小。图中电源的正极相当于万用表的黑表笔，负极相当于万用表的红表笔。万用表的指针偏转越小，集电极与发射极间的电阻越大，说明穿透电流 I_{CEO} 越小，管子的性能越稳定。一般，硅管的穿透电流 I_{CEO} 比锗管的小，高频管的穿透电流 I_{CEO} 比低频管的小，小功率管的穿透电流 I_{CEO} 比大功率管的小。

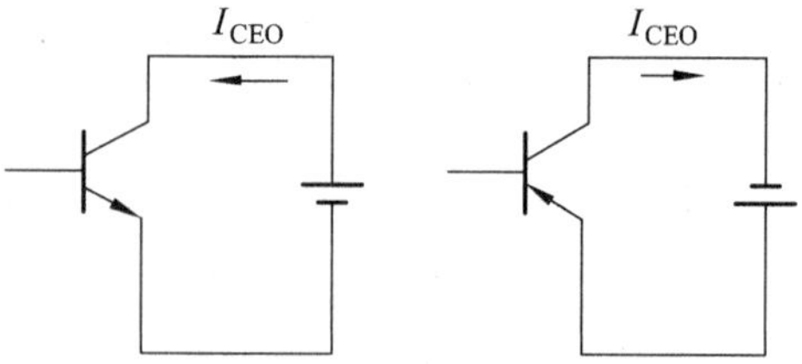

图2.10　I_{CEO} 的测量电路

② 电流放大系数 β。

在进行上述测试时，若在基极与集电极间接入 100 kΩ 电阻或接入人体电阻（用手捏住，但不要直接短接），如图2.9（a）所示，则指针偏转角度越大，说明 β 值越大。许多万用表有 h_{FE}（β）挡位，可直接测出 β 的大小。

③ 稳定性能。

在判别 I_{CEO} 时，用手捏住管壳，借人体体温使管子的温度上升，此时管子集电极与发射极间的反向电阻将变小。若表头指针向右偏转不大，则管子的稳定性较好；若表头指针迅速向右偏转，则管子的稳定性较差。

2.1.7　特殊三极管简介

2.1.7.1　光电三极管

光电三极管也称光敏三极管，它是在光电二极管的基础上发展起来的光电器件，它与光电二极管一样，能把输入的光信号转换成电信号。但与光电二极管不同，它能将光信号产生的电信号进行放大，因而其灵敏度比光电二极管高得多。为了对光有良好的响应，要求光电三极管基区面积做得比发射区面积大得多，以扩大光照面积，提高光敏感性。光电三极管相当于在基极和集电极间接入光电二极管的三极管，故其一般外形只引出集电极和发射极两个电极，这种管子的光窗口即为基极。其等效电路和电路符号如图 2.11 所示。

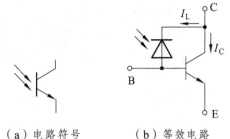

（a）电路符号　　（b）等效电路

图 2.11　光电三极管的等效电路与电路符号

由图 2.11（a）可见，光电三极管实际上是一个基极开路的三极管，因此也有 PNP 型（如 3CU）和 NPN 型（如 3DU）之分。根据图 2.11（b），光电三极管相当于一个反向工作的光敏二极管（PN 结）所产生的光电流又被一个三极管放大（I_B 放大成 I_C），所以它的光电敏感性要比单个光敏二极管强得多，可达毫安数量级。

2.1.7.2　光电耦合器

光电耦合器是由发光二极管和光敏元件（光敏电阻、光电二极管、光电三极管、光电池等）组装在一起而形成的二端口器件的总称，其电路符号如图 2.12 所示。其工作原理是：以光信号作为媒介，将输入端施加的电信号由发光二极管转换为按信号规律变化的光信号，光电三极管受光照之后产生相应的光电流，从输出端引出给负载，从而实现了电—光—电的传递与转换功能。光电耦合器主要用在高压开关、信号隔离器、电平匹配等电路中，起到信号的传输与隔离作用。

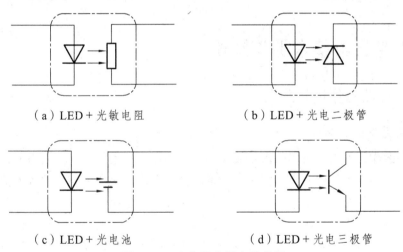

（a）LED＋光敏电阻　　　　　　　　（b）LED＋光电二极管

（c）LED＋光电池　　　　　　　　（d）LED＋光电三极管

图 2.12　光电耦合器电路符号

2.1.7.3　光电三极管与光电耦合器的应用举例

（1）光电检测与控制电路

如图 2.13 所示，光电三极管 T_1 未受到光线照射时，三极管 T_2 因基极上偏置电阻接近无穷大（T_1 的暗电流阻值）而处于截止状态。当 T_1 受到光照后，T_2 的上偏电流阻值急剧下降（T_1 的亮电流阻值），使 T_2 饱和导通并输出一个低电平控制信号。因此，图 2.13 是一种电子开关控制电路。

（2）光电耦合器放大电路

图 2.14 所示为一种光电耦合器放大电路。其中 MOC1000 光电耦合器在使输入电路与输出电路几乎完全隔离的同时，还可以将输入信号耦合到具有不同电源电压值和不同地电位的电路。该电路可提供在测试仪表等设备中所要求的传输特性。由于采用了两级功率放大，因此对不同负载阻抗均有足够的驱动能力。

光电耦合的缺点是线性度较差，输出信号容易失真。

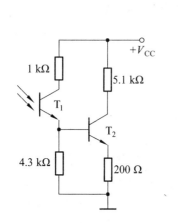

图 2.13　光电检测与控制电路

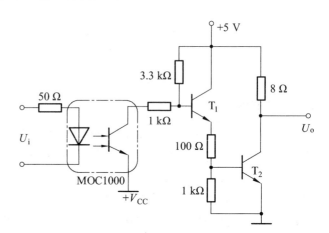

图 2.14　光电耦合器放大电路

2.2　放大电路的基本工作原理

2.2.1　放大电路的作用和分类

（1）放大电路的作用

放大电路的作用就是将微弱的信号放大到便于测量和利用的程度。表面上，放大电路是将信号的幅度由小变大，但放大的实质是能量转换，即由一个能量较小的输入信号控制直流电源，将直流电源的能量转换成能量较大的信号输出，从而驱动负载。因此，晶体三极管在放大电路中只是一种能量控制和转换元件，而不是一种能源。例如，从收音机天线接收到的无线电信号或从传感器得到的信号，有时只有微伏或毫伏的数量级，必须经过放大后才能驱动扬声器或进行观察、记录与控制。收音机消耗的能量，是来自电池或经变压器转换后的直流电源，而不是来自天线接收的电磁波。

图 2.15 所示是一个扩音机的组成方框图。话筒作为信号源，它将声音变成微弱的电信号（只有几毫伏）。然后电信号经过三级电压放大电路放大，得到较大的信号电压（如几伏），再经过功率放大电路得到较大的信号功率，最后驱动扬声器工作，发出洪亮的声音。前几级放大电路的主要任务是放大信号电压，所以叫电压放大电路，也称前置级放大电路，它是本章研究的主要对象。功率放大电路将在第 7 章加以讨论。

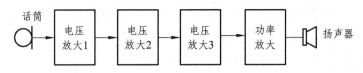

图 2.15 扩音机方框图

（2）放大电路的分类

按照不同的分类方式，可以将放大电路分为多种类型。

① 根据信号的强弱分为：电压放大电路和功率放大电路。如上述扩音机电路中，有电压放大电路和功率放大电路。

② 根据被放大信号的频率高低可分为：直流放大电路（放大变化缓慢的信号），低频放大电路（工作频率是 10 Hz ~ 300 kHz，其中音频信号的工作频率是 20 Hz ~ 20 kHz），高频放大电路（工作频率在 300 kHz 以上）。

③ 根据使用器件的不同分为：电子管放大电路、晶体管放大电路、场效应管放大电路以及集成运算放大电路等。

④ 根据级与级间的耦合方式分为：阻容耦合放大电路、变压器耦合放大电路和直接耦合放大电路等。

⑤ 根据被放大信号的工作频带可分为：宽带放大电路（如视频放大电路工作频带为 0 ~ 6 MHz）和窄频带放大电路（如调谐放大电路）。

还可以根据其他方式分类，这里不再一一列举。

2.2.2 放大电路的主要性能指标

对放大电路的要求主要有两个方面：一是放大倍数要高，二是信号失真要小。具体衡量放大电路性能的指标主要有以下几个：

（1）放大倍数（或增益）

放大电路可用如图 2.16 所示方框图表示。习惯上，将放大电路的输入端放在电路的左边，输出端放在电路右边。图 2.16 中，1—1′ 端为放大电路的输入端；2—2′ 端为放大电路的输出端；u_i、u_o 分别表示输入、输出信号电压；i_i、i_o 分别表示输入、输出信号电流。

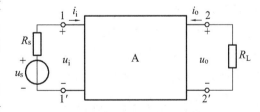

图 2.16 放大电路的连接框图

放大电路的放大倍数是衡量电路放大能力的重要指标，它定义为输出信号幅值变化量与输入信号幅值变化量之比，常用三种形式表示。

① 电压放大倍数 A_u：定义为输出电压与输入电压之比，即

$$A_u = \frac{u_o}{u_i} \qquad (2.21)$$

② 电流放大倍数 A_i：定义为输出电流与输入电流之比，即

$$A_i = \frac{i_o}{i_i} \tag{2.22}$$

③ 功率放大倍数 A_P：定义为输出功率与输入功率之比，即

$$A_P = \frac{P_o}{P_i} \tag{2.23}$$

工程上，常用增益来衡量放大电路的放大能力，单位是分贝（dB）。

电压增益：　$A_u = 20\lg\dfrac{u_o}{u_i}$ (dB) $\tag{2.24}$

电流增益：　$A_i = 20\lg\dfrac{i_o}{i_i}$ (dB) $\tag{2.25}$

功率增益：　$A_P = 10\lg\dfrac{P_o}{P_i}$ (dB) $\tag{2.26}$

以上各项性能指标均是在输出信号不失真条件下测量和计算的。

（2）输入电阻 r_i 和输出电阻 r_o

输入电阻 r_i 定义为输入电压与输入电流之比，即

$$r_i = \frac{u_i}{i_i} \tag{2.27}$$

对于信号源来说，放大电路的输入电阻 r_i 就是其负载电阻，也就是从放大电路的输入端 1—1′ 端向右看的等效电阻，如图 2.17 所示。

输入电阻的大小，根据信号源的性质来考虑。如果信号源是电压源，为了使放大电路得到较大的输入电压，应使 $r_i \gg R_s$，即等效输入电阻越大越好；如果信号源是电流源，为了使放大电路得到较大的输入电流，应使 $r_i \ll R_s$，即等效输入电阻越小越好。

从负载两端向信号源方向看，放大电路是一个线性有源网络，根据戴维南定理可知：对于任何一个线性有源网络，都可以用一个电阻和一个电压源串联来等效，那么这个等效电阻就是放大电路的输出电阻 r_o。

输出电阻可以通过测试求得，具体做法如图 2.18 所示：将负载电阻 R_L 移开，在原接负载电阻的电路两端接上已知测试电压源 u_T，并测出经过电压源的测试电流为 i_T。由戴维南定理可得输出电阻 r_o 的表达式为

$$r_o = \frac{u_T}{i_T}\Big|_{u_s=0} \tag{2.28}$$

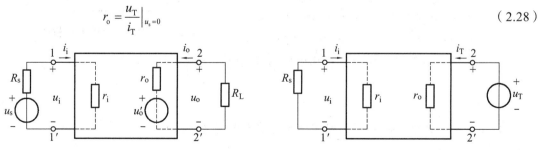

图 2.17　输入电阻和输出电阻　　　　　　图 2.18　输出电阻测试电路

（3）失 真

放大电路的失真是指放大电路的输出波形与输入波形相比，其形状发生了变化。放大电路的失真有两种：非线性失真和频率失真。

非线性失真是由放大电路输入和输出特性的非线性引起的。如果放大电路的工作点设置不当或输入信号幅度过大，使放大电路工作在非线性区域，其输出波形变成非正弦波，这种失真称为非线性失真。

放大电路工作时，它的实际输入信号是由许多频率分量组合而成的复杂信号，要求放大电路对不同频率的信号有相同的放大能力，但放大电路一般含有电容或电感的电抗元件，使放大电路对不同频率的信号有不同的放大能力，因而引起输出波形失真，这种失真称为频率失真。频率失真是一种线性失真。

值得注意的是，非线性失真和频率失真都会使输出波形失真，但两者是有差别的。非线性失真产生了输入信号中不存在的新的频率分量，而频率失真是使信号中各频率分量的相对大小发生变化。对放大电路的要求是失真越小越好。

2.2.3 放大电路的组成原理

图 2.19 所示是共发射极基本放大电路，图中，T 是 NPN 型三极管，它是整个放大电路的核心，通过它的控制作用实现信号的放大。放大电路的组成原则是：

① 为保证三极管 T 工作在放大区，发射结必须正向偏置，集电结必须反向偏置。图中，R_b、U_{BB} 保证发射结处于正向偏置状态，R_c、U_{CC} 保证集电结处于反向偏置状态。

② 为了有效地放大信号，电路中应保证输入信号能加到三极管的发射结，以控制和改变三极管的基极电流，同时，也应保证放大了的信号能有效地从放大电路输送给负载。

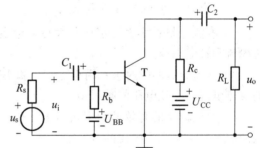

图 2.19 共发射极基本放大电路

2.2.3.1 各元件的作用

① 基极电源电压 U_{BB} 和集电极电源电压 U_{CC}：其作用是为整个电路提供能源，保证三极管的发射结正向偏置，集电结反向偏置。

② 基极偏置电阻 R_b：其作用是为基极提供合适的偏置电流。

③ 集电极电阻 R_c：其作用是将集电极电流转换成电压输出，并且为集电极直流电压源提供通路。

④ 耦合电容 C_1、C_2：其作用是隔直流、通交流。

⑤ R_L 是负载电阻。

2.2.3.2 放大电路的习惯画法

图 2.19 中使用两个电源 U_{BB} 和 U_{CC}，这给使用者带来不便，为此通常采用单电源供电。

由于在电子电路中，习惯选择大地作为参考零电位，电源的一极与地相连，另一极用对地的参考电位表示电源电压，所以一般用符号 V_{CC} 表示集电极电源大小，习惯画法如图 2.20 所示。

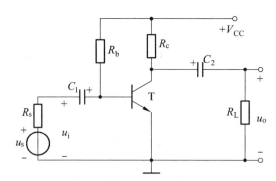

图 2.20　单电源供电的共发射极放大电路

2.2.3.3　放大电路中电压、电流的方向及符号的规定

（1）电压、电流正方向的规定

为了便于分析，规定输入、输出回路的公共端为电压参考极性的负极，其他各点电压对地为正极；电流的参考方向选用三极管各极电流的实际方向为正方向。

（2）电压、电流符号的规定

① 直流分量：用大写字母和大写下标表示，如 I_B、I_C、U_{BE}、U_{CE} 表示三极管各极的直流电流和直流电压。

② 交流分量的瞬时值：用小写字母和小写下标表示，如 i_b、i_c、u_{be}、u_{ce} 表示三极管各极的交流电流、交流电压的瞬时值。

③ 交流分量的有效值：用大写字母和小写下标表示，如 I_b、I_c、U_{be}、U_{ce} 表示三极管各极的交流电流、交流电压的有效值。

④ 总变化量（即交直流的叠加）：用小写字母和大写下标表示，如 i_B、i_C、u_{BE}、u_{CE} 表示三极管各极的电流、电压的总变化量。

按上述规定有：$i_B = I_B + i_b$；$i_C = I_C + i_c$；$u_{BE} = U_{BE} + u_{be}$；$u_{CE} = U_{CE} + u_{ce}$。

由图 2.20 可清楚地看到，在放大电路中，既有直流电源，又有交流信号源，因此电路中交、直流并存。具体对一个放大电路进行定性、定量分析时，首先要求出各处的直流电压和电流的数值，以便判断放大电路是否工作在放大区，这也是放大电路放大交流信号的前提和基础。其次，分析放大电路对交流信号的放大性能，如放大电路的放大倍数、输入电阻、输出电阻及失真问题。前者讨论的是直流成分，而后者讨论的是交流成分。因此，在对放大电路进行具体分析时，必须正确分辨直流通路和交流通路。

2.2.4　直流通路和交流通路

2.2.4.1　直流通路

在放大电路中既有直流电源又有交流信号源，直流电源主要用于保证三极管工作在放大区，提供电路工作所需要的能量，交流信号源才是被放大的对象。因此，可以用叠加定理来分析放大电路。当交流信号源为零时，电路中只有直流电源作用，这时画出的电路就是直流通路。因电容对直流开路，所以图 2.20 所示电路对应的直流通路如图 2.21（a）所示。

2.2.4.2　交流通路

当放大电路中只有交流信号源作用时，所对应的电路就是交流通路。在交流通路中，耦合电容的容量足够大，对交流信号源可视作短路。图 2.20 所示电路对应的交流通路如图 2.21（b）所示。

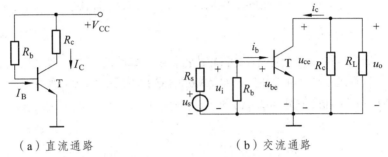

（a）直流通路　　　　　　　　　　（b）交流通路

图 2.21　基本共发射极放大电路的交、直流通路

放大电路的分析主要包括两个部分：直流分析和交流分析。

直流分析又称为静态分析，其目的是分析放大电路中三极管各极的电压、电流值，即基极电流 I_B、集电极电流 I_C、集电极与发射极间的电压 U_{BE}，以确定三极管是否工作在线性放大区。

交流分析又称为动态分析，其目的是分析放大电路的主要性能指标，即求出其电压放大倍数 A_u、输入电阻 r_i 和输出电阻 r_o 等。

2.3　放大电路的图解分析法

图解法和微变等效电路法是分析放大电路的两种基本方法。所谓图解法就是根据三极管输入、输出特性曲线，通过作图的方式来分析三极管各极电流、电压波形的一种方法（更适用于定性分析）。它能对放大电路的工作状态进行全面、直观的描述。其分析基本思路是先进行直流（静态）分析，然后进行交流（动态）分析。

2.3.1　静态分析

当放大电路输入交流信号为零，即 $u_i = 0$ 时，分析三极管各极电流、电压值，称为静态分析。

静态分析的对象是直流通路。静态分析的目的是通过直流通路分析放大电路中三极管的工作状态。为了使放大电路能够正常工作，三极管必须处于放大状态。因此，要求三极管各极的直流电压、电流必须有合适的值，即有合适的静态值：I_B、U_{BE}、I_C 和 U_{CE}。对应这四个数值，可在三极管的输入特性曲线和输出特性曲线上各确定一个固定的点，此点即静态工作点，通常用 Q 表示。为了便于说明电压、电流对应于静态工作点 Q 的值，以后把它们分别记作 I_{BQ}、U_{BEQ}、I_{CQ} 和 U_{CEQ}。

2.3.1.1 图解法的作图方法

（1）确定 I_{BQ} 值

确定 I_{BQ} 值有两种方法：估算法和作图法。

① 估算 I_{BQ} 值。

根据图 2.22（a）所示直流通路的基极输入回路，列出输入回路的直流电压方程：

$$U_{BE} + I_B R_b = V_{CC} \tag{2.29}$$

由于三极管导通时 U_{BE} 变化很小，可认为是常数。如前所述，一般情况下，对于硅管，$U_{BE} = 0.6 \sim 0.7$ V，取 0.7 V；对于锗管，$U_{BE} = 0.2 \sim 0.3$ V，取 0.3 V。所以，当 V_{CC}、R_b 已知时，由式（2.29）可以直接估算出 I_{BQ} 值为

$$I_{BQ} = \frac{V_{CC} - U_{BE}}{R_b} \approx \frac{V_{CC}}{R_b} \tag{2.30}$$

② 作图求 I_{BQ} 值。

由式（2.29）可知，I_B 与 U_{BE} 的关系是一个直线方程，所以在输入特性曲线上可以作出该直线，它与输入特性曲线的交点就是静态工作点 $Q(U_{BEQ}, I_{BQ})$。然后，根据 I_{BQ} 值可在输出特性曲线上找到对应的输出曲线。具体分析时，如果没给出输入曲线，可根据具体电路列出电压方程估算出 I_{BQ} 值，而不用作图分析。

（2）确定输出特性曲线上的 Q 点

① 列出输出回路的电压方程。

在图 2.22（a）所示直流通路的集电极输出回路中，根据 KVL 可列出回路的电压方程：

$$U_{CE} = V_{CC} - I_C R_c \tag{2.31}$$

从方程（2.31）可以看出 I_C 与 U_{CE} 是线性关系，该方程称为输出直流负载线方程。

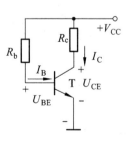
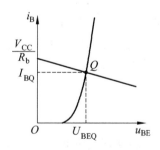
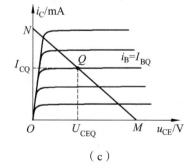

（a）直流通路　　　（b）静态工作点的图解法　　　（c）

图 2.22　基本放大电路的静态情况

② 作出直流负载线，并确定 $Q(U_{CEQ}, I_{CQ})$ 点。

将方程（2.31）所表示的直线画在输出特性曲线平面上，则得到输出负载线。输出负载

线的作图方法是：在输出特性曲线平面内找到满足方程（2.31）的两个特殊的点 $N\left(0, \dfrac{V_{CC}}{R_c}\right)$ 及 $M\left(V_{CC}, 0\right)$，连接 M、N 点得到输出直流负载线。直流负载线 MN 与 $i_B = I_{BQ}$ 所对应的输出特性曲线的交点即为输出特性曲线上的 $Q\left(U_{CEQ}, I_{CQ}\right)$ 点。

综上所述，用图解法可以确定静态工作点，即求出无信号输入时各极的电流、电压值，其步骤是：

① 画出放大电路的直流通路。

② 列出输入回路的直流电压方程，确定 I_{BQ} 值。方法一：将 U_{BE} 近似认为是常数，估算出 I_{BQ} 值。方法二：在输入特性坐标上，画出输入回路的电压方程所表示的直流负载线，找出它与输入特性曲线的交点 $Q\left(U_{BEQ}, I_{BEQ}\right)$，确定 I_{BQ} 和 U_{BEQ} 值。

③ 列出输出回路的电压方程，在输出特性坐标上画出直流负载线，根据已得的 I_{BQ} 值，找到对应于 $i_B = I_{BQ}$ 的输出曲线与直流负载线的交点 $Q\left(U_{CEQ}, I_{CQ}\right)$，即可得 I_{CQ} 和 U_{CEQ} 值。

【例 2.1】 在图 2.20 所示电路中，已知 $R_b = 280 \text{ k}\Omega$，$R_c = 3 \text{ k}\Omega$，$V_{CC} = 12 \text{ V}$，$U_{BE} = 0.7 \text{ V}$，三极管的输出特性曲线如图 2.23 所示，试用图解法确定静态工作点。

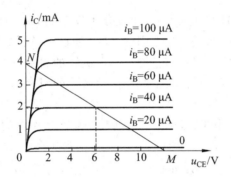

图 2.23 例 2.1 输出曲线

解：

① 画出直流通路如图 2.21（a）所示。

② 估算 I_{BQ} 值如下：

$$I_{BQ} = \frac{V_{CC} - U_{BE}}{R_b} = \frac{12 - 0.7}{280 \times 10^3} \approx 0.04 \text{ (mA)} = 40 \text{ (μA)}$$

③ 列出输出回路的电压方程，并作出直流负载线。

$$U_{CE} = V_{CC} - I_C R_c$$

在输出特性坐标上，找到满足上述方程的两点 $N\left(0, \dfrac{V_{CC}}{R_c}\right)$ 及 $M\left(V_{CC}, 0\right)$，即点 $N\left(0, 4 \text{ mA}\right)$ 和点 $M\left(12 \text{ V}, 0\right)$，连接 M 点和 N 点，得到直流负载线 MN。直流负载线 MN 与 $i_B = I_{BQ} = 40 \text{ μA}$ 这一特性曲线的交点，即为 Q 点，从图中可查出 $U_{CEQ} = 6 \text{ V}$，$I_{CQ} = 2 \text{ mA}$。

2.3.1.2 电路参数对静态工作点的影响

放大电路静态工作点的设置十分重要，静态工作点与电路的参数有关。下面分别分析电

路参数 R_b、R_c 和 V_{CC} 对静态工作点的影响，为调试电路给出理论指导。为明确元件参数对 Q 点的影响，当讨论某个参数对 Q 点的影响时，假设其他参数是某一固定值。

（1）R_b 对 Q 点的影响

由式（2.30）和式（2.31）可知：R_b 变化，仅对 I_{BQ} 有影响，而对输出负载线无影响。

如图 2.24（a）所示，如果增大 R_b，则 I_{BQ} 减小，工作点沿输出负载线下移至 Q_1 点；如果减小 R_b，则 I_{BQ} 增大，工作点沿负载线上移至 Q_2 点。

（2）R_c 对 Q 点的影响

由式（2.30）和式（2.31）可看出：R_c 变化，仅改变输出直流负载线与纵坐标交点 N 的位置，与横坐标的交点 M 点不变，即仅改变直流负载线的斜率，对 I_{BQ} 没有影响。

如图 2.24（b）所示，R_c 增大，N 点下降，直流负载线变平坦，工作点沿 I_{BQ} 对应的输出曲线左移至 Q_1 点；R_c 减小，N 点上升，直流负载线变陡峭，工作点沿 I_{BQ} 对应的输出曲线右移至 Q_2 点。

（3）V_{CC} 对 Q 点的影响

由式（2.30）和式（2.31）可看出：V_{CC} 变化不仅影响 I_{BQ}，还影响直流负载线在坐标轴上的截距，但对负载线的斜率没有影响。因此，V_{CC} 对 Q 点的影响将使输出负载线产生平移。

如图 2.24（c）所示，V_{CC} 上升，I_{BQ} 增大，负载线的斜率不变，因此负载线向右上方平移，Q 点移至 Q_1 点位置；V_{CC} 下降，I_{BQ} 减小，负载线的斜率不变，因此负载线向左下方平移，Q 点移至 Q_2 点位置。

实际调试中，主要通过改变电阻 R_b 来达到改变静态工作点的目的，而很少通过改变 R_c 或 V_{CC} 来改变工作点的设置。

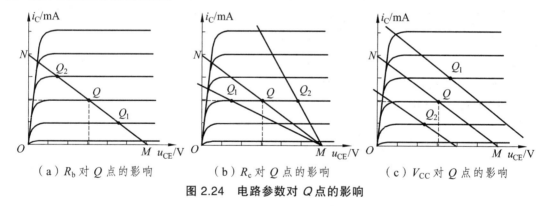

（a）R_b 对 Q 点的影响　　　（b）R_c 对 Q 点的影响　　　（c）V_{CC} 对 Q 点的影响

图 2.24　电路参数对 Q 点的影响

2.3.2　动态分析

当放大电路有交流信号输入时，三极管各极电流、电压将在直流（静态）值的基础上叠加交流信号，并随交流信号的变化而变化，这种状态分析称为动态分析。这时电路中各极的电压、电流都是由直流和交流量叠加而成的。

动态分析的对象是放大电路的交流通路，分析的目的是根据输入信号求出各极电流、电压波形，确定输出电流、电压的最大动态范围，求出放大电路的电压、电流放大倍数。

下面以图 2.20 所示的放大电路为例来分析。

2.3.2.1　根据 u_i 的波形在输入特性曲线上求 i_B

假设放大电路输入端所加信号为：$u_i = \sqrt{2} U_i \sin \omega t$。

利用叠加定理分析图 2.20 所示电路。将该电路等效为直流电压源 V_{CC} 单独作用和交流信号源单独作用的电路，如图 2.21（a）、（b）所示。

在图 2.21（a）中，由前面静态分析可求得 U_{BEQ}、I_{BQ}、I_{CQ} 和 U_{CEQ}。

在图 2.21（b）中有

$$u_{be} = u_i = \sqrt{2} U_i \sin \omega t$$

所以有

$$u_{BE} = U_{BEQ} + u_{be} = U_{BEQ} + u_i \tag{2.32}$$

根据 u_{BE} 的波形由输入特性曲线上可以作出 i_B 波形，如图 2.24（a）所示。在 Q 点附近，i_b 与 u_{be} 近似为线性关系，即可得

$$i_B = I_{BQ} + i_b = I_{BQ} + \sqrt{2} I_b \sin \omega t \tag{2.33}$$

2.3.2.2　作输出回路的交流负载线

要画出 i_C 与 u_{CE} 的波形，必须先根据输出回路写出 i_C 与 u_{CE} 的关系式。由叠加定理知

$$i_C = I_{CQ} + i_c \tag{2.34}$$

$$u_{CE} = U_{CEQ} + u_{ce} \tag{2.35}$$

可见，只要找出交流分量 i_c 与 u_{ce} 的关系，那么 i_C 与 u_{CE} 的关系也就确定了。

由图 2.21（b）知，对于交流信号而言，集电极负载电阻是 R_c 与 R_L 并联，等效电阻记作 $R_L' = R_c // R_L$。根据图示的交流电压、电流方向，可写出下列关系式：

$$u_o = u_{ce} = -i_c R_L' \tag{2.36}$$

由式（2.34）、（2.35）和（2.36）得

$$u_{CE} = U_{CEQ} + I_{CQ} R_L' - i_c R_L' \tag{2.37}$$

式（2.37）也可写成

$$i_C = -\frac{1}{R_L'} \times u_{CE} + \frac{1}{R_L'} (U_{CEQ} + I_{CQ} R_L') \tag{2.38}$$

由此可见，式（2.37）或式（2.38）是直线方程，表示 i_C 与 u_{CE} 是线性关系。在输出特性坐标中，按式（2.38）画出的直线称为输出回路的交流负载线。作交流负载线的方法是：① 静态时 $i_C = I_{CQ} + i_c = I_{CQ}$，$u_{CE} = U_{CEQ} + u_{ce} = U_{CEQ}$，当将它们代入式（2.37）或式（2.38）时，方程成立，所以交流负载线过静态工作点 Q（U_{CEQ}，I_{CQ}）；② 交流负载线的斜率为 $-1/R_L'$，所以根据点斜式可以画出交流负载线。

交流负载线的另一画法是：在输出特性坐标内，找两个特殊的点 Q（U_{CEQ}，I_{CQ}）和

$P(U_{CEQ} + I_{CQ}R'_L,\ 0)$，连接 P、Q 并延长，即得到交流负载线。

如果放大电路输出端没接负载（即"空载"），则 $R'_L = R_c$，这时方程（2.37）与式（2.31）相同，即空载时的交流负载线与直流负载线重合。

2.3.2.3　动态波形分析

从前面的分析可知，u_B 波形是在已知输入电压波形 u_i 的基础上叠加静态值 U_{BEQ} 得到的，将得到的 u_B 波形顺时针旋转 $90°$ 后移至输入特性曲线下方，根据输入特性曲线作出 i_B 波形后，如图 2.25（a）所示。在输出特性曲线平面上，根据 i_B 波形沿着交流负载线，确定 i_C 的波形，并作出 u_{CE} 波形，如图 2.25（b）所示。

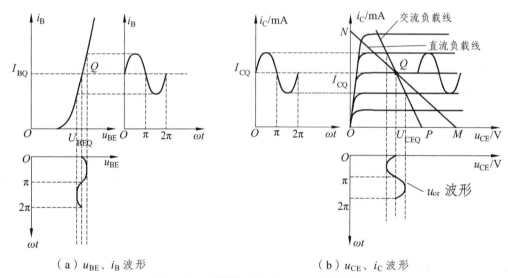

（a）u_{BE}、i_B 波形　　　　　　　　（b）u_{CE}、i_C 波形

图 2.25　图解法分析电压、电流波形

从上面动态分析可知，共发射极放大电路的输出电压 u_o（即 u_{ce}）与输入电压 u_i 的相位相差 $180°$，即相位相反（简称反相）。在图 2.25 分析中，假设输入电压幅度一定，通过作图可求出对应的输出电压的幅值，因此可计算出该放大电路的电压放大倍数 A_u，即

$$A_u = -\frac{U_o}{U_i} = -\frac{U_{om}}{U_{im}} \tag{2.39}$$

式中，负号表示 u_o 与 u_i 的相位相反。

同理可求得电流放大倍数 A_i，即

$$A_i = \frac{I_c}{I_b} = \frac{I_{cm}}{I_{bm}} \tag{2.40}$$

2.3.3　波形失真与工作点的关系

2.3.3.1　非线性失真

如图 2.25 所示的静态工作点比较适中，且输入信号幅度比较小，因而各极电压、电流变化是成比例的，亦即三极管工作在线性放大区。如果加大输入信号幅度，输出电压也相应加大，它的输出将受到限制。

如果静态工作点不合适或者是输入信号幅度过大，就会出现非线性失真。

① 当静态工作点设置过低，在输入信号的负半周，发射结因反偏而截止，三极管的工作状态进入截止区，因而引起电流 i_B、i_C 和电压 u_{CE} 的波形失真，称为截止失真。由图 2.26（a）可以看出，对于 NPN 三极管共发射极放大电路，对应截止失真时，输出电压 u_o 的波形出现正半周顶部失真。

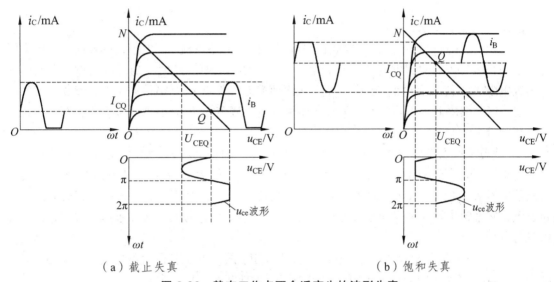

（a）截止失真　　　　　　　　　　　（b）饱和失真

图 2.26　静态工作点不合适产生的波形失真

② 如果静态工作点设置过高，在输入信号的正半周，三极管的基极电位接近甚至高于集电极电位，三极管工作状态进入饱和区。此时，基极电流继续增大，而集电极电流不再随基极电流 i_B 化线性变化，因此引起集电极电流 i_C 和电压 u_{CE} 的失真，称为饱和失真。由图 2.26（b）可看出，对于 NPN 三极管共发射极放大电路，当产生饱和失真时，输出电压 u_o 的波形出现负半周底部失真。

如果放大电路是用 PNP 三极管组成的共发射极放大电路，其失真波形正好与 NPN 型的相反。截止失真时，u_o 是底部失真；饱和失真时，u_o 是顶部失真。

正是由于上述原因，放大电路存在最大不失真输出电压幅值 U_{cem} 或峰-峰值 U_{P-P}。调整静态工作点可以获得最大不失真输出电压。

2.3.3.2　静态工作点的调整

在静态工作点已经确定的条件下，最大不失真输出电压是指逐渐增大输入信号 u_i 的幅度，三极管尚未进入饱和区或截止区时，输出所能获得的最大不失真输出电压。u_i 增大如果首先进入饱和区，则最大不失真输出电压受饱和区的限制，$U_{cem} = U_{CEQ} - U_{CES}$；如果首先进入截止区，则最大不失真输出电压受截止区限制，$U_{cem} = I_{CQ} \times R_L'$。最大不失真输出电压值，选取静态工作点到截止区和饱和区水平方向距离较小的一个，峰-峰值则等于最大不失真电压的 2 倍，即

$$U_{\text{P-P}} = 2U_{\text{cem}} = 2\min\left\{(U_{\text{CEQ}} - U_{\text{CES}}),\ I_{\text{CQ}}R_{\text{L}}'\right\}$$

当放大电路的静态工作点可调节时，调节放大电路的静态工作点，并逐渐增大输入信号的幅度，使三极管放大电路输出电压波形在正、负峰值处同时出现失真，再减小输入信号幅度，在三极管尚未进入截止区与饱和区时，输出所获得的电压就是最大不失真电压。此时，静态工作点应该正好在负载线位于饱和与截止区之间的中间位置处，即

$$U_{\text{cem}} = \frac{1}{2}(V_{\text{CC}} - U_{\text{CES}}), \qquad U_{\text{P-P}} = 2U_{\text{cem}} = V_{\text{CC}} - U_{\text{CES}}$$

静态工作点的调整方法如下：

① 静态工作点设置过低，出现截止失真时，因为静态电流 I_{BQ} 太小，输入信号的负半周进入了截止区，因而引起电流 i_{B}、i_{C} 和电压 u_{CE} 的波形失真。这时，通过调节放大电路的基极偏置电阻 R_{b}，使 I_{BQ} 增加，即减小 R_{b}，从而使静态工作点 Q 上移，进入三极管放大区的中间位置，便可解决截止失真问题。另外，还可以通过调节 R_{c} 的大小来改善截止失真，读者可以自行分析。

② 静态工作点设置过高，出现饱和失真时，因为静态电流 I_{BQ} 太大，输入信号的正半周进入了饱和区，因而引起电流 i_{B}、i_{C} 和电压 u_{CE} 的波形失真。这时，通过调节放大电流的基极偏置电阻 R_{b}，使 I_{BQ} 减小，即增大 R_{b}，从而使静态工作点 Q 下移，进入三极管放大区的中间位置，便可解决饱和失真问题。另外，也可以通过调节 R_{c} 的大小来改善饱和失真，读者可以自行分析。

③ 当静态工作点设置合适时，从上面分析知道，放大电路有最大不失真电压输出。但要注意，当输入信号 u_{i} 的幅度太大时，也容易同时出现饱和与截止失真。

2.3.4 静态工作点的稳定及偏置电路

2.3.4.1 温度对静态工作点的影响

半导体器件是一种对温度十分敏感的器件。从前面的介绍可以知道，温度对晶体三极管的影响，主要反映在如下几个方面：

① 温度升高，反向饱和电流 I_{CBO} 增加，穿透电流 $I_{\text{CEO}} = (1 + \beta)I_{\text{CBO}}$ 也增加。反映在输出曲线上，是使 Q 点上移。

② 温度上升，发射结导通电压 U_{BE} 下降，在外加电压和电阻不变的情况下，使基极电流 I_{B} 上升。

③ 温度上升，使三极管的电流放大倍数 β 增大，使特性曲线间距增大。

综合上述 3 方面的因素，温度升高，将引起集电极电流 I_{C} 增加，使静态工作点随之升高。从前面分析可知，静态工作点选择过高，将产生饱和失真。

为了稳定静态工作点，可以从两方面入手：第一，使外界环境处于恒温状态，将放大电路置于恒温槽中，但这样会付出很高的代价，也不灵活，因而此方法只适用于特殊要求的地方；第二，在电路结构上加以改进，最常用的方法就是采用具有负反馈的分压式偏置电路稳定静态工作点。

2.3.4.2 分压式偏置电路

由前面的分析可知，静态工作点的变化集中表现在电流 I_C 的变化上，因此静态工作点稳定的具体表现就是 I_C 稳定。为了克服 I_C 的漂移，可将集电极电流或电压变化量的一部分反过来馈送到输入回路，影响基极电流 I_B 的大小，以补偿 I_C 的变化，这就是常用来稳定静态工作点的反馈法。反馈法中常用的电路有电流反馈式偏置电路、电压反馈式偏置电路和混合反馈式偏置电路三种，其中电流反馈式偏置电路最常用，如图 2.27 所示。

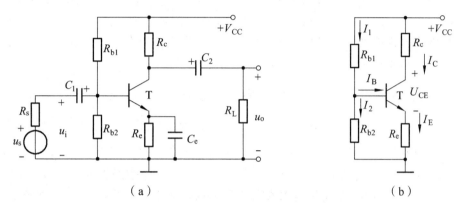

（a）   （b）

图 2.27 分压式电流负反馈偏置放大电路

（1）电路特点

电流反馈式偏置电路的直流通路如图 2.27（b）所示。基极直流偏置由电阻 R_{b1} 和 R_{b2} 构成，利用它们的分压作用将基极电位 V_B 基本稳定在某一数值上。发射极串联电阻 R_e，利用发射极电流 I_E 在 R_e 上产生的压降 V_E，调节 U_{BE} 的大小。当 I_C 因温度升高而增大时，$V_E = R_e \times I_E \approx R_e \times I_C$，所以 U_E 增大，U_{BE} 减小，使 I_B 下减小，于是达到了稳定静态工作点的目的。由于 $I_E \approx I_C$，所以只要稳定 I_E，则 I_C 便稳定了，为此电路要做到两点：

第一，要保持基极电位 V_B 基本恒定，使它与 I_B 无关，由图 2.27（b）可得

$$V_{CC} = I_1 R_{b1} + I_2 R_{b2} \tag{2.41}$$

因为 $I_1 = I_2 + I_B$，在选用 R_{b1}、R_{b2} 时，若使 $I_2 \gg I_B$，有 $I_1 \approx I_2$，则

$$I_2 \approx \frac{V_{CC}}{R_{b1} + R_{b2}} \tag{2.42}$$

所以

$$V_B \approx \frac{R_{b2}}{R_{b1} + R_{b2}} V_{CC} \tag{2.43}$$

式（2.43）说明 V_B 与晶体管参数无关，不随温度变化而改变，因此 V_B 可认为是恒定不变的。

第二，由于 $I_E = V_E / R_e$，所以要稳定工作点，应在温度变化的情况下使 V_E 最终能够保持恒定，基本不受 U_{BE} 的影响，因此要求满足条件：

$$V_B \gg U_{BE} \tag{2.44}$$

则有

$$I_E = \frac{V_E}{R_e} = \frac{V_B - U_{BE}}{R_e} \approx \frac{V_B}{R_e} \qquad (2.45)$$

具备上述条件后，就可以认为工作点与三极管参数无关，即达到了稳定静态工作点的目的。同时，当选用具有不同放大倍数 β 的三极管时，工作点也近似不变，有利于调试。

（2）工作点稳定原理

当温度升高时，三极管参数的变化使 I_C 和 I_E 增大，I_E 的增大导致电位 V_E 升高；由于电位 V_B 固定不变，因而发射结正向偏置电压 U_{BE} 将随之降低，使基极电流 I_B 减小，从而抑制了 I_C、I_E 因温度升高而增大的趋势，达到稳定静态工作点的目的。上述过程是一种自动调节过程，可以简单表示如下：

$$T \uparrow \rightarrow I_C(I_E) \uparrow \rightarrow V_E(=I_E R_e) \uparrow \rightarrow U_{BE}(=V_B - V_E) \downarrow \text{———}$$

$$I_C \downarrow \leftarrow I_B \downarrow \leftarrow \text{————}$$

从上面的分析可以知道，该电路是利用发射极电流 I_E 在 R_e 上产生的压降 V_E 来调节 U_{BE} 的。显然，R_e 越大，温度稳定性就越好。不过 R_e 加大后，V_E 也跟着变大，这样将使输出电压范围减小，为了保持同样的输出电压幅度，势必要加大工作电源电压 V_{CC}。此外，由于 R_e 的存在，使电压放大倍数减小（详细分析见后面的等效电路法分析）。如果只要求稳定静态工作点，不希望减小放大倍数，可在 R_e 两端并联一个大电容 C_e（称为旁路电容）。对于交流而言 C_e 的容抗很小近似短路，因此 R_e 被短路，从而使 R_e 只对静态工作点有影响而不影响电压放大倍数。

为了保证该电路的稳定性，要求 V_B 基本不变，R_{b1}、R_{b2} 应选小一些。但是从节约电源角度出发这是不利的，而且还会影响（减小）放大器的输入电阻。因此，在进行工程电路设计时，一般选取：

$$I_1 \geq (5 \sim 10)I_B \qquad \text{（硅管）}$$
$$I_1 \geq (10 \sim 20)I_B \qquad \text{（锗管）}$$
$$V_B \geq (3 \sim 5)U_{BE} \qquad \text{（硅管）}$$
$$V_B \geq (5 \sim 10)U_{BE} \qquad \text{（锗管）}$$

对于硅管，$V_B = 3 \sim 5$ V；对于锗管，$V_B = 1 \sim 3$ V。

对于图 2.27 所示的静态工作点，可以按下述关系式进行估算：

$$\left. \begin{array}{l} V_B \approx \dfrac{R_{b2}}{R_{b1} + R_{b2}} V_{CC} \\[3mm] V_E = V_B - V_{BE} \\[3mm] I_{EQ} = \dfrac{V_E}{R_e} \approx I_{CQ} \\[3mm] I_{BQ} = \dfrac{I_{EQ}}{1 + \beta} \\[3mm] U_{CEQ} = V_{CC} - V_E - I_{CQ}R_c \end{array} \right\} \qquad (2.46)$$

（3）分析举例

【例 2.2】 图 2.27（a）所示放大电路中，已知 $V_{CC} = 10$ V，$R_{b1} = 20$ kΩ，$R_{b2} = 5.1$ kΩ，$R_c = 3$ kΩ，$R_e = 1$ kΩ，$R_L = 3$ kΩ，$\beta = 50$，$U_{BE} = 0.7$ V，试求其静态工作点。

解：由式（2.46）可得

$$V_B \approx \frac{R_{b2}}{R_{b1} + R_{b2}} V_{CC} = \frac{5.1}{20 + 5.1} \times 10 = 2 \text{ (V)}$$

$$V_E = V_B - V_{BE} = 2 - 0.7 = 1.3 \text{ (V)}$$

$$I_{EQ} = \frac{V_E}{R_e} \approx I_{CQ} = \frac{1.3}{1} = 1.3 \text{ (mA)}$$

$$I_{BQ} = \frac{I_{EQ}}{1 + \beta} = \frac{1.3}{1 + 50} = 25.5 \text{ (μA)}$$

$$U_{CEQ} = V_{CC} - V_E - I_{CQ}R_c = 10 - 1.3 - 1.3 \times 3 = 4.8 \text{ (V)}$$

2.3.4.3 其他稳定偏置电路

在上述分压式偏置电路中，增大 R_e 有利于稳定静态工作点，但在电源电压一定时，它不仅影响输出电压幅度，而且将减小电压放大倍数。采取并联旁路电容 C_e 的方法也有一定局限性，特别在集成电路中制造大电容困难很大。所以采取补偿的方法提高偏置电路稳定性也得到了广泛应用。

（1）采用热敏电阻的偏置电路

图 2.28 所示是典型的采用热敏电阻的偏置电路，图中 R_t 为负温度系数的热敏电阻，即温度升高时，它的电阻值减小。该电路稳定静态工作点原理是：假设温度升高，I_{CBO}、U_{BE} 和 β 三个三极管参数的变化引起 I_C、I_E 增大，发射极电位 V_E 也升高；同时，V_B 因 R_t 的减小而减小，从而使加到发射结的电压 U_{BE} 减小，促使 I_B 减小，I_C 也会减小，最后使得 I_C 基本不变。精确挑选 R_t 和 R_{b2} 的阻值可以使 I_C 在相当大的温度范围内基本不变，因而稳定了静态工作点。

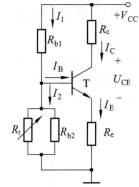

图 2.28 采用热敏电阻的偏置电路

（2）利用二极管进行补偿的偏置电路

在偏置电路中使用晶体二极管或三极管，可以补偿 I_{CEO}、U_{BE} 对 I_C（或 I_E）的影响。图 2.29（a）所示电路是利用二极管对 U_{BE} 进行补偿的电路，R_{b2} 支路中串接一个正向工作的二极管，二极管两端电压与三极管发射结电压 U_{BE} 有相同的温度变化规律，因而它补偿了发射结电压 U_{BE} 变化对 I_C（或 I_E）的影响。为了使补偿效果更好，可在电路中采用由同样性能的三极管改接而成的二极管（基极与集电极短接），如图 2.29（b）所示。不难得出

$$I_2 R_{b2} = I_E R_e \tag{2.47}$$

该电路中 R_{b1} 和 R_{b2} 的选择原则仍然是使 $I_2 \gg I_B$，因而 $I_1 \approx I_2 = (V_{CC} - U_{BE})/(R_{b1} + R_{b2}) \approx V_{CC}/(R_{b1} + R_{b2})$，$I_2$ 基本上与温度无关，发射极电流 I_E 也就不随温度变化而改变了。

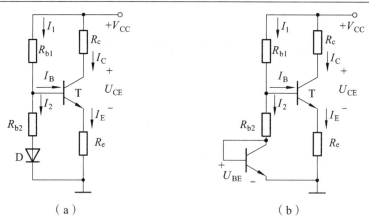

图 2.29　利用二极管进行补偿的电路

　　综上所述,偏置电路是放大电路工作的基础,它应保证三极管有一个合适且稳定的静态工作点,当温度变化或更换三极管时,不致因 Q 点位置的变化而引起放大器性能的恶化。图 2.20 所示的固定偏置放大电路一般用于 I_{CBO} 较小的场合;典型的稳定偏置电路在分立元件电路中使用十分广泛;采用热敏电阻补偿的偏置电路用于稳定性要求较高,且 R_e 不宜太大的场合(如功率放大器);采用由三极管改接而成的二极管的偏置电路在集成电路中获得了广泛应用。

2.4　放大电路的微变等效分析法

　　放大电路的放大对象是变化量,研究放大电路时除了要保证放大电路具有合适的静态工作点外,更重要的是还要研究其放大性能。对放大电路的放大性能有两个方面的要求:一是放大倍数要尽可能大,二是输出信号要尽可能不失真。用图解法进行动态分析,虽然能直观地反映输入电压与输出电流、电压波形关系,形象地反映出工作点不合适引起的非线性失真,但它对交流性能指标的分析,如对电压放大倍数、输入电阻、输出电阻的计算,就显得十分麻烦或是无能为力。所以,图解法主要用来分析信号的非线性失真和大信号工作状态(其他方法不可以),而对于小信号放大器的主要性能指标分析和计算,通常采用等效电路分析法。

2.4.1　三极管的微变等效电路

　　从晶体三极管的输入、输出曲线可以看到,只要静态工作点 Q 设置合适,而且在输入信号不是太大的情况下,放大电路中晶体三极管各极的电流、电压之间都有相应的线性关系。因而可给晶体三极管建立一个小信号的线性模型,这就是其微变等效电路。利用微变等效电路,可以将含有非线性元件(三极管)的放大电路转换成为人们熟悉的线性电路,然后可以利用电路分析的有关方法分析求解。

2.4.1.1　三极管输入回路的等效电路

　　图 2.30(a)所示的三极管电路,可用图 2.30(b)所示二端口网络来等效。只要二端口网络端口间的电压、电流与三极管的外部电压、电流对应相等且关系一致,则二端口网络与

晶体三极管等效，即对应 u_{be}、i_b 和 u_{ce}、i_c 间的关系都保持不变。现在来确定由二端口网络输入端和输出端看进去的等效线性元件及其参数。

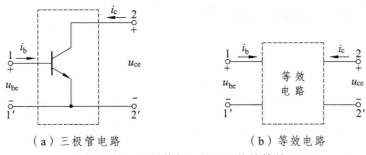

（a）三极管电路　　　　　　　　　（b）等效电路

图 2.30　三极管与二端口网络的等效

为了简便起见，图 2.31 所示是晶体三极管典型的输入、输出特性曲线，其中 Q 点为静态工作点。

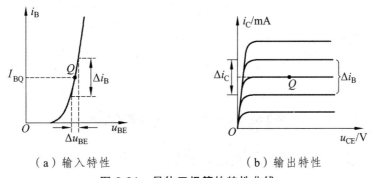

（a）输入特性　　　　　　　　　（b）输出特性

图 2.31　晶体三极管的特性曲线

从输入特性曲线可知，在输入信号为小信号时，Q 点附近的 i_B 与 u_{BE} 近似为线性关系，因此基极与发射极之间可等效为一个交流线性电阻，记作 r_{be}。具体求法是：过 Q 点作曲线的切线，切线斜率的倒数即为等效电阻 r_{be}。若电压、电流变化量为交流正弦波，则有

$$r_{be} = \frac{\Delta u_{BE}}{\Delta i_B} = \frac{u_{be}}{i_b} \tag{2.48}$$

正向输入特性曲线也可以用二极管的 PN 结方程来描述。考虑到三极管的结构特点，即基极很薄，所以基极电流还受到基区体电阻的限制，在工程估算中将 r_{be} 看做三极管输入端的等效电阻，亦即输入电阻。它还应包括基区体电阻在内，故用如下公式计算：

$$r_{be} = r_{bb'} + (1+\beta)\frac{26\ (mV)}{I_{EQ}\ (mA)} \tag{2.49}$$

式中，$r_{bb'}$ 是三极管的基区体电阻，小功率管可取 300 Ω；后面一项与静态工作点有关，是发射结的等效结电阻。其中，$(1+\beta)$ 是考虑到发射结电阻等效到基极回路时，要将发射极电流 I_{EQ} 折算为基极电流 I_{BQ} 的折算系数，即电流比系数（$I_E/I_B = 1+\beta$）。从式（2.49）可以看出等效电阻 r_{be} 的大小与静态工作点的 I_{EQ}（或 I_{BQ}）值有关。通常对于小功率管，当电流 $I_{CQ} = 1 \sim 2$ mA 时，r_{be} 约为 1 kΩ。

2.4.1.2 三极管输出回路的等效电路

由图 2.31（b）所示的输出特性曲线可以看出，三极管在输入基极变化电流 Δi_B 的作用下，就有相应的集电极电流 Δi_C 输出，它们的受控关系为

$$\Delta i_C = \beta \Delta i_B$$

或 $$i_c = \beta i_b$$

β 为输出特性曲线上静态工作点 Q 处的电流放大倍数。若 Q 点位于输出特性的放大区，因在放大区的输出特性曲线与横坐标轴几乎平行（满足恒流源特性），如果电流的变化幅度不会进入非线性区（饱和或截止区），则从输出端 2—2′ 向输入方向看去，三极管是一个内阻 $r_{ce} = \dfrac{\Delta u_{CE}}{\Delta i_C}$ 接近无穷大的受控电流源。当 Δi_B 的正方向由基极指向发射极时，受控电流源的方向是由集电极指向发射极，这样得到的输出回路等效电路如图 2.32 所示。

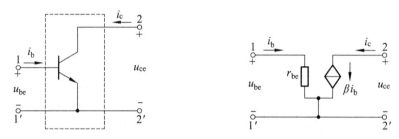

图 2.32 三极管的简化微变等效电路

2.4.2 共发射极放大电路的性能指标分析

放大电路性能指标分析计算，包括电压（或电流）放大倍数、输入电阻和输出电阻等的分析计算。分析步骤一般为：

① 画出放大电路的交流通路；

② 将晶体三极管用简化微变等效电路取代，其他外部元件、独立信号源按原来位置画在交流等效电路的相应端；

③ 用基尔霍夫电压（或电流）定律求解线性电路。

典型的共发射极放大电路如图 2.33（a）所示。

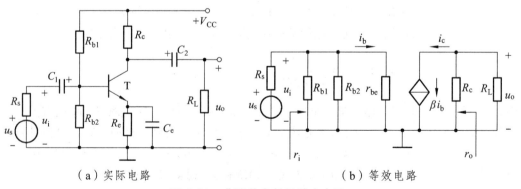

（a）实际电路　　　　　　　　（b）等效电路

图 2.33 典型共发射极放大电路

在熟知了画交流通路的原则后，可以直接画出放大电路对应的微变等效电路。如图 2.33（a）所示电路中，耦合电容 C_1、C_2 和旁路电容 C_e 均为电解电容器，它们对信号频率的容抗足够小，可视作短路；直流电压源对交流信号也视作短路；用简化微变等效电路取代晶体管。最终画出放大电路的交流等效电路，如图 2.33（b）所示。

（1）电压放大倍数 A_u

由图 2.33（b）所示等效电路可得

$$A_u = \frac{u_o}{u_i} = \frac{-i_c \times R'_L}{i_b \times r_{be}} = \frac{-\beta i_b \times R'_L}{i_b \times r_{be}} = -\beta \frac{R'_L}{r_{be}} \tag{2.50}$$

式中
$$R'_L = R_L \ /\!/ \ R_c$$

（2）输入电阻 r_i

图 2.33（b）中，从信号源右边向负载方向看，放大器是一线性无源网络，该无源网络等效于线性电阻 r_i，根据"电路分析"课程中所学无源网络等效电阻的求解方法，则有

$$r_i = \frac{u_i}{i_i} = R_{b1} \ /\!/ \ R_{b2} \ /\!/ \ r_{be} \tag{2.51}$$

当 R_{b1}、$R_{b1} \gg r_{be}$ 时，$r_i \approx r_{be}$。

（3）输出电阻 r_o

图 2.33（b）中，从负载 R_L 左边向放大器输入方向看，该电路是一线性含源网络，由戴维南定理可知，它可以等效为一个独立电压源 u_{oc} 和一个电阻 r_o 的串联，并可利用求戴维南等效电阻的方法分析计算出 r_o 值。

求输出电阻 r_o 的具体方法是：

① 使图 2.33（b）中输入端信号源短路（即 $u_s = 0$，保留内阻 R_s）。

② 将图 2.33（b）中负载 R_L 移开，并在输出端加已知电压 u_o，由电压 u_o 产生的电流为 i_o，因此输出等效电阻为

$$r_o = \frac{u_o}{i_o} = R_c \tag{2.52}$$

从上述分析可知，还可以将图 2.33（a）所示放大电路等效为如图 2.34 所示的电路模型。从该电路模型中可以看出，对信号源而言，放大电路的输入电阻 r_i 是信号源的负载，如果信号源是电压源，则 r_i 值越大越好。如果要使放大电路与信号源匹配，则 $r_i = R_s$ 时，放大电路从信号源获得的功率最大。而放大电路对于负载 R_L 而言，它又相当于是负载 R_L 的等效信号源，则该等效信号源的内阻为 r_o，并且可以用这个电阻 r_o 来衡量放大电路的带负载能力。r_o越小，负载从放大电路获得的输出电流越大，则放大电路的带负载能力越强。

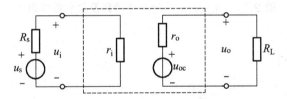

图 2.34 放大电路等效模型

从图 2.34 所示的等效电路模型还可以得知，在考虑信号源内阻 R_s 时，放大电路的输出电压与信号源电压 u_s 的比值称为放大电路的源电压放大倍数，用 A_{us} 表示，即

$$A_{us} = \frac{u_\mathrm{o}}{u_\mathrm{s}} = \frac{u_\mathrm{o}}{u_\mathrm{i}} \cdot \frac{u_\mathrm{i}}{u_\mathrm{s}} = A_u \cdot \frac{r_\mathrm{i}}{r_\mathrm{i} + R_\mathrm{s}} \qquad (2.53)$$

2.4.3　共基极、共集电极放大电路的性能指标分析

2.4.3.1　共基极放大电路

共基极放大电路是由发射极输入信号，从集电极输出信号，基极作为输入、输出的公共端（交流参考地电位）。习惯上有两种画法，如图 2.35 所示。由电路图不难看出，其直流通路与分压式电流负反馈偏置电路的共发射极电路相同，因此求静态工作点的方法与共发射极电路完全一样，此处不再赘述。

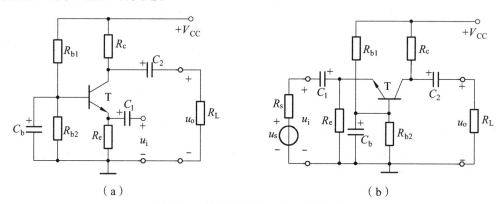

图 2.35　共基极放大电路的两种画法

图 2.36 所示是共基极放大电路的交流通路和微变等效电路。由图中可见，u_i 与 u_o 的公共端为基极。其动态交流性能指标分析如下：

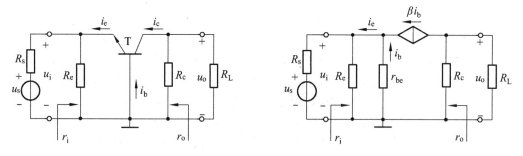

图 2.36　共基极电路的交流通路及微变等效电路

（1）电压放大倍数

由图 2.36（b）可得

$$A_u = \frac{u_\mathrm{o}}{u_\mathrm{i}} = \frac{-i_\mathrm{c} R'_\mathrm{L}}{-i_\mathrm{b} r_\mathrm{be}} = \beta \frac{R'_\mathrm{L}}{r_\mathrm{be}} \qquad (2.54)$$

（2）输入电阻

由图 2.36（b）可得

$$r_i = \frac{u_i}{i_i} = R_e \mathbin{/\mkern-5mu/} r_r'\tag{2.55}$$

其中
$$r_i' = \frac{u_i}{-i_e} = \frac{-i_b \times r_{be}}{-(i_b + \beta i_b)} = \frac{r_{be}}{1+\beta}$$

所以
$$r_i = \frac{u_i}{i_i} = R_e \mathbin{/\mkern-5mu/} \frac{r_{be}}{1+\beta}\tag{2.56}$$

由于
$$R_e \gg \frac{r_{be}}{1+\beta}$$

因此，式（2.56）可近似写成

$$r_i = R_e \mathbin{/\mkern-5mu/} \frac{r_{be}}{1+\beta} \approx \frac{r_{be}}{1+\beta}\tag{2.57}$$

（3）输出电阻

在图 2.36（b）中，将信号源短路，将负载 R_L 移开，并在原负载所在位置加上电压 u_o，即可画出求其等效输出电阻的电路，如图 2.37 所示。

由此图可得

$$r_o = \frac{u_o}{i_o} = R_c\tag{2.58}$$

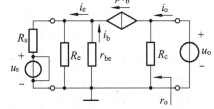

图 2.37　求共基极放大电路输出
等效电阻的电路

从上面的分析可见，共基极放大电路的输入电阻是很小的，因为在共基极的接法中，输入的是发射极电流。在相同的输入电压 u_i 的作用下，共基极电路中产生的发射极输入电流是共发射极放大电路中产生的基极输入电流的（$1+\beta$）倍，所以输入电阻相应地要减小到 $1/(1+\beta)$。

从式（2.54）可知，共基极放大电路的输出电压 u_o 与输入电压 u_i 相位相同。共基极放大电路的输出电流 $i_o \approx i_c$，输入电流 $i_i \approx i_e$，因此其电流放大倍数 $\alpha = i_c/i_e \approx 1$，即共基极放大电路电流放大倍数 α 略小于 1。共基极放大电路的电压放大倍数与共发射极放大电路的电压放大倍数相当；其输出电阻也与共发射极放大电路的相同。共基极放大电路具有输入电阻低、放大倍数高、输入电压与输出电压同相的特点，又因它在高频电路中不易受线路分布电容和杂散电容的影响，所以其高频特性也比较好，因此常用于宽带放大电路和高频振荡电路中。

2.4.3.2　共集电极放大电路——射极输出器

如图 2.38（a）所示电路是由基极输入信号，从发射极输出信号，集电极是输入回路和输出回路的公共端，因此称为共集电极放大电路，简称共集放大电路。又由于其从发射极输出信号，所以又称为射极输出器。射极输出器中的电阻 R_e 也具有稳定静态工作点的作用，这一点将在第 4 章的负反馈分析中得知。图 2.38（b）和（c）所示分别是射极输出器的交流通路及等效电路。

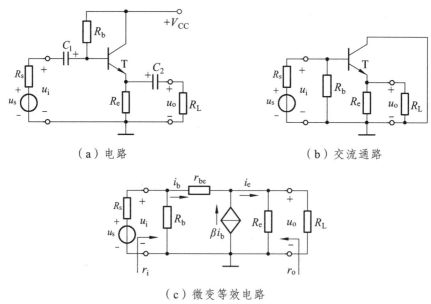

（a）电路   （b）交流通路

（c）微变等效电路

图 2.38　共集电极放大电路

（1）电压放大倍数

由图 2.38（c）可得

$$A_u = \frac{u_o}{u_i} = \frac{i_e R'_L}{i_b r_{be} + i_e R'_L} = \frac{(1+\beta)R'_L}{r_{be} + (1+\beta)R'_L} \tag{2.59}$$

式中，$R'_L = R_e /\!/ R_L$。一般 $(1+\beta)R'_L \gg r_{be}$，所以 $A_u \approx 1$。正因为输出电压接近输入电压，两者的相位又相同，所以射极输出器又称为射极跟随器。

射极输出器虽然没有电压放大作用，但由于有 $i_e = (1+\beta)i_b$，所以仍具有电流放大和功率放大作用。

（2）输入电阻

由图 2.38（b）可得

$$r_i = \frac{u_i}{i_i} = R_b /\!/ r'_i \tag{2.60}$$

式中
$$r'_i = \frac{u_i}{i_b} = \frac{i_b \times r_{be} + i_e \times R'_L}{i_b} = r_{be} + (1+\beta) \times R'_L$$

所以

$$r_i = \frac{u_i}{i_i} = R_b /\!/ [r_{be} + (1+\beta)R'_L] \tag{2.61}$$

从式（2.61）可以看出，射极输出器的输入电阻是由偏置电阻 R_b 与基极回路电阻 $[r_{be} + (1+\beta)R'_L]$ 并联而得，其中 $(1+\beta)R'_L$ 可认为是发射极的等效负载电阻 R'_L 折算到基极回路的电阻。射极输出器的输入电阻通常为几十千欧到几百千欧。

（3）输出电阻

由于射极输出器的电压放大倍数近似为1，即 $u_o \approx u_i$，当输入电压 u_i 一定时，输出电压 u_o 基本保持不变，表明射极输出器具有恒压输出特性，故其输出电阻较小。图 2.39 所示为求其输出电阻的等效电路，根据等效电路可得

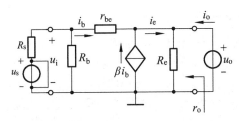

图 2.39　求射极输出器等效电阻的等效电路

$$r_o = \frac{u_o}{i_o} = \frac{u_o}{\dfrac{u_o}{R_e} + i_e} = \frac{u_o}{\dfrac{u_o}{R_e} + (1+\beta)i_b}$$

$$= \frac{u_o}{\dfrac{u_o}{R_e} + (1+\beta)\dfrac{u_o}{r_{be} + R_s /\!/ R_b}}$$

$$= \frac{1}{\dfrac{1}{R_e} + \dfrac{1+\beta}{r_{be} + R_s /\!/ R_b}} = R_e /\!/ \frac{r_{be} + R_s /\!/ R_b}{1+\beta}$$

所以

$$r_o = R_e /\!/ \frac{r_{be} + R_s /\!/ R_b}{1+\beta} \tag{2.62}$$

若不计信号源内阻 R_s，则有

$$r_o = R_e /\!/ \frac{r_{be}}{1+\beta} \tag{2.63}$$

又若

$$R_e \gg \frac{r_{be} + R_s /\!/ R_b}{1+\beta}$$

则有

$$r_o \approx \frac{r_{be} + R_s /\!/ R_b}{1+\beta} \tag{2.64}$$

式（2.64）表明，射极输出器的输出电阻是很小的。$[r_{be} + (R_s /\!/ R_b)]$ 是基极回路的总电阻，而输出电阻是从发射极往输入端看的等效电阻，因发射极电流 i_e 是基极电流 i_b 的 $(1+\beta)$ 倍，所以将基极回路总电阻折算到发射极回路来时，相应的电阻需要缩小为 $1/(1+\beta)$。同时可以看出，β 越大，射极输出器的输出电阻越小，通常为几欧至几十欧。

【例 2.3】　射极输出器电路如图 2.38（a）所示，已知其中 $V_{CC} = 6$ V，$R_b = 91$ kΩ，$R_e = 2$ kΩ，$R_L = 2$ kΩ，$R_s = 0.5$ kΩ，$U_{BE} = 0.2$ V，三极管的 $\beta = 50$，试求：

① 电路的静态工作点；

② 电路的动态性能指标：A_u、r_i 和 r_o。

解：

① 求静态工作点。

由图 2.38（a）的直流通路，根据 KVL 列出电压方程：

$$V_{CC} = I_{BQ}R_b + U_{BE} + I_{EQ}R_e$$
$$= I_{BQ}R_b + U_{BE} + (1+\beta)I_{BQ}R_e$$

故有

$$I_{BQ} = \frac{V_{CC} - U_{BE}}{R_b + (1+\beta)R_e} = \frac{6 - 0.2}{91 + (1+50) \times 2} = 30 \ (\mu A)$$

$$I_{CQ} = \beta I_{BQ} = 50 \times 0.03 = 1.5 \ (mA)$$

$$U_{CEQ} = V_{CC} - I_{EQ}R_e \approx 6 - 1.5 \times 2 = 3 \ (V)$$

② 求动态性能指标。

$$R'_L = \frac{2 \times 2}{2 + 2} = 1 \ (k\Omega)$$

$$r_{be} = 300 + (1+\beta)\frac{26 \times 10^{-3}}{I_{EQ}} = 300 + \frac{26 \times 10^{-3}}{I_{BQ}}$$

$$= 300 + \frac{26 \times 10^{-3}}{0.03 \times 10^{-3}} = 300 + 876 = 1\ 176 \ (\Omega)$$

由式（2.59）得，电压放大倍数 A_u 为

$$A_u = \frac{(1+\beta)R'_L}{r_{be} + (1+\beta)R'_L} = \frac{(1+50) \times 1}{1.176 + (1+50) \times 1} \approx 0.98$$

由式（2.61）得，输入等效电阻 r_i 为

$$r_i = R_b \ // \ [r_{be} + (1+\beta)R'_L] = \frac{91 \times [1.176 + (1+50) \times 1]}{91 + [1.176 + (1+50) \times 1]} \approx 33.4 \ (k\Omega)$$

由式（2.62）得，输出等效电阻 r_o 为

$$r_o = R_e \ // \ \frac{r_{be} + R_s \ // \ R_b}{1+\beta} = 2 \ // \ \frac{1.176 + 0.5 \ // \ 91}{1 + 50} \approx 42 \ (\Omega)$$

由于射极输出器的输入电阻很大，向信号源吸取电流很小，所以常用作多级放大电路的输入级。又因它的输出电阻小，具有较强的带负载能力，且有较大的电流放大能力，故常用作多级放大电路的输出级（功放电路）。此外，还可利用其输入电阻大、输出电阻小的特点，进行阻抗匹配。射极输出器电路常常被用来接在两个共发射极放大电路之间，作为缓冲（隔离）级，以减小后级电路对前级的影响。

2.4.4 三种组态基本放大电路的应用场合

共射、共基、共集放大电路又称为放大电路的 3 种组态，它们是用晶体三极管组成放大

电路的基本形式，其他类型的单级放大电路归根到底都是由这 3 种电路变化而来的。

共发射极放大电路的电压放大倍数比较大，一般在多级电路中作为中间级，起到放大电压的作用。

共集电极放大电路虽然电压放大能力差，但由于其输入电阻高、输出电阻低，常用作多级电路的输入级及输出级，用来增大多级电路的总输入电阻，提高其从信号源获取信号的能力，同时降低多级电路的总输出电阻，增加其带负载能力。它还能用在高阻输出的放大电路和低阻负载之间作为缓冲级，以实现两者间的匹配。

共基极放大电路与共射极放大电路类似，它具有较高的工作频率和较好的频率稳定度，因此常用在高频电路中放大信号。

2.5　多级放大电路

前面讲过的基本放大电路，其电压放大倍数一般只能达到几十至几百。然而在实际工作中，放大电路所得到的信号往往都非常微弱，要将其放大到能推动负载工作的程度，仅通过单级放大电路来放大是达不到实际要求的，因此必须通过多级放大电路连续多次放大，才可满足实际要求。

2.5.1　多级放大电路的组成

多级放大电路的组成可用图 2.40 所示的框图来表示，它含有输入级、中间级和输出级。

图 2.40　多级放大电路组成框图

对输入级的要求与信号源的性质有关。例如，当输入信号源为高输入内阻电压源时，要求输入级也必须有高的输入电阻，以减小信号在内阻上的损耗；如果输入信号源为电流源，为了充分利用信号电流，则要求输入级有较低的输入电阻。

中间级的主要任务是电压放大。多级放大电路的放大倍数主要取决于中间级，它可能由几级放大电路组成，以保证多级放大电路有较高的电压放大倍数。

输出级的主要作用是功率放大，以推动负载工作。当负载仅需要足够大的电压时，则要求输出具有大的电压动态范围。更多场合下，输出级要推动扬声器、电机等执行部件，需要输出足够大的功率，所以输出级常用于提高放大电路的输出功率，以满足负载的需要，因而常称之为功率放大电路。

2.5.2　多级放大电路的级间耦合方式

多级放大电路是由两级或两级以上的单级放大电路连接而成的。在多级放大电路中，级与级之间的连接方式称为耦合方式。级与级之间耦合时，必须满足以下几方面的要求：

　① 耦合后，各级电路仍具有合适的静态工作点；

　② 信号在级与级之间能顺利而有效地传输；

　③ 耦合后，多级放大电路的性能指标必须满足实际负载的要求。

　为了满足上述要求，一般采用的耦合方式有：阻容耦合、直接耦合和变压器耦合。

2.5.2.1　阻容耦合

　阻容耦合是通过电阻、电容将前级输出端接至下一级的输入端。如图 2.41 所示电路，通过电容 C_1 与信号源相连，通过电容 C_2 连接第一级和第二级，通过电容 C_3 连接至负载 R_L。考虑输入电阻，则每一个电容都是与电阻相连，所以把级与级之间通过电容连接的方式称为阻容耦合。

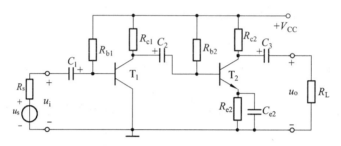

图 2.41　阻容耦合放大电路

　由图 2.41 所示的电路可以得出阻容耦合放大电路的特点：

　① 优点：因电容具有"隔直流"作用，所以各级电路的静态工作点相互独立，互不影响，这给放大电路的分析、设计和调试带来了很大的方便。而且，只要将电容选得足够大，就可使得前级输出信号在一定频率范围内几乎不衰减地传送到下一级，从而保证信号的有效传递。所以阻容耦合在分立元件组成的放大电路中得到了广泛的应用。此外，该电路还具有体积小、质量轻等优点。

　② 缺点：因电容对交流信号具有一定的容抗，在信号传输过程中，总会有一定的衰减，尤其是对于变化缓慢的信号容抗很大，不便于传输。此外，在集成电路中，制造大容量的电容很困难，所以这种耦合方式下的多级放大电路不便于集成化。

2.5.2.2　直接耦合

　为了避免电容对缓慢变化的信号在传输过程中带来的不良影响，也可以将级与级之间直接用导线连接起来，这种连接方式称为直接耦合。几种直接耦合电路如图 2.42 所示。

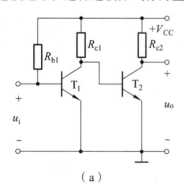

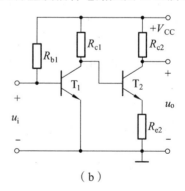

（a）　　　　　　　　　　　　　　　　（b）

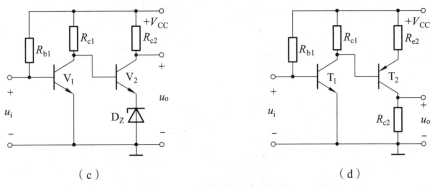

（c）　　　　　　　　　　　（d）

图 2.42　几种直接耦合电路

图 2.42（a）所示电路中，第二级 T_2 的发射结正向导通电压仅 0.7 V 左右，所以限制了第一级 T_1 管的集电极电压，使其处于饱和状态附近，限制了输出电压的范围。而且，T_2 管基极电流是通过 V_{CC}、R_{c1} 提供，如果选择的电流过大，可使 T_2 管进入饱和，甚至烧毁 T_2 管发射结。为此，应采用改善措施。

图 2.42（b）所示电路是在图 2.42（a）所示电路的基础上改善了的电路。它在 T_2 管的发射极接入了电阻 R_{e2}，从而提高了 T_2 管的基极电位 V_{B2}，这就保证了第一级集电极可以有较高的静态电位，而不至于进入饱和区。但是，R_{e2} 的接入，将使第二级电压放大倍数大大降低。

图 2.42（c）所示电路中，用稳压管 D_Z 代替图（b）中的 R_{e2}，由于稳压管的动态电阻小，这样可使第二级放大倍数损失较小，解决了前一级电路的缺陷。图 2.42（c）所示电路也带来了新的困难，即电平上移问题。如果稳压管的稳压值 $U_Z = 5.3$ V，则 $V_{B2} = 6$ V，为了保证 T_2 管工作在放大区，且也要求具有较大的动态范围，设 $U_{CE2} = 5$ V，则 $V_{C2} = U_{CE2} + V_{E2} = 5 + 5.3 = 10.3$ V。若有第三级，则将使得前级的基极、集电极电位逐级上升，最终由于工作电压 V_{CC} 的限制而无法实现。因此该电路中 T_2 管的集电极电压变化范围变小，限制了输出电压的幅度。

为此，又提出了图 2.42（d）所示电路。这种电路的后级采用了 PNP 管，由于 PNP 管的集电极电位比基极电位低，因此可使各级获得合适的工作状态。该电路在集成电路中常被采用。

另外，在直接耦合电路中，为了解决零输入-零输出（即在输入电压 $u_i = 0$ 时，要求输出电压 $u_o = 0$），常采用双电源供电的电路。将上述接地通过 $-V_{EE}$ 电源接地，即可解决此问题。

从上面的分析，很容易总结出直接耦合放大电路的特点：

① 优点：既可放大交流信号，也可放大直流和变化非常缓慢的信号；电路简单，便于集成，所以集成电路中多采用这种耦合方式。

② 缺点：存在着各级静态工作点相互牵制和零点漂移这两个问题。（零点漂移问题将在第 5 章中分析）

2.5.2.3　变压器耦合

级与级之间通过变压器连接的方式称为变压器耦合，其电路如图 2.43 所示。

变压器耦合的特点如下：

① 优点：因变压器不能传输直流信号，只能传输交流信号和进行阻抗变换，所以各级电路的静态工作点相互独立、互不影响；改变变压器的匝数比，容易实现阻抗变换，因而容易获得较大的输出功率。

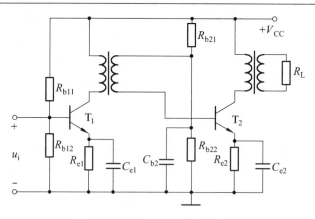

图 2.43　变压器耦合放大电路

② 缺点：变压器体积大而重，不便于集成；频率特性较差，也不能传输直流和变化非常缓慢的信号。

2.5.3　多级放大电路性能指标的估算

多级放大电路的基本性能指标与单级放大电路的相同，即有电压放大倍数、输入电阻和输出电阻。

2.5.3.1　电压放大倍数

两级放大电路如图 2.44 所示，其电压放大倍数为

$$A_u = \frac{u_o}{u_i} = \frac{u_{o1}}{u_i} \cdot \frac{u_o}{u_{o1}} = A_{u1} \cdot A_{u2}$$

推广至 n 级放大电路有

$$A_u = A_{u1} \cdot A_{u2} \cdot A_{u3} \cdot \cdots \cdot A_{un}$$

同时有　　　　　　$A_u (\text{dB}) = A_{u1} (\text{dB}) + A_{u2} (\text{dB}) + A_{u3} (\text{dB}) + \cdots + A_{un} (\text{dB})$

在多级放大电路中，由于各级是级联的，前一级的输出是后一级的输入，因而总的电压放大倍数应该是各级电压放大倍数的乘积。不过，在计算每一级电压放大倍数时，必须考虑前后级之间的相互影响。处理前后级的方法有两种：第一种，前一级的输出电压是后一级的输入电压，而后一级的输入电阻是前一级的实际负载电阻；第二种，先计算出前一级在负载端开路时的输出电压和输出电阻，然后把它们作为后一级信号源电压和内阻，接至后一级的输入端，再计算后一级考虑信号源内阻时的电压放大倍数。在一般情况下，使用第一种方法相对简单。

2.5.3.2　输入电阻和输出电阻

多级放大电路的输入电阻和输出电阻的计算方法与单级放大电路相同。一般来说，多级放大电路的输入电阻就是输入级的输入电阻，而多级放大电路的输出电阻就是输出级的输出电阻。由于多级放大电路的放大倍数为各级放大倍数的乘积，所以在设计多级放大电路的输

入、输出级时，主要考虑输入电阻和输出电阻的要求，而放大倍数的要求则在设计中间级时完成。不过也要注意级与级之间影响，例如输入级为射极跟随器时，它的输入电阻还与下一级的输入电阻有关。

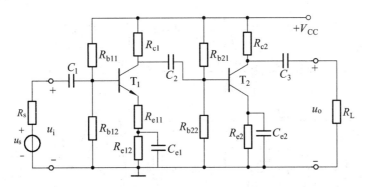

图 2.44　两级放大电路

【**例 2.4**】　两级阻容耦合放大电路如图 2.44 所示，已知 $V_{CC} = 9$ V，$R_{b11} = 60$ kΩ，$R_{b12} = 30$ kΩ，$R_{c1} = 3.9$ kΩ，$R_{e11} = 300$ Ω，$R_{e12} = 2$ kΩ，$\beta_1 = 40$，$R_{b21} = 60$ kΩ，$R_{b22} = 30$ kΩ，$R_{c2} = 2$ kΩ，$R_L = 60$ kΩ，$R_{e2} = 2$ kΩ，$\beta_2 = 50$。电路中各电容的容量足够大，对交流可视为短路。试求：

① 放大电路的静态工作点；

② 放大电路的交流性能指标：A_u、r_i 和 r_o。

解：

① 求静态工作点。

由于放大电路两级被电容 C_2 隔开，所以可分别计算各自的静态工作点。

T_1 的静态工作点为

$$V_{B1} = \frac{R_{b12}}{R_{b11} + R_{b12}} \times V_{CC} = \frac{30}{60 + 30} \times 9 = 3 \ (\text{V})$$

$$I_{C1} \approx I_{E1} = \frac{V_{B1} - U_{BE1}}{R_{e11} + R_{e12}} = \frac{3 - 0.7}{0.3 + 2} = 1 \ (\text{mA})$$

$$\begin{aligned}
U_{CE1} &= V_{CC} - I_{c1}R_{c1} - I_{e1}(R_{e11} + R_{e12}) \\
&\approx V_{CC} - I_{c1}(R_{c1} + R_{e11} + R_{e12}) \\
&= 9 - 1 \times (3.9 + 0.3 + 2) \\
&= 2.8 \ (\text{V})
\end{aligned}$$

T_2 的静态工作点为

$$V_{B2} = \frac{R_{b22}}{R_{b21} + R_{b22}} \times V_{CC} = \frac{30}{60 + 30} \times 9 = 3 \ (\text{V})$$

$$I_{C2} \approx I_{E2} = \frac{V_{B2} - U_{BE2}}{R_{e2}} = \frac{3 - 0.7}{2} = 1.15 \ (\text{mA})$$

$$\begin{aligned}
U_{CE2} &\approx V_{CC} - I_{c2}(R_{c2} + R_{e2}) \\
&= 9 - 1.15 \times (2 + 2) \\
&= 4.4 \ (\text{V})
\end{aligned}$$

② 两级放大电路性能指标分析。

先画出图 2.44 所示电路对应的交流等效电路，如图 2.45 所示。由求得的静态值，可计算出三极管的输入等效电阻 r_{be1} 和 r_{be2} 的大小，即

$$r_{be1} = 300 + (1+\beta)\frac{26 \times 10^{-3}}{I_{E1}} = 300 + 41 \times \frac{26}{1} = 1.37 \text{ (k}\Omega)$$

$$r_{be2} = 300 + (1+\beta)\frac{26 \times 10^{-3}}{I_{E2}} = 300 + 51 \times \frac{26}{1.15} = 1.45 \text{ (k}\Omega)$$

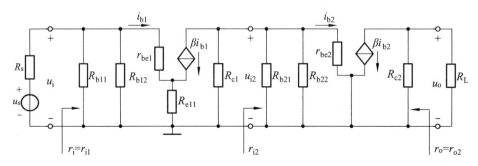

图 2.45　图 2.44 所示电路的微变等效电路

计算各级的电压放大倍数，可得

$$A_{u1} = \frac{-\beta_1 R'_{L1}}{r_{be1} + (1+\beta)R_{e11}}$$

其中　　　　$R'_{L1} = R_{c1} // R_{i2}$

$$= R_{c1} // R_{b21} // R_{b22} // r_{be2}$$

$$= 1/(1/3.9 + 1/60 + 1/30 + 1/1.45)$$

$$\approx 1 \text{ (k}\Omega)$$

所以

$$A_{u1} = \frac{-\beta_1 R'_{L1}}{r_{be1} + (1+\beta)R_{e11}} = \frac{-40 \times 1}{1.37 + 41 \times 0.3} = -2.9$$

$$A_{u2} = \frac{-\beta_2 R'_{L2}}{r_{be2}} = \frac{-\beta_2(R_{c2} // R_L)}{r_{be2}}$$

$$= \frac{-50 \times (2 // 5)}{1.45} = -50$$

两级放大电路总的电压放大倍数为

$$A_u = A_{u1} \times A_{u2} = (-2.9) \times (-50) = 145$$

两级放大电路的输入电阻就是输入级的输入电阻，则

$$r_i = r_{i1} = R_{b11} // R_{b12} // [r_{be1} + (1+\beta)R_{e11}]$$

$$= 1/[1/60 + 1/30 + 1/(1.37 + 41 \times 0.3)] = 8 \text{ (k}\Omega)$$

两级放大电路的输出电阻就是末级的输出电阻，因此

$$r_o = r_{o2} = R_{c2} = 2 \text{ (k}\Omega)$$

本 章 小 结

本章是模拟电子技术的基础篇，学习好这一章对于学习本教材的后续各章十分重要。

1. 晶体三极管

（1）晶体三极管有 3 个区（发射区、基区和集电区）、2 个 PN 结（集电结、发射结）和 3 个电极（基极、发射极和集电极）。基区很薄，掺杂浓度最低；发射区的掺杂浓度最高；集电区与发射区相对于基区都很厚。

（2）晶体三极管是电流控制器件，三极管放大信号的实质是：通过三极管的电流控制作用，将直流电源的能量转化成交流信号输出。

（3）晶体三极管电流分配关系是：$\begin{cases} I_C = \beta I_B \\ I_E = I_B + I_C \end{cases}$（共射电路）。

（4）晶体三极管实现放大的条件是：发射结正向偏置，集电结反向偏置。

（5）晶体三极管的输出特性曲线可划分为 3 个工作区域：放大区、饱和区和截止区。在放大区，三极管具有基极电流控制集电极电流的作用。在饱和区和截止区，具有开关特性。三极管工作在 3 个区的条件与 3 个电极的直流电位有关，可用表 2.1 归纳如下。

表 2.1　晶体三极管的三种工作状态及特点

管型 工作状态	NPN		PNP	
	条件	特点	条件	特点
放大	$V_C > V_B > V_C$	$I_C = \beta I_B$	$V_C < V_B < V_C$	$I_C = \beta I_B$
饱和	$V_B > V_C$，$V_B > V_E$	$U_{CE} = U_{CES}$（值很小）	$V_B < V_C$，$V_B < V_E$	$U_{CE} = U_{CES}$（值很小）
截止	$V_B \leqslant V_C$，$V_B \leqslant V_E$	$I_B = 0$，U_{CE} 值大	$V_B \geqslant V_C$，$V_B \geqslant V_E$	$I_B = 0$，U_{EC} 值大

（6）根据三极管的结构特点，可用万用表判断三极管的类型、管脚及三极管性能的好坏。

（7）晶体三极管的极限参数有：I_{CM}、P_{CM} 和 $U_{(BR)CEO}$。

2. 放大电路的两个基本问题

（1）能放大——信号能送到放大电路的输入端，并经过放大后送给下一级（或负载）。

（2）不失真——要有合适的静态工作点 Q，它是放大电路工作的基础，也就是说要放大交流信号，必须有合适的直流电压、直流电流作为基础，保证三极管工作在线性放大区。放大电路放大的对象是变化量（或交流量）。

3. 放大电路的基本工作原理

放大电路的组成包括核心元件三极管（T）、提供偏置的工作电源（V_{CC}）、偏置电阻（R_b、R_c）、耦合电容等。

　　放大电路工作时有交、直流共存的特点，即电路中的各种电压、电流信号既有直流分量，又有交流分量。在分析计算时，通过画出交、直流通路，将交、直流分开，静态工作点通过直流通路分析估算，交流性能指标通过交流通路分析估算。

　　4. 放大电路的两种分析方法

　　（1）图解法。

　　图解法直观、形象，且适用于大信号分析，如最大不失真电压幅度以及功率。图解法构成的要素是管子的特性曲线（内因）和交、直流负载线（外因，即由电源电压、电阻等确定）。直流负载线是根据直流通路中的电压、电流关系列出的，输出直流负载线是关于 I_C 与 U_{CE} 的方程，交流负载线是对应于交流通路列出的关于 i_C 与 u_{CE} 的方程（要通过代换才能得出）。

　　图解法的分析要领：

　　① 通过静态分析，确定（或选择）静态工作点 Q 的位置（或各极电流、电压的大小）。

　　② 通过动态分析，确定最大不失真输出电压的幅度（或动态范围）。并且可以根据 Q 点的位置，分析信号可能发生的失真现象，从而通过调节有关元件参数来调整静态工作点的位置，保证电路有最大不失真输出。

　　（2）微变等效分析法。

　　图解法分析虽然直观、形象，但在分析小信号和放大电路的性能参数时，也显得无能为力，而微变等效分析法更适合于分析放大电路的性能参数。

　　① 等效的概念：把三极管转化为等效电路，把非线性器件转化为线性模型。

　　② 使用的条件：放大器工作在线性放大区，且输入信号的幅度较小（保证三极管在输入信号的整个周期都工作在放大区）。

　　③ 将交流通路中的三极管用简化的等效模型代替，运用电路分析方法计算 A_u（或 A_i）、r_i 和 r_o。

　　5. 多级放大电路的耦合方式

　　常见的耦合方式有：阻容耦合、直接耦合、变压器耦合。它们的优缺点及适用场合如表2.2所示。

表 2.2　常用耦合方式

耦合方式	优　　点	缺　　点	适用场合
阻容耦合	各级直流互不影响	低频响应差	分立元件、交流放大
直接耦合	低频响应好，适用于集成电路	各级直流相互影响	直流或交流放大、集成电路
变压器耦合	各级直流互补影响，可实现阻抗变换	频带窄、体积与质量大	功率放大、调谐放大

　　多级放大电路的电压放大倍数 A_u 等于各级放大倍数的乘积，输入电阻 r_i 是第一级的输入电阻，输出电阻 r_o 为末级的输出电阻。估算时应注意各级间的相互影响。

习　题

1. 选择填空题。

（1）为了使晶体三极管能有效地起放大作用，要求三极管的发射区掺杂浓度_____；基区宽度窄；集电结的结面积比发射结的结面积_____。

　　a. 高　　　　　　b. 低　　　　　　c. 大　　　　　d. 小

（2）三极管工作在放大区时，发射结为_____，集电结为_____；工作在饱和区时，发射结为_____，集电结为_____；工作在截止区时，发射结为_____，集电结为_____。

　　a. 正向偏置　　b. 反向偏置　　c. 零偏置

（3）工作在放大区的某三极管，当 I_B 从 20 μA 增大到 40 μA 时，I_C 从 1 mA 变成 2 mA。它的 β 约为_____。

　　a. 50　　　　　b. 100　　　　　c. 200

（4）两个电压放大倍数相同的放大电路 A 和 B 分别对同一个信号源进行放大时得到的输出电压分别为 4.85 V 和 4.95 V（设所接负载电阻相同），由此可知放大电路_____比较好，可能的原因是它的_____。

　　a. A　　b. B　　c. 放大倍数大　　d. 输入电阻大　　e. 输出电阻小

（5）两个放大电路 A 和 B 分别对同一电压信号进行放大。当输出开路时，它们的输出电压都是 5 V。当它们都接入 2 kΩ 的负载电阻后，测得 A、B 的输出电压又分别为 2.5 V、4 V。这说明放大电路 A 的输出电阻约为_____，放大电路 B 的输出电阻约为_____。

　　a. 2 kΩ　　　　b. 0.5 kΩ　　　　c. 10 kΩ

2. 从结构上来看晶体三极管可以等效为两个 PN 结的反向串联。如果仿照这种结构，用两个二极管反向串联，并提供必要的外部偏置条件，能获得与三极管相似的电流控制和放大作用吗？为什么？

3. 试简述三极管安全工作区域。设某三极管的输出特性曲线如图 2.46 所示，其极限参数 P_{CM} = 150 mW，I_{CM} = 100 mA，$U_{(BR)CEO}$ = 30 V，试问：

（1）若它的工作电压 U_{CE} = 10 V，则工作电流 I_C 最大不得超过多少？

（2）若工作电压 U_{CE} = 1 V，则工作电流 I_C 最大不得超过多少？

（3）若工作电流 I_C = 1 mA，则工作电压 U_{CE} 最大不得超过多少？

4. 测得工作在放大状态的三极管 3 个电极的电位分别如图 2.47 所示，判断其管脚、管型及材料。

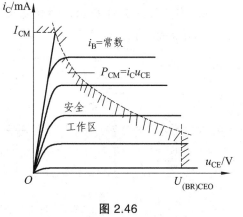

图 2.46

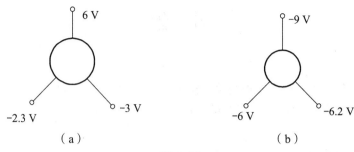

（a）　　　　　　　　　　　　　（b）

图 2.47

5. 图 2.48 所示为各三极管的实测对地电压数据，试分析各三极管是处于放大、截止、饱和或故障（某个三极管开路或短路）状态中的哪一种状态？

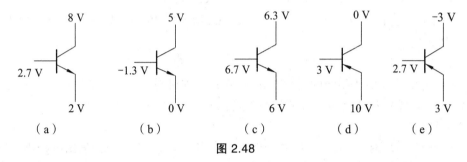

（a）　　　（b）　　　（c）　　　（d）　　　（e）

图 2.48

6. 有两个三极管，其中一个管子的 $\beta = 150$，$I_{CBO} = 100$ mA，另一个管子的 $\beta = 60$，$I_{CBO} = 10$ μA，其他参数一样，你选用哪一个管子？为什么？

7. 某放大电路中三极管 3 个电极 A、B、C 的电流如图 2.49 所示，用万用表直流电阻挡测得 $I_A = 2$ mA，$I_B = 0.04$ mA，$I_C = -2.04$ mA，试分析 A、B、C 中哪个是基极 b，哪个是集电极 c，哪个是发射极 e，并说明此管是 NPN 型管还是 PNP 型管，以及它的 β 是多少。

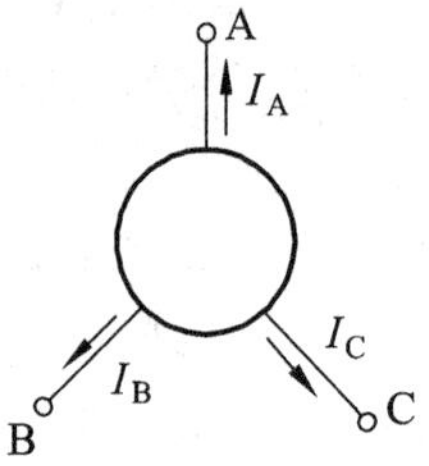

8. 电路如图 2.50 所示，设 $U_{BB} < U_{CC}$，当开关 K 置于 1、2、3 中哪个位置时 I_B 值最大？置于哪个位置时 I_B 值最小？

9. 电路如图 2.51 所示，当开关 K 置于 1、2、3 中哪个位置时 I_C 值最大？置于哪个位置时 I_C 值最小？

图 2.49

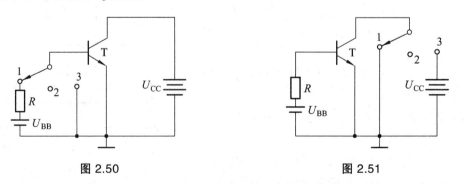

图 2.50　　　　　　　　　　　　　　图 2.51

10. 图 2.52 所示电路为交流/直流指示器，它利用两个晶体三极管和两个发光二极管能区分直流、交流信号。请在下表中对 3 种状况加以区别（认为哪个发光二极管发光，用"√"表示即可）。

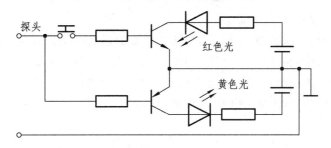

图 2.52

信号类型	红色光二极管	黄色光二极管
直流正信号		
直流负信号		
交流信号		

11. 判断图 2.53 所示各电路能否对交流信号实现正常的放大。若不能，请说明原因。

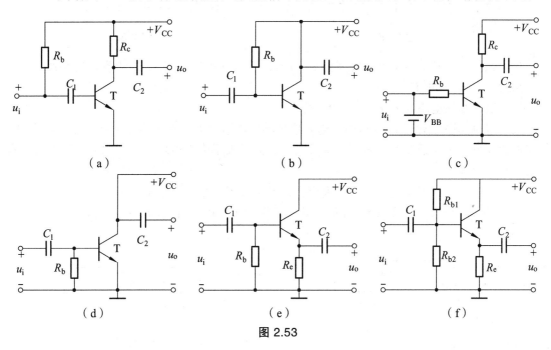

图 2.53

12. 电路如图 2.54 所示，调整电位器来改变 R_b 的阻值就能调整放大电路的静态工作点。已知电路中参数 $R_c = 3\ \text{k}\Omega$，$V_{CC} = 6\ \text{V}$，$\beta = 50$，试估算：

（1）如果要求 $U_{CEQ} = 3\ \text{V}$，则 R_b 的阻值应该取多大？此时的 I_{CQ} 为多少？

（2）如果 $R_b = 250\ \text{k}\Omega$，则 I_{BQ}、I_{CQ} 和 U_{CEQ} 为多大？

13. 图 2.55 画出了某个固定偏置放大电路中晶体三极管的输出特性曲线及交直流负载线，试求：

（1）电源电压 V_{CC} 及三极管的静态值（I_{CQ}、I_{BQ} 和 U_{CEQ}）；

（2）电阻 R_b、R_c 的值；

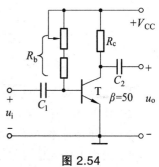

图 2.54

（3）输出电压的最大不失真幅度；

（4）要使该电路能不失真地放大，基极正弦电流的最大幅值是多少？

14. 放大电路如图 2.56 所示。已知：$+V_{CC} = 10$ V，$R_b = 120$ kΩ，$R_c = 3$ kΩ，$R_L = 3$ kΩ。

（1）设三极管的 $\beta = 100$，试求静态工作点 I_{CQ}、I_{BQ} 和 U_{CEQ}；

（2）如果要使 $U_{CEQ} = 6.5$ V，则 R_b 应该调到多大？

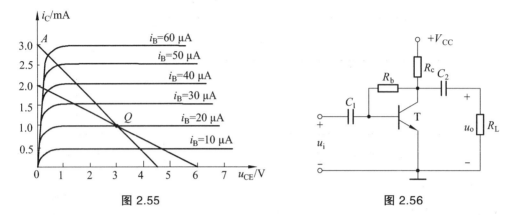

图 2.55　　　　　　　　　　　　　　图 2.56

15. 在如图 2.57 所示电路中，设 $U_{CES} = 1$ V，$U_{BE} = 0.7$ V，C_1、C_2 的容量足够大，三极管的 $\beta = 100$，$r'_{bb} = 300$ Ω。

（1）试计算该电路的电压放大倍数 A_u；

（2）若将如图 2.57 所示电路中的输入信号幅度逐渐增大，在示波器上观察输出波形时，将首先出现哪种失真现象？这时要保证放大电路有最大不失真电压输出，输入信号的对应有效值应该是多少？

（3）当静态工作点调整合适时，电路输出的最大不失真电压幅值是多少？

16. 共集电极电路如图 2.58 所示，设三极管的 $\beta = 50$，$U_{BE} = 0.7$ V，$r'_{bb} = 300$ Ω，$U_{CES} = 0.7$ V。

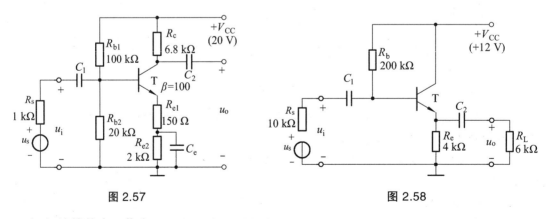

图 2.57　　　　　　　　　　　　　　图 2.58

（1）计算静态工作点 Q。

（2）计算 A_u、A_{us} 及 r_i、r_o。

（3）试计算电路的最大不失真输出电压幅度 U_{omax}。

（4）当增大输入信号幅度时，输出端首先出现什么失真？

17. 放大电路如图 2.59 所示，设电容 C_1、C_2、C_3 对交流可视为短路。

（1）画出直流通路，写出 I_{CQ} 和 U_{CEQ} 的表达式；

（2）画出其微变等效电路；

（3）写出 A_u、r_i 及 r_o 的表达式；

（4）若将 C_3 开路，对电路的工作将会产生什么影响？

18. 共基极放大电路如图 2.60 所示，已知 $R_s = 20\ \Omega$，$R_{b1} = 22\ k\Omega$，$R_{b2} = 10\ k\Omega$，$R_c = 3\ k\Omega$，$R_e = 2\ k\Omega$，$R_L = 27\ k\Omega$，$V_{CC} = 10\ V$；设三极管参数：$\beta = 50$，$U_{BE} = 0.7\ V$，$r'_{bb} = 100\ \Omega$，$U_{CES} = 0.7\ V$。试计算：

（1）静态工作点 Q（I_{BQ}、I_{CQ}、U_{CEQ}）；

（2）放大电路的动态性能参数：A_u、A_{us}、r_i 及 r_o。

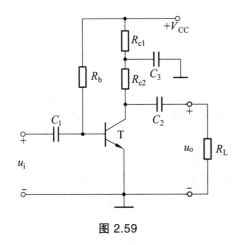

图 2.59

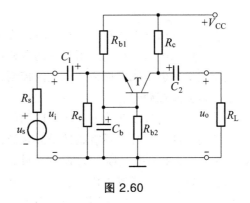

图 2.60

场效应管及其放大电路

由于晶体三极管工作在放大状态时，必须保证发射结是正向偏置，因而输入端始终存在输入电流，输入电阻不高。从第 2 章的分析可以知道，晶体三极管工作在放大区时，其集电极电流总是受基极（或发射极）电流的控制，即输出电流是通过输入电流来控制的，所以晶体三极管是电流控制器件。

场效应管是通过改变输入电压（即利用电场效应）来控制输出电流的一种半导体器件，属电压控制器件。它几乎不吸收信号源电流，不消耗信号源功率，因此它的突出特点是输入电阻非常高（在数百兆欧以上）。除此之外，它还具有温度稳定性好、抗辐射能力强、噪声小、制造工艺简单、便于集成等优点，因而得到了广泛的应用。

场效应管按其结构的不同可分为两大类：绝缘栅型场效应管和结型场效应管。目前最常用的是绝缘栅型场效应管。

由于晶体三极管在工作过程中，其多数载流子和少数载流子都参与导电，即两种极性的载流子（电子和空穴）都参与导电，因此晶体三极管又称为双极性三极管。而场效应管在工作过程中，由于参与导电的载流子仅是一种极性的载流子——多数载流子（电子或空穴），因此又称为单极性管。

3.1 绝缘栅型场效应管

绝缘栅型场效应管是由金属、氧化物、半导体组成的，所以又叫金属-氧化物-半导体场效应管（Metal-Oxide-Semiconductor type Field Effect Transistor），缩写为 MOSFET，简称为 MOS 管。

MOS 管按其导电沟道分为 P 沟道管和 N 沟道管，即 NMOS 管和 PMOS 管，而每一种类型又分为增强型和耗尽型两种，所以绝缘栅型场效应管共有 4 种类型：增强型的 NMOS 管和 PMOS 管、耗尽型的 NMOS 管和 PMOS 管。下面以增强型 NMOS 管为例，讨论 MOS 管的结构、工作原理和特性曲线，然后再指出耗尽型 MOS 管的特点。

3.1.1 N 沟道增强型 MOS 管

3.1.1.1 结构及符号

图 3.1（a）所示为 N 沟道增强型 MOS 管的结构示意图。它是以一块掺杂浓度较低的 P 型硅材料作为衬底，通过扩散的方法在其表面形成两个高掺杂浓度的 N 型区（用 N⁺ 表示高浓度），并用金属导线引出两个电极作为场效应管的漏极 D 和源极 S，然后在 P 型硅表面上制作一层很薄的 SiO_2 绝缘层，再覆盖一层金属薄层，并引出一个电极作为场效应管的栅极 G。由于栅极 G 与源极 S、漏极 D 之间都是绝缘的，因而称之为绝缘栅型场效应管。图 3.1（b）、（c）所示是增强型 MOS 管的电路符号，箭头方向表示由 P 型衬底（或沟道）指向 N 型沟道（或衬底），也即表示 PN 结的导通方向。

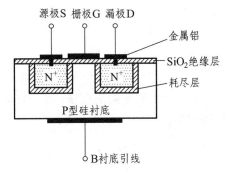

（a）N 沟道增强型 MOS 管的结构示意图

（b）N 沟道增强型 MOS 管的电路符号　　（c）P 沟道增强型 MOS 管的电路符号

图 3.1　N 沟道增强型 MOS 管的结构示意图与增强型 MOS 管的电路符号

3.1.1.2 工作原理

N 沟道增强型 MOS 管的基本工作原理用如图 3.2 所示电路加以说明。

在图 3.2（a）中，当栅极短路，即 $U_{GS} = 0$ 时，源极 S、衬底 B 和漏极 D 之间就形成两个反向串联的 PN 结，不管 U_{DS} 的极性如何，其中总有一个 PN 结处于反向偏置状态，即不管漏极 D 与源极 S 间接怎样的电压，这两极之间都不能导电，因没形成导电沟道，基本上不能形成漏极电流形成，此时的漏极电流 $I_D \approx 0$。

（1）U_{GS} 对沟道的影响

在图 3.2（b）中，若在栅极 G 和源极 S 之间加上正向电压（栅极接电源正极，源极接电源负极，使 $U_{GS} > 0$），这样在栅极 G（金属铝层）和 P 型硅半导体衬底间，构成了一个相当

于以 SiO_2 为介质的平行板电容器。在栅-源电压 U_{GS} 的作用下，介质中便产生了一个垂直于半导体表面的纵向电场。在该电场的作用下，P 型硅衬底中的多数载流子（空穴）便向下移动，少数载流子（电子）则被吸聚到靠近 SiO_2 层的一侧。当 U_{GS} 电压增大到一定值时，在两个高浓度的 N^+ 型区之间的 P 型硅表面，形成一个电子聚集的 N 型薄层，这个 N 型薄层将两个 N^+ 型区接通。通常，把这个在 P 型硅表面形成的 N 型薄层称为 N 型反型层，这个反型层实际上就构成了源极和漏极之间的 N 型导电沟道。若此时在漏极、源极之间加上电压 U_{DS}，就会形成漏极电流 I_D。将形成导电沟道时所需的最小栅-源电压称为开启电压，用 U_T 表示。栅-源电压 U_{GS} 越大，垂直电场就越强，在 P 型硅表面形成的 N 型薄层就越厚，即导电沟道也越厚。这种在 $U_{GS} = 0$ 时没有导电沟道，而必须依靠增强外加栅-源电压 U_{GS} 的作用，才能形成导电沟道的场效应管就称为增强型 MOS 管。图 3.1（b）、（c）所示电路符号中的断开线即反映了增强型的特点。

（2） I_D 与 U_{GS}、U_{DS} 之间的关系

分析的前提条件是保证导电沟道形成，即让 $U_{GS} \geqslant U_T$，且 U_{GS} 为某一固定值。在此前提下，只要在漏极 D 与源极 S 之间加上电压 U_{DS}，就会产生漏极电流 I_D。漏-源电压 U_{DS} 的接入，相当于在漏极与源极之间加了一个水平方向的电场，在垂直电场和水平电场的共同作用，使得导电沟道不再均匀，而呈倾斜形，如图 3.2（b）、（c）所示。

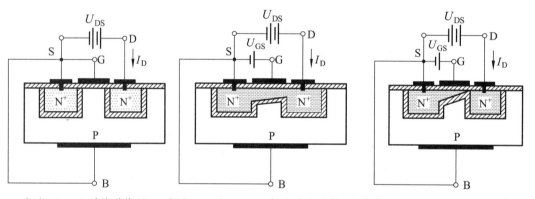

（a） $U_{GS} = 0$ 时沟道状况　　（b） $U_{GS} > U_T$，U_{DS} 较小时沟道状况　（c） $U_{GS} > U_T$，U_{DS} 较大时沟道状况

图 3.2　N 沟道增强型 MOS 管的基本工作原理

当外加漏-源电压 U_{DS} 较小（ $U_{GS} - U_{DS} > U_T$ ）时，漏极与源极之间的沟道是通的，如图 3.2（b）所示。这时只要 U_{GS} 一定，沟道电阻也是一定的，所以 I_D 随 U_{DS} 线性变化。

随着漏-源电压 U_{DS} 的增大，接近漏极端的沟道越来越薄。当 U_{DS} 增大到某一定值（使 $U_{GS} - U_{DS} = U_T$ ）时，沟道在靠近漏端出现夹断点（称之为临界夹断），如图 3.2（c）所示。若继续增大 U_{DS}（使 $U_{GS} - U_{DS} < U_T$ ），夹断点将向源极端延伸，形成一个夹断区，这时漏极电流 I_D 趋于饱和，即 U_{DS} 增大而 I_D 几乎不变。

3.1.1.3　特性曲线

前面我们分析了 N 沟道增强型 MOS 管的工作原理，由此可以得到如图 3.3（a）、（b）所示的转移特性曲线和输出特性曲线。

（1）转移特性曲线

所谓转移特性曲线，就是输入电压 u_{GS} 对输出电流 i_D 的控制特性曲线，是表示 $i_D = f(u_{GS})\big|_{U_{DS}=常数}$ 的曲线。如图 3.3（a）所示，在 $U_{DS} > U_{GS} - U_T$ 的条件下，i_D 几乎不随 u_{DS} 而变化，即不同的 U_{DS} 所对应的转移特性曲线基本重合，所以只画出一条曲线即可。

由转移曲线可见，只有 $u_{GS} > U_T$ 时，才有电流 i_D 产生，且随 u_{GS} 增加 i_D 迅速上升。

（2）输出特性曲线

输出特性曲线表示的是在 U_{GS} 一定时，i_D 与 u_{DS} 之间的关系，是表示 $i_D = f(u_{DS})\big|_{U_{GS}=常数}$ 的曲线。如图 3.3（b）所示，如果 U_{GS} 的取值不同，得到的 i_D 与 u_{DS} 之间的关系曲线也是不同的。与晶体三极管类似，场效应管的输出特性曲线也分为 3 个工作区。

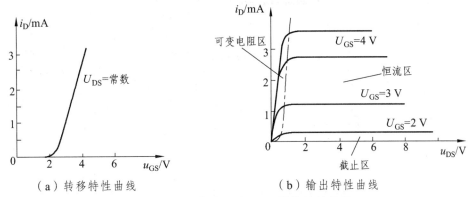

（a）转移特性曲线　　　　　（b）输出特性曲线

图 3.3　N 沟道增强型 MOS 管的特性曲线

① 截止区：$U_{GS} < U_T$ 时对应的区域。如在图 3.3（a）、（b）中，在 $U_{GS} < U_T = 2$ V 时，还没形成导电沟道，漏极电流 $i_D \approx 0$，管子为截止状态。

② 可变电阻区：U_{DS} 较小（即 $U_{GS} - U_{DS} > U_T$）时，特性曲线与纵轴之间的区域（虚线与纵轴之间的区域）。这时的导电沟道已经形成，只要 U_{GS} 为某一定值时，i_D 几乎随 u_{DS} 线性变化。这时管子呈电阻特性，因此称该区为线性电阻区。当改变 U_{GS} 的大小时，导电沟道的电阻大小将随之而改变，所以又称之为可变电阻区。

③ 恒流区：又称线性放大区，是指在 $U_{GS} \geq U_T$（即导电沟道形成）情况下，再增大 U_{DS} 使 $U_{GS} - U_{DS} < U_T$ 时，靠近漏极端的导电沟道出现夹断，曲线呈近似水平状，u_{DS} 对 i_D 的影响很小。但随着 U_{GS} 的变化，i_D 有明显改变，即 i_D 是受 U_{GS} 控制的。因此，MOS 管是电压控制电流器件。管子用于放大时，就工作在此区。

当 U_{DS} 过大时，漏源之间的 PN 结因反偏电压过高而会发生击穿现象。

P 沟道的增强型 MOS 管的工作原理与 N 沟道的增强型 MOS 管的相同，只是工作电压、电流极性相反而已，所以在此不再赘述，读者可以自行分析。

3.1.2　N 沟道耗尽型 MOS 管

N 沟道耗尽型 MOS 管的结构与 N 沟道增强型 MOS 管的结构相似。N 沟道增强型 MOS 管在 $U_{GS} = 0$ 时没有导电沟道，只有当 U_{GS} 增加到大于 U_T 时，导电沟道才形成。而 N 沟道耗尽型 MOS 管在 $U_{GS} = 0$ 时，存在原始导电沟道，即它的导电沟道是在制造工艺过程中形成的。

常用的一种方法是在 SiO_2 绝缘层形成过程中，掺入一些金属正离子，使得场效应管在 $U_{GS} = 0$ 时，也会在 SiO_2 绝缘层中形成垂直并指向衬底表面的自建电场。有了该电场的作用，在两个高浓度的 N^+ 型区之间的 P 型衬底表面，自然形成一个电子聚集的 N 型薄层将两个 N^+ 型区接通，形成了 N 型导电沟道。N 沟道耗尽型 MOS 管的结构如图 3.4（a）所示。图 3.4（b）、（c）所示为耗尽型 MOS 管的电路符号。

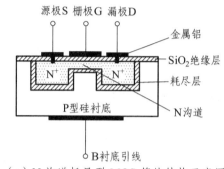

（a）N 沟道耗尽型 MOS 管的结构示意图

（b）N 沟道耗尽型 MOS 管的电路符号　　（c）P 沟道耗尽型 MOS 管的电路符号

图 3.4　N 沟道耗尽型 MOS 管的结构示意图与电路符号

N 沟道耗尽型 MOS 管的工作原理与 N 沟道增强型 MOS 管的工作原理的不同之处在于：当栅-源电压 $U_{GS} = 0$ 时，由于有原始导电沟道存在，只要在漏-源之间外加电压就会有漏极电流 I_D；如果 $U_{GS} < 0$，则使沟道变窄，漏极电流 I_D 减小；如果 $U_{GS} > 0$，则导电沟道将更宽，漏极电流 I_D 将更大。这就是耗尽型管的一个重要特点：在 $U_{GS} = 0$、$U_{GS} < 0$ 和 $U_{GS} > 0$ 的情况下，都可以工作，而且基本上无栅极电流。这里需要指出的是，N 沟道耗尽型 MOS 管在 $U_{GS} < 0$，且小到某一值时，导电沟道会消失，漏极电流 $I_D = 0$，沟道夹断。把沟道刚好夹断时对应的栅源电压 U_{GS} 值，称为夹断电压，用 U_P 表示。

N 沟道耗尽型 MOS 管的工作原理与增强型 MOS 管的工作原理的相同之处在于：当 N 沟道耗尽型 MOS 管的栅-源电压 $U_{GS} \geq U_P$ 时，N 型沟道存在。若外加 U_{DS} 电压较小时，I_D 随 U_{DS} 增加而线性增大；当 U_{DS} 增大到一定值时，在靠近漏端一侧的导电沟道出现临界夹端；再增大 U_{DS} 值，夹端区域加大，沟道预夹断，这时只要 U_{GS} 一定，I_D 将几乎不受 U_{DS} 变化的影响，而进入饱和状态。其工作原理与 N 沟道增强型 MOS 管在 $U_{GS} \geq U_T$ 条件下，外加 U_{DS} 电压时的工作原理相同。

N 沟道耗尽型 MOS 管的转移特性曲线和输出特性曲线如图 3.5 所示。转移特性在 U_{GS} 电压坐标轴正、负两个方向均有曲线。当 $U_{GS} = 0$ 时，$i_D = I_{DSS}$；当 $i_D = 0$ 时，$U_{GS} = U_P$。经过实验验证，耗尽型 MOS 管工作在恒流区时对应的转移特性曲线可以近似用以下方程表示：

$$i_D = I_{DSS}\left(1 - \frac{u_{GS}}{U_P}\right)^2 \tag{3.1}$$

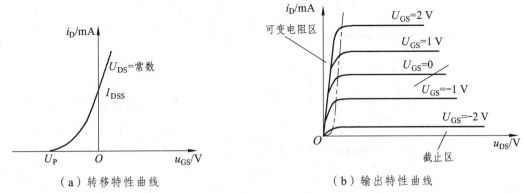

（a）转移特性曲线　　　　　　　　　（b）输出特性曲线

图 3.5　N 沟道耗尽型 MOS 管的特性曲线

N 沟道耗尽型 MOS 管的输出特性曲线也分为可变电阻区、恒流区和截止区，这里不再赘述。值得注意的是，参变量 U_{GS} 可正、可负，也可为零。

P 沟道 MOS 管的工作原理与 N 沟道 MOS 管的工作原理类似，此处也不再赘述。

3.2　结型场效应管

3.2.1　结型场效应管的结构和符号

结型场效应管也有 N 沟道和 P 沟道两种类型。图 3.6（a）所示是 N 沟道结型场效应管的结构示意图，它是在一块 N 型半导体材料的两侧，采用扩散工艺做出两个高浓度的 P 型区（用 P⁺ 表示），形成两个 PN 结，再进行封装而成的场效应管。由管子两侧的 P⁺ 型区引出引线并接成一个电极作为栅极 G；由 N 型区的两端各引出一个电极，分别作为漏极 D 和源极 S；两个 PN 结中间的 N 型区域是沟通漏极和源极的导电沟道。这种结构的场效应管称为 N 沟道结型场效应管。图 3.6（b）所示是 N 沟道结型场效应管的电路符号，其中箭头的方向表示栅极与沟道间 PN 结的正向偏置方向。从结构上讲，场效应管的沟道两端是对称的，因此漏极 D 与源极 S 可以互换。

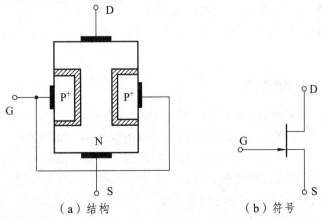

（a）结构　　　　　　　　　　（b）符号

图 3.6　N 沟道结型场效应管的结构示意图与电路符号

按类似的方法可以制成 P 沟道结型场效应管，其结构和符号如图 3.7 所示。

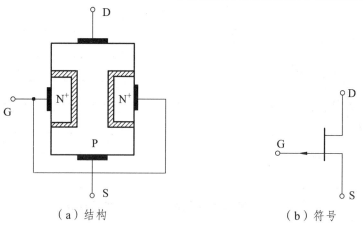

（a）结构　　　　　　　　　　　　（b）符号

图 3.7　P 沟道结型场效应管的结构示意图与电路符号

3.2.2　结型场效应管的工作原理

　　N 沟道和 P 沟道两种结型场效应管的工作原理是相同的, 只是偏置电压的极性和参与导电的载流子不同而已。下面以 N 沟道结型场效应管为例, 来分析结型场效应管的工作原理。

　　N 沟道结型场效应管工作的基本原理电路如图 3.8 所示。

　　N 沟道结型场效应管工作时, 在栅极与源极之间需要加一个负电压（$U_{GS} < 0$）, 使栅极与沟道之间的 PN 结处于反向偏置状态, 因此栅极电流 $I_G \approx 0$。因栅极通常用作放大电路的输入端, 所以场效应管的输入电阻很高。在漏极与源极之间外加电压 U_{DS}, 使 N 沟道中的多数载流子（电子）在电场作用下由源极向漏极运动, 形成漏极电流 I_D。因导电沟道受栅源电压 U_{GS} 的控制, 所以 I_D 也受

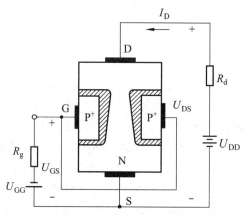

图 3.8　N 沟道结型场效应管的工作原理图

栅源电压 U_{GS} 的控制。故讨论场效应管的工作原理, 就是讨论 U_{GS} 对 I_D 的控制作用和 U_{DS} 对 I_D 的影响。

3.2.2.1　U_{GS} 对 I_D 的控制作用

　　为了讨论方便, 先假设 $U_{DS} = 0$。U_{GS} 对 I_D 的控制作用如图 3.9（a）、（b）、（c）所示。

　　当 $U_{GS} = 0\ \mathrm{V}$ 时, 沟道最宽, 沟道呈现的等效电阻最小, 如图 3.9（a）所示。在栅极与源极之间加上电压 U_{GS}, 并使两个 PN 结处于反向偏置（即 $U_{GS} < 0$）, 由于 N 区的掺杂浓度远小于 P^+ 区, 因此随着反向偏置电压的增大, PN 结的空间电荷区变宽时将主要向掺杂浓度低的导电沟道中间扩展, 致使导电沟道变窄, 沟道的等效电阻增大, 如图 3.9（b）所示。当栅-源间的反向电压绝对值 $|U_{DS}|$ 进一步增大, 耗尽层进一步向沟道中间延伸, 沟道随着 $|U_{DS}|$ 的增大而越来越窄, 直至沟道消失, 这种情况称为沟道夹断, 如图 3.9（c）所示。沟

道夹断时，沟道电阻趋于无穷大。通常将沟道刚刚夹断时的栅源电压 U_{GS} 值，称为夹断电压，用 U_P 表示。

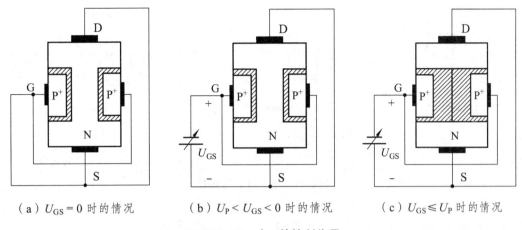

（a）$U_{GS} = 0$ 时的情况　　（b）$U_P < U_{GS} < 0$ 时的情况　　（c）$U_{GS} \leqslant U_P$ 时的情况

图 3.9　U_{GS} 对 I_D 的控制作用

以上分析表明，改变栅源电压 U_{GS} 的大小，可以有效地控制沟道电阻的大小。如果在漏-源间加上固定电压 U_{DS}，则漏极到源极的电流 I_D 将受到 U_{GS} 的控制，$|U_{DS}|$ 增大时，沟道电阻增大，电流 I_D 减小。

3.2.2.2　U_{DS} 对 I_D 的影响

为了方便讨论分析，先假设 $U_{GS} = 0$ 以保证沟道存在，再讨论 U_{DS} 对 I_D 的影响，如图 3.10（a）、（b）、（c）所示。

当 $U_{DS} = 0$ 时，沟道情况如图 3.10（a）所示，并有 $I_D = 0$。在漏极 D 与源极 S 之间加上一个可调电压 U_{DD}，使 U_{DS} 由零开始逐渐增大。这样，一方面沟道电场强度逐渐加大，有利于漏极电流 I_D 的增加；另一方面由于有了 U_{DS}，从漏极到源极的导电沟道中产生了一个电位梯度，使得靠近漏端的 PN 结所承受的反向偏置电压随着 U_{DS} 的增大而增大，而靠近源极的 PN 结所承受的反向电压几乎没变，这样就导致 PN 结的空间电荷区呈楔形，如图 3.10（b）、（c）所示。但在 U_{DS} 较小时，导电沟道靠近漏端区域仍然较宽，I_D 随 U_{DS} 的增大几乎呈线性增大。当继续增大 U_{DS} 时，靠近漏极 PN 结所承受的反向偏置电压继续增大，耗尽层也加宽。当 U_{DS} 增大到等于夹断电压 U_P（即 $U_{DS} = U_P$）时，靠近漏极端的两 PN 结的耗尽层首先相遇，沟道预夹断，如图 3.10（b）所示。

沟道在靠近漏端预夹断后，继续使 U_{DS} 增大，即 $U_{DS} > U_P$，沟道夹断点向源极方向延伸。这时，看起来漏极电流应该为零，其实不然。因为漏源两极间有足够强的电场，仍能将电子拉过夹断区，形成漏极电流。如果把从漏极到源极之间的导电沟道用串联电阻等效，即夹断部分电阻 R_t 与未被夹断部分电阻 R 串联等效，则当 U_{DS} 增大，R_t 随之增大，而 R 不变，R 上分压得到的电压不变，即未被夹断沟道内电场基本不随 U_{DS} 改变而变化。所以，随着 U_{DS} 的增加，I_D 基本保持不变。

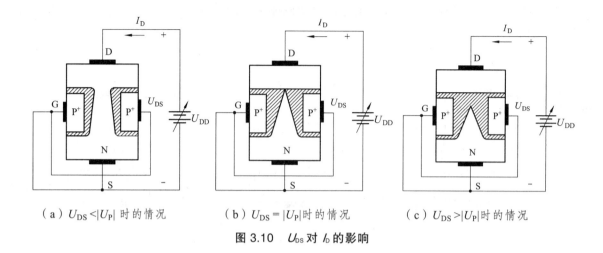

（a）$U_{DS} < |U_P|$时的情况 　　（b）$U_{DS} = |U_P|$时的情况 　　（c）$U_{DS} > |U_P|$时的情况

图 3.10 　U_{DS} 对 I_D 的影响

3.2.3 　结型场效应管的伏安特性曲线

3.2.3.1 　转移特性曲线

转移特性曲线是场效应管工作在预夹断状态下，且在 u_{DS} 一定时，输出端电流 i_D 与输入端电压 u_{GS} 的关系曲线，即表示 $i_D = f(u_{GS})\big|_{U_{DS}=常数}$ 的曲线，如图 3.11（a）所示。

实验证明，上述转移特性曲线可用数学表达式表示为

$$i_D = I_{DSS}\left(1 - \frac{u_{GS}}{U_P}\right)^2$$

比较 N 沟道耗尽型 MOS 管的转移特性曲线，可发现它们的相同和不同之处，此处留给读者自行分析。

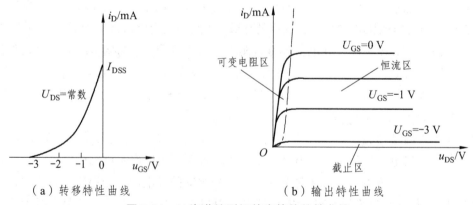

（a）转移特性曲线 　　　　　　　　（b）输出特性曲线

图 3.11 　N 沟道结型场效应管的特性曲线

3.2.3.2 　输出特性曲线

输出特性曲线是以栅-源电压 U_{GS} 为参变量，漏极电流 i_D 与漏源电压 u_{DS} 的关系曲线，即

表示 $i_D = f(u_{DS})\big|_{U_{GS}=常数}$ 的曲线，如图 3.11（b）所示。结型场效应管输出特性曲线也分为 3 个区：截止区、恒流区（也称线性放大区）和可变电阻区。

综上所述，可以得出以下结论：

① 结型场效应管工作时，其栅极与沟道之间的 PN 结外加反向偏置，以保证有较高的输入电阻。

② 结型场效应管是电压控制器件，i_D 受 u_{GS} 控制。

③ 预夹断前，i_D 随 u_{DS} 线性变化；预夹断后，i_D 趋于饱和。

在结型场效应管中，由于栅极与沟道之间的 PN 结被反向偏置，所以输入端电流近似为零，其输入电阻可达 $10^7\ \Omega$ 以上。当需要更高的输入电阻时，则选用绝缘栅型场效应管。

3.3 场效应管的比较

3.3.1 各类场效应管的特性比较

前面以 N 沟道耗尽型、增强型 MOS 管为例，讨论了绝缘栅型场效应管的工作原理、特性及参数。这些分析也基本上适用于 P 沟道 MOS 管，只是因后者工作的载流子是空穴，所以衬底材料及各极的电源极性都要改变。随后，又以 N 沟道结型场效应管为例，分析了其工作原理及特性曲线，这些分析同样也适用于 P 沟道结型场效应管。为便于读者学习，下面将各类场效应管的特性列表进行比较，如表 3.1 所示。

表 3.1 各种类型场效应管的特性比较

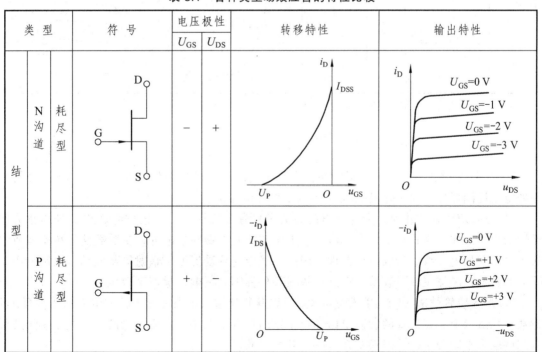

续表 3.1

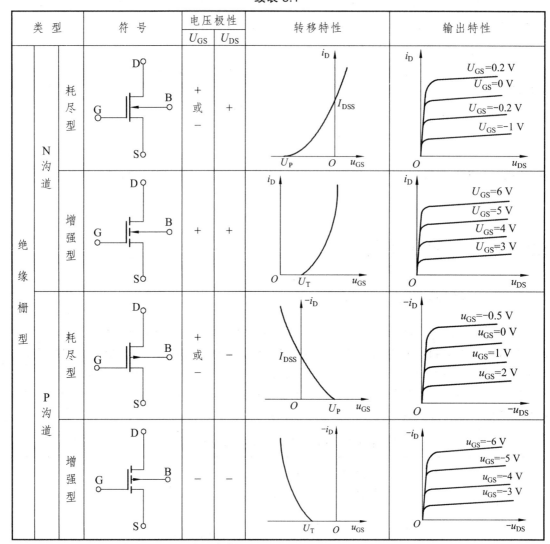

注：流入漏极的方向规定为漏极电流的参考方向。

3.3.2 场效应管与晶体三极管的比较

① 场效应管是一种电压控制器件，由栅源电压 U_{GS} 来控制漏极电流 I_D；晶体三极管是一种电流控制器件，通过基极电流 I_B 控制集电极电流 I_C。

② 场效应管在工作时，参与导电的载流子只有多数载流子（电子或空穴），所以称为单极性器件；晶体三极管除了多数载流子（电子或空穴）参与导电外，少数载流子（空穴或电子）也参与导电，故称为双极性器件。因此，场效应管受温度、辐射等激发因素的影响小，噪声系数低；晶体三极管容易受温度、辐射等外界因素影响，噪声系数也大。

③ 场效应管的输入端几乎没有电流，所以其直流输入电阻和交流输入电阻都非常高，可达数百兆欧以上；三极管的发射结始终处于正向偏置，总是存在输入电流，因此基极与发射极间的输入电阻较小，一般只有几百欧至几十千欧。

④ 由于场效应管的结构对称，有时漏极和源极可以互换使用，而各项指标基本上不受影响，因而应用时比较方便、灵活。但如果制造时场效应管的衬底与源极相连，其漏极与源极是不可以互换使用的。晶体三极管的集电极与发射极是不能互换使用的。

⑤ 场效应管的制造工艺简单，有利于大规模集成。特别是 MOS 电路，每个 MOS 场效应管在硅片上所占的面积只有晶体三极管的 5%，因此集成度更高。此外，场效应管还有制造成本低、功耗小等优点。

⑥ 场效应管的跨导较小，当组成放大电路时，在相同的负载电阻下，电压放大倍数比晶体三极管低。

3.4 场效应管的主要参数及使用注意事项

3.4.1 场效应管的主要参数

（1）夹断电压 U_P

在规定的温度和电压 U_{DS} 值一定的条件下测试，当漏极电流 $I_D = 10\ \mu A$ 时，所测得的栅-源反向偏置电压 U_{GS} 值，称为夹断电压 U_P。对于 N 沟道场效应管，$U_P < 0$；对于 P 沟道场效应管，$U_P > 0$。它适用于耗尽型管。

（2）开启电压 U_T

在 U_{DS} 为某一固定值的条件下，刚好形成导电沟道的栅-源电压 U_{GS} 值，称为开启电压 U_T。对于 N 沟道场效应管，$U_T > 0$；对于 P 沟道场效应管，$U_T < 0$。它适用于增强型管。

（3）漏极饱和电流 I_{DSS}

在 $U_{GS} = 0$ 条件下，外加的漏源电压 U_{DS} 使场效应管工作在恒流区时的漏极电流，称为漏极饱和电流 I_{DSS}。只有耗尽型管才有此参数。

（4）击穿电压 $U_{(BR)DS}$

漏极电流从恒流值急剧上升时的漏极与源极之间的电压值就是击穿电压 $U_{(BR)DS}$ 值。

（5）直流输出电阻 R_{GS}

在漏极与源极之间短路的条件下，栅极与源极之间加一定电压时所呈现的直流电阻等效就是其直流输入电阻 R_{GS}。

（6）交流输出电阻 r_d

交流输出电阻的定义用公式表示为

$$r_d = \frac{\mathrm{d}u_{DS}}{\mathrm{d}i_D}\bigg|_{U_{GS}=常数} \tag{3.2}$$

r_d 是输出特性曲线上某一点处切线斜率的倒数，说明了 u_{DS} 对 i_D 的影响。在恒流区（即线性放大区），i_D 几乎不随 u_{DS} 的变化而变化。因此，r_d 的数值很大，一般在几十千欧到几百千欧之间。

（7）低频互导（跨导）g_m

在 U_{DS} 等于常数时，漏极电流的变化量与栅-源电压变化量之比，称为低频跨导 g_m，即

$$g_m = \frac{di_D}{du_{GS}}\bigg|_{U_{DS}=常数} \tag{3.3}$$

低频跨导反映了栅-源电压对漏极电流的控制能力，它相当于转移特性曲线上某一点处的斜率。低频跨导 g_m 是表征场效应管放大能力的一个重要参数，单位为 mS 或 μS。

（8）最大耗散功率 P_{DM}

场效应管的耗散功率等于 i_D 与 u_{DS} 的乘积，即 $P_{DM} = i_D u_{DS}$，它是以发热的形式表现的，耗散功率大，会使管子的温度升高。为了管子的安全工作，就要限制其温度不要升得太高，这就是场效应管所允许的耗散功率最大值。

除了以上参数外，场效应管还有噪声系数、高频参数、极间电容等其他参数。一般情况下，场效应管的噪声系数很小，极间电容较大。

3.4.2　场效应管的检测及使用注意事项

（1）检测（仅适用于指针式万用表）

由于绝缘栅型场效应管的输入电阻很高，不宜用万用表测量，必须用测试仪测量，而且测试仪必须良好接地。测试结束后应先短接各电极放电，以防外来感应电势将栅极击穿。

结型场效应管可用万用表判别其管脚和性能的优劣，具体的判别方法如下：

① 管脚的判别：首先确定栅极，将万用表欧姆挡置于 $R \times 1k$ 或 $R \times 100$ 挡，用黑表笔接假设的栅极，再用红表笔分别接另外两只管脚，若测得的电阻值小，而将黑、红表笔对换后测得的电阻值很大，则假设的栅极正确，并知道它是 N 沟道场效应管；反之，则为 P 沟道管。其次，确定源极和漏极，对于结型场效应管，由于漏、源极是对称的，可以互换。因此，剩余的两只管脚中任何一只都可以作为源极或漏极。

② 质量判定：将万用表欧姆挡置于 $R \times 1k$ 或 $R \times 100$ 挡，红、黑表笔分别交替接源极和漏极，阻值均小。随后将黑表笔接栅极，红表笔分别接源极和漏极，对于 N 沟道管，阻值应该很小；对于 P 沟道管，阻值应该很大。再将红、黑表笔对调，测得的数值应相反，这说明管子质量基本上是好的。否则，要么击穿，要么断路。

（2）使用注意事项

① 在 MOS 管中，有的产品将衬底引出，这种管子有 4 个管脚，可让使用者根据电路的需要任意连接。一般来说，衬底引线的连接应保证与衬底有关的 PN 结处于反偏，以实现衬底与其他电极的隔离。但在某些特殊的电路中，当源极的电位很高或很低时，为减轻衬底间电压对管子导电性能的影响，可将源极与衬底连接在一起。

② 从结构上看，场效应管的漏极与源极是对称的，可以互换使用。但有些产品制作时已将衬底与源极在内部连在一起，这种管子的漏极与源极是不可以互换使用的，使用时必须注意。

③ 由于 MOS 场效应管的输入电阻可以高达 10^{15} Ω，因此由外界静电感应所产生的电荷

不易泄漏，而栅极上的 SiO_2 绝缘层又很薄，这将在栅极上产生很高的电场强度，以致引起绝缘层击穿而损坏管子。因此，在存放时应将各电极引线短接。

④ 焊接时，电烙铁必须有外接地线，以屏蔽交流电场，防止损坏管子。最好是断电后利用电烙铁的余热焊接。

⑤ 结型场效应管可以在开路状态下保存，但栅极与源极之间的 PN 结不能加正向电压，否则将烧坏管子。

⑥ 在使用场效应管时，要注意漏-源电压、漏极电流及耗散功率等不要超过规定的最大允许值。

3.5 场效应管放大电路

与晶体三极管一样，根据输入、输出回路公共端选择不同，将场效应管放大电路分成共源、共漏和共栅 3 种组态。由于场效应管具有输入电阻高的特点，一般很少将场效应管接成共栅组态的放大电路。因此，本节主要介绍常用的共源和共漏极两种放大电路。

3.5.1 场效应管的直流偏置电路及静态工作点

场效应管组成的放大电路和晶体三极管组成的放大电路一样，都要建立合适的静态工作点。所不同的是：晶体三极管是电流控制器件，组成放大电路时，要给三极管设置合适的偏置电流；而场效应管是电压控制器件，在组成放大电路时，则要给场效应管设置合适的偏置电压，保证放大电路具有合适的静态工作点，避免输出波形产生严重的非线性失真。现以 N 沟道场效应管为例进行讨论。由于 N 沟道 MOS 管又分为耗尽型和增强型，所以偏置电路也有所区别；结型场效应管工作时，偏置电路必须保证其 PN 结反偏。通常场效应管设置偏置的方式有两种，即自给偏压电路和分压式偏置电路。

3.5.1.1 自给偏压电路

图 3.12 所示为自给偏压电路，它只适用于耗尽型场效应管。它是依靠漏极电流 I_D 在 R_s 上的电压降给栅极提供反向偏置电压 U_{GS} 的。图中 R_g（几兆欧）只是构成直流通路，通过 R_g 将 R_s 两端的直流电压加到栅-源之间，因栅极电流 $I_G \approx 0$，所以电路中栅极的静态电位 $V_G \approx 0\,V$，因而有

$$U_{GS} = V_G - I_D R_s \approx -I_D R_s \qquad (3.4)$$

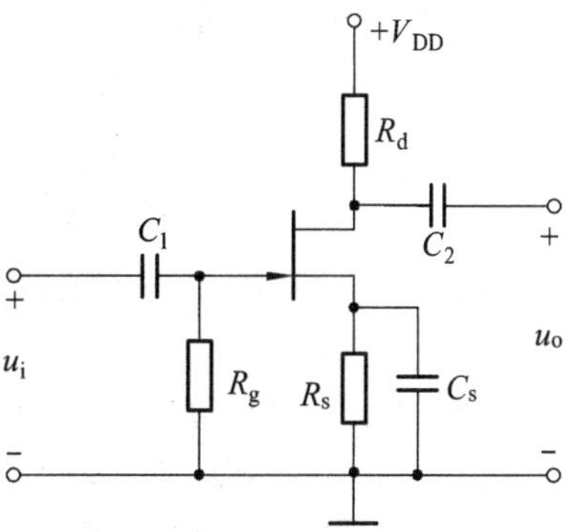

由场效应管的工作原理可知，I_D 是随 U_{GS} 变化的，而式（3.4）中的 U_{GS} 的大小取决于 I_D，要确定静态工作点 I_D 和 U_{GS} 的值，一般可采用两种方法：图解法和计算法。

图 3.12 自给偏压电路

（1）图解法

由式（3.4）可知，I_D 与 U_{GS} 是线性关系，它是输入回路的外部方程。如果已知场效应管

的特性曲线，将该方程所表示的直线画在其转移特性曲线平面内，则是一条斜率为 $-1/R_s$，并通过原点的直线，该直线与转移曲线的交点为 Q 点，如图 3.13（a）所示。通过作图可求出 Q 点的坐标值为（U_{GSQ}，I_{DQ}），然后再列出输出回路的电压方程，即

$$U_{DSQ} = V_{DD} - I_{DQ}(R_d + R_s) \tag{3.5}$$

将式（3.5）表示的直线方程在输出特性曲线坐标平面内作出，如图 3.13（b）所示，它与 U_{GSQ} 值所对应的输出曲线相交于 Q 点，对应坐标值为 $Q(U_{DSQ}, I_{DQ})$。

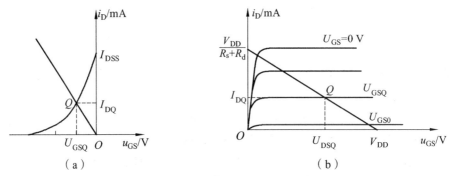

图 3.13   图解法分析静态工作点

（2）计算法

耗尽型场效应管的 i_D 与 u_{GS} 之间的关系可用式（3.1）表示。静态值对应于（3.1）式中的 $i_D = I_D$、$u_{GS} = U_{GS}$，即关系式（3.1）可写为如下形式：

$$I_D = I_{DSS}\left(1 - \frac{U_{GS}}{U_P}\right)^2 \tag{3.6}$$

式中，I_{DSS} 为饱和漏极电流，U_P 为夹断电压，由手册可以查出。联立式（3.4）、（3.6）解方程组即可求得静态时的 I_{DQ} 和 U_{GSQ} 值。再由输出回路列出电压方程如式（3.5），代入之后即可求得 U_{DSQ} 值。

3.5.1.2 分压式偏置电路

对于增强型场效应管，由于不能形成自偏压，所以不能采用图 3.12 所示的自给偏压电路，而采用分压式偏置电路，如图 3.14 所示。

该电路的栅-源间偏置电压为

$$U_{GS} = V_G - V_S = \frac{R_{g2}}{R_{g1} + R_{g2}}V_{DD} - I_D R_s \tag{3.7}$$

该放大电路静态工作点的计算仍可采用图解法或计算法。

【例 3.1】   试计算图 3.14 所示电路的静态工作点。已知 $R_{g1} = 150\ \text{k}\Omega$，$R_{g2} = 50\ \text{k}\Omega$，$R_{g3} = 1\ \text{M}\Omega$，$R_d = R_s = 10\ \text{k}\Omega$，$V_{DD} = 20\ \text{V}$，且已知场效应管的参数：$U_P = -5\ \text{V}$，$I_{DSS} = 1\ \text{mA}$。

解： 由式（3.7）可得

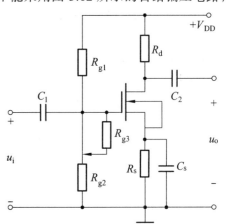

图 3.14   分压式偏压电路

$$U_{GS} = \frac{R_{g2}}{R_{g1} + R_{g2}} V_{DD} - I_D R_s = \frac{50}{150 + 50} \times 20 - 10 I_D$$

而
$$I_D = I_{DSS}\left(1 - \frac{U_{GS}}{U_P}\right)^2 = \left(1 - \frac{U_{GS}}{5}\right)^2$$

联立可得方程组
$$\begin{cases} U_{GS} = 5 - 10 I_D \\ I_D = \left(1 - \dfrac{U_{GS}}{5}\right)^2 \end{cases}$$

解得
$$I_D = 0.61 \,(\text{mA}), \quad U_{GS} = -1.1 \,(\text{V})$$

则漏-源间的电压为
$$U_{DS} = V_{DD} - I_D(R_d + R_s) = 7.8 \,(\text{V})$$

3.5.2 场效应管的微变等效电路分析

3.5.2.1 场效应管的微变等效电路

在小信号作用下，工作在恒流区的场效应管可等效为一个线性交流电路。由输入回路看，场效应管输入电阻很高，输入电流可近似为零，因此其输入端可看做开路。由输出特性曲线看，在恒流区当 u_{GS} 一定时，i_D 几乎不随 u_{DS} 变化，即 i_D 可看成是一个受控电流源，其大小受 u_{gs} 控制，可以表示为 $i_d = g_m u_{gs}$。这样在输入为小信号情况下，场效应管可等效为如图 3.15 所示的电路。

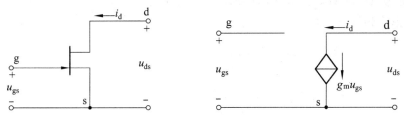

图 3.15 场效应管微变等效电路

3.5.2.2 共源极放大电路

图 3.14 所示电路就是一个典型的共源放大电路，它类似于晶体三极管的共发射极放大电路，其交流等效电路如图 3.16 所示。

（1）电压放大倍数 A_u

由图 3.16 可得

$$A_u = \frac{u_o}{u_i} = \frac{-i_d R_d}{u_{gs}} = -\frac{g_m u_{gs} R_d}{u_{gs}} = -g_m R_d$$

（2）输入电阻 r_i

$$r_i = \frac{u_i}{i_i} = R_{g3} + R_{g1} /\!/ R_{g2}$$

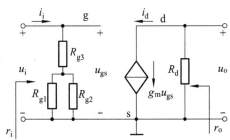

图 3.16 共源放大电路的等效电路

由于 R_{g1}、R_{g2} 主要用来确定静态工作点，所以输入电阻主要由 R_{g3} 确定。一般 R_{g3} 阻值都较高，常为几百千欧至几兆欧，甚至几十兆欧。

（3）输出电阻 r_o

$$r_o = R_d$$

【例 3.2】 电路如图 3.17 所示，已知 $R_{g1} = 200\ \text{k}\Omega$，$R_{g2} = 30\ \text{k}\Omega$，$R_{g3} = 10\ \text{M}\Omega$，$R_d = 5\ \text{k}\Omega$，$R_L = 5\ \text{k}\Omega$，$R_s = 1\ \text{k}\Omega$，$g_m = 4\ \text{mS}$，$C_1$、$C_2$、$C_s$ 对于交流信号可认为短路。试画出微变等效电路，并求出电压放大倍数 A_u 和输入、输出电阻 r_i 和 r_o。

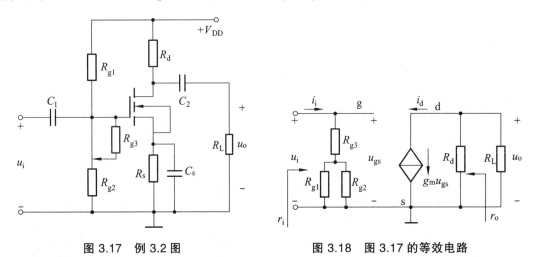

图 3.17　例 3.2 图　　　　　　　图 3.18　图 3.17 的等效电路

解： 微变等效电路如图 3.18 所示，则由此图可求得：

① 电压放大倍数 A_u 为

$$A_u = \frac{u_o}{u_i} = \frac{-g_m u_{gs}(R_d // R_L)}{u_{gs}}$$

$$= -g_m R_d // R_L = -4 \times \frac{5 \times 5}{5 + 5}$$

$$= -10$$

② 输入电阻 r_i 为

$$r_i = \frac{u_i}{i_i} = R_{g3} + R_{g1} // R_{g2}$$

$$= 10^4 + \frac{200 \times 30}{200 + 30}$$

$$\approx 10^4\ (\text{k}\Omega) = 10\ (\text{M}\Omega)$$

③ 输出电阻 r_o 为

$$r_o = R_d = 5\ (\text{k}\Omega)$$

3.5.2.3　共漏极放大电路（源极输出器）

共漏极放大电路又称源极输出器，电路如图 3.19（a）所示，其微变等效电路如图 3.19（b）所示。

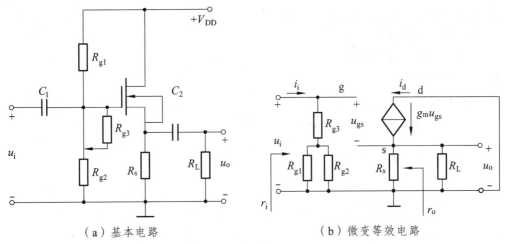

（a）基本电路　　　　　　　　　（b）微变等效电路

图 3.19　共漏极放大电路

由图 3.19（b）可得

$$A_u = \frac{u_o}{u_i} = \frac{i_d(R_s /\!/ R_L)}{u_{gs} + i_d(R_s /\!/ R_L)} = \frac{g_m(R_s /\!/ R_L)}{1 + g_m(R_s /\!/ R_L)}$$

式中　　　　　$i_d = g_m u_{gs}$

$$r_i = \frac{u_i}{i_i} = R_{g3} + R_{g1} /\!/ R_{g2}$$

图 3.20 所示电路为求图 3.19（a）所示共漏
极放大电路输出电阻的等效电路，由此可求得

$$r_o = \frac{u_o'}{i_o} = \frac{u_o'}{\dfrac{u_o'}{R_s} - g_m u_{gs}} = \frac{u_o'}{\dfrac{u_o'}{R_s} - g_m(-u_o')}$$

$$= \frac{1}{\dfrac{1}{R_s} + g_m} = R_s /\!/ \frac{1}{g_m}$$

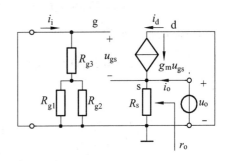

图 3.20　求共漏极放大电路输出电阻的等效电

【例 3.3】　场效应管源极输出电路如图 3.21 所示，图 3.22 所示电路为其等效电路。
已知场效应管的 $U_P = -4\text{ V}$，$I_{DSS} = 2\text{ mA}$，$V_{DD} = 15\text{ V}$，$R_g = 1\text{ M}\Omega$，$R_L = 1\text{ M}\Omega$，$R_s = 8\text{ k}\Omega$，
试计算：

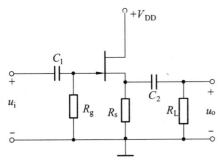

图 3.21　例 3.3 的图

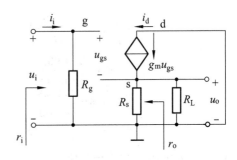

图 3.22　图 3.21 的等效电路

① 静态值 I_{DQ}、U_{DSQ}、U_{GSQ};

② 电压放大倍数 A_u;

③ 输入电阻 r_i 和输出电阻 r_o。

解: ① 求静态值。

由图 3.21 可得

$$U_{GS} = -I_D R_s = -8I_D$$

而
$$I_D = I_{DSS}\left(1 - \frac{U_{GS}}{U_P}\right)^2$$

$$= 2 \times \left(1 - \frac{U_{GS}}{-4}\right)^2$$

联立可得方程组
$$\begin{cases} U_{GS} = -8I_D \\ I_D = 2 \times \left(1 + \dfrac{U_{GS}}{4}\right)^2 \end{cases}$$

解得
$$U_{GSQ} = -2.4 \ (\text{V}) \ (\text{对于 N 沟道结型场效应管应取} \ U_{GSQ} < 0)$$

$$I_{DQ} = 0.3 \ \text{A}$$

又由图 3.21 的输出回路得

$$U_{DSQ} = V_{DD} - I_D R_s = 15 - 0.3 \times 8 = 12.6 \ (\text{V})$$

因此求得电路的静态值为

$$I_{DQ} = 0.3 \ (\text{A}), \quad U_{GSQ} = -2.4 \ (\text{V}), \quad U_{DSQ} = 12.6 \ (\text{V})$$

由式（3.3）得

$$g_m = \frac{di_D}{du_{GS}}\Big|_{U_{DS}} = I_{DSS} \times 2\left(1 - \frac{U_{GS}}{U_P}\right) \times \frac{1}{U_P}$$

$$= 2 \times 2\left(1 - \frac{-2.4}{-4}\right) \times \frac{1}{4}$$

$$= 1 - \frac{2.4}{4} = 0.4 \ (\text{mS})$$

② 求电压放大倍数。

$$A_u = \frac{u_o}{u_i} = \frac{g_m(R_s /\!/ R_L)}{1 + g_m(R_s /\!/ R_L)}$$

$$= \frac{0.4 \times \dfrac{8 \times 1\,000}{8 + 1\,000}}{1 + 0.4 \times \dfrac{8 \times 1\,000}{8 + 1\,000}}$$

$$\approx 0.76$$

③ 求输入电阻 r_i 和输出电阻 r_o。

$$r_i = R_g = 1 \ (\text{M}\Omega)$$

$$r_o = R_s // \frac{1}{g_m} = 1.9 \ (\text{k}\Omega)$$

本章小结

1. 场效应管的特点、种类和工作原理

（1）基本特点：

① 场效应管是一种电压控制器件，它是利用栅-源电压来控制漏极电流的。

② 由于结型场效应管的栅-源间的 PN 结总是反偏，MOS 管的栅-源间是绝缘的，故输入电阻非常大。

③ 由于场效应管仅有一种载流子（多数载流子）参与导电，其温度稳定性高，噪声系数小。

（2）主要类型：

$$\text{场效应管（FET）}\begin{cases}\text{结型（JFET）}\begin{cases}\text{N沟道}\\\text{P沟道}\end{cases}\\\text{绝缘栅（MOSFET）}\begin{cases}\text{增强型}\begin{cases}\text{N沟道（NMOS）}\\\text{P沟道（PMOS）}\end{cases}\\\text{耗尽型}\begin{cases}\text{N沟道（NMOS）}\\\text{P沟道（PMOS）}\end{cases}\end{cases}\end{cases}$$

（3）基本工作原理：

通过外加电压 u_{GS} 来改变导电沟道的宽度，从而来控制电流 i_D 的大小。

2. 场效应管的特性曲线

（1）转移特性曲线是漏极电流 i_D 与栅-源电压 u_{GS} 之间的变化关系，它反映栅源电压 u_{GS} 对漏极电流 i_D 的控制作用，其斜率反映了控制能力并用跨导 g_m 表示。

（2）输出特性曲线表示以栅-源电压 u_{GS} 为参变量时，漏极电流 i_D 与漏源电压 u_{DS} 之间的变化关系。它分为可变电阻区、恒流区、击穿区和夹断区 4 个区域，用作放大器件时工作在恒流区。

3. 场效应管的主要参数

场效应管的主要参数有跨导 g_m、输出电阻 r_o、夹断电压 U_P（或开启电压 U_T）、漏极饱和电流 I_{DSS}、极间电容等。

跨导 g_m 与静态工作点有关。已知转移特性曲线，则可过 Q 点作切线，其斜率即为 g_m。也可以利用转移特性的公式求解，例如，已知 $i_D = I_{DSS}\left(1 - \dfrac{u_{GS}}{U_P}\right)^2$，则

$$g_m = \frac{\mathrm{d}i_D}{\mathrm{d}u_{GS}}\bigg|_{u_{GS} = U_{GS}} = -\frac{2I_{DSS}}{U_P}\left(1 - \frac{U_{GS}}{U_P}\right)$$

一般手册中给出 g_m 和 U_P 值，因此由上式可求出任意工作点的跨导。

4. 场效应管的放大电路

利用场效应管栅-源电压能够控制漏极电流的特点可以实现信号的放大。场效应管放大电路有共源、共漏、共栅 3 种组态，与双极性三极管的共射、共集、共基 3 种组态相对应。

它们的偏置方式有两种：自给偏置方式、分压式偏置方式。自给偏置方式只适合于耗尽型场效应管，而分压式偏置方式适合于各种类型的场效应管。

习　题

1. 填空题。

（1）要使结型场效应管正常工作，应在其栅极与源极之间加_____偏置电压。

（2）晶体三极管是一种_____控制器件，场效应管是一种_____控制器件，场效应管的输入电阻_____。（a. 高；b. 低）

（3）N 沟道增强型绝缘栅场效应管的开启电压 U_T_____；N 沟道耗尽型绝缘栅场效应管的夹断电压 U_P_____。（a. 大于零；b. 小于零；c. 等于零）

（4）晶体三极管有两种载流子参与导电，所以又称为_____晶体管；场效应管只有多数载流子参与导电，所以又称为_____管。（a. 单极性；b. 双极性）

（5）场效应管的栅极电流_____，所以输入电阻_____。

2. 简述 N 沟道结型场效应管的工作原理。

3. 简述 N 沟道增强型 MOS 场效应管的工作原理。

4. N 沟道增强型 MOS 场效应管与 N 沟道耗尽型 MOS 场效应管有何不同？

5. 测得某场效应管在 $u_{DS} = 10$ V 时，u_{GS} 与 i_D 的关系如表 3.2 所示，试确定该管类型，并说明 U_T 或 U_P 以及 I_{DSS} 的值是多少。

表 3.2

u_{GS}（V）	1	0	-1	-2	-3	-4
i_D（mA）	7	5	3.5	2	0.8	0.01

6. 有 a、b、c 三个场效应管，其输出特性曲线分别如图 3.23（a）、（b）、（c）所示。试完成表 3.3。

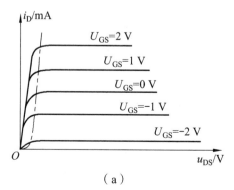

（a）

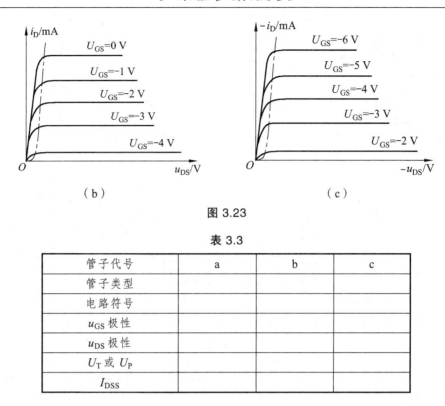

（b）　　　　　　（c）

图 3.23

表 3.3

管子代号	a	b	c
管子类型			
电路符号			
u_{GS} 极性			
u_{DS} 极性			
U_T 或 U_P			
I_{DSS}			

7. 图 3.24（a）、（b）、（c）分别为 a、b、c 三个场效应管的转移特性曲线。试完成表 3.4。（注：选定流入漏极为漏极电流 i_D 的参考方向。）

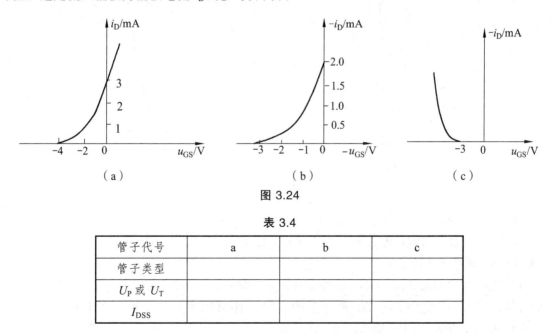

（a）　　　　　　（b）　　　　　　（c）

图 3.24

表 3.4

管子代号	a	b	c
管子类型			
U_P 或 U_T			
I_{DSS}			

8. 在图 3.25 所示的电路中，分别指出各场效应管工作在哪一个区（可变电阻区、恒流区、截止区）。

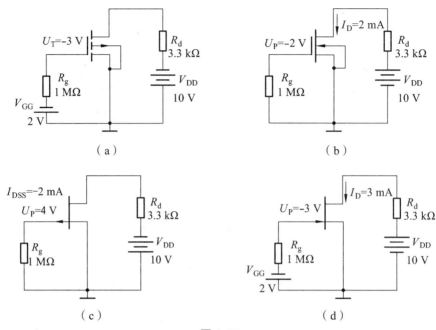

图 3.25

9. 已知图 3.26（a）所示电路中场效应管的转移特性如图 3.26（b）所示，求解电路的 Q 点和 A_u。

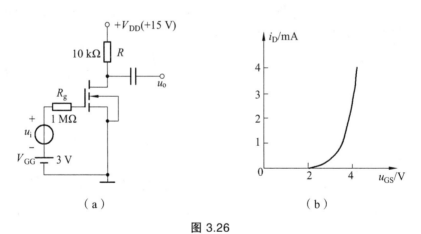

图 3.26

10. 增强型绝缘栅型场效应管能否用自偏压的方法来设置静态工作点？试说明理由。

11. 场效应管的自偏压电路如图 3.27 所示，已知 $R_g = 1\ \text{M}\Omega$，若要求 $U_{GSQ} = -0.9\ \text{V}$，$I_{DQ} = 0.18\ \text{mA}$，试求 R_s 的值。

12. 电路参数如图 3.28 所示，设场效应管的参数为：工作点处的跨导 $g_m = 1\ \text{mS}$，$V_{DD} = 16\ \text{V}$，$R_{g1} = 2\ \text{M}\Omega$，$R_{g2} = 500\ \text{k}\Omega$，$R_{g3} = 1\ \text{M}\Omega$，$R_s = 10\ \text{k}\Omega$，$R_L = 10\ \text{k}\Omega$。试计算：

（1）输入、输出电阻 r_i 和 r_o；

（2）电压放大倍数 A_u。

13. 试画出 P 沟道结型场效应管组成的分压偏置式共源放大电路。

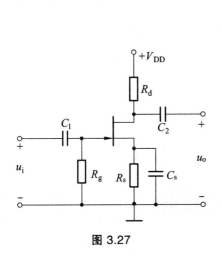

图 3.27

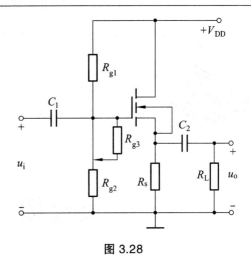

图 3.28

负反馈放大电路

前面各章分别介绍了各种基本放大电路的工作原理及性能指标，它们虽然都具有放大功能，但其性能指标却不能满足实际需要。为了改善放大电路的性能，通常都要在放大电路中引入各种形式的负反馈。本章主要讨论反馈的基本概念、负反馈放大电路的类型、负反馈对放大电路性能的影响和深度负反馈放大电路性能指标的估算方法。

4.1　反馈的基本概念

4.1.1　反馈的定义

所谓反馈就是把放大电路输出量（电压或电流）的部分或全部，通过一定的方式送回到放大电路的输入端的过程。如果反馈的结果是使放大电路的净输入信号减弱，则称之为负反馈；如果反馈的结果是使净输入信号增强，则称之为正反馈。

4.1.2　负反馈方框图及基本关系式

具有负反馈的放大电路的原理方框图如图 4.1 所示，它由基本放大器和反馈网络两部分组成。图中，箭头表示信号的传输方向；符号"$\sum$"表示信号叠加；x_i 称为原输入信号，它由前级电路提供；x_f 称为反馈信号，它是由反馈网络送回到输入端的信号；x_i' 称为净输入信号；$+$ 和 $-$ 表示 x_i 和 x_f 参与叠加时的规定正方向，即 $x_i - x_f = x_i'$；x_o 称为输出信号。

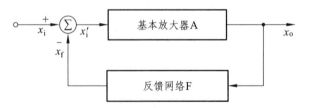

图 4.1　负反馈放大电路的原理框图

通常，从输出的电压或电流信号中取出一部分或全部的过程称为"取样"，在输入端将原输入信号 x_i 与反馈信号 x_f 进行叠加的过程称为"比较"。引入反馈后，按照信号的传输方向，基本放大器与反馈网络构成一个闭合的环路，所以有时又把引入了反馈的放大器叫闭环放大器，而未引入反馈的放大器叫开环放大器。

反馈放大电路中的几个基本参数定义式如下：

开环放大倍数 $A = \dfrac{x_o}{x_i'}$

反馈系数 $F = \dfrac{x_f}{x_o}$

闭环放大倍数 $A_f = \dfrac{x_o}{x_i}$

由以上定义式很容易得出

$$A_f = \frac{x_o}{x_i} = \frac{A}{1+AF} \tag{4.1}$$

式（4.1）是反馈放大电路的基本关系式，它是分析反馈问题的基础。其中，$(1+AF)$ 称为反馈深度，用来表示反馈的强弱。当 $(1+AF) \gg 1$ 时，称为深度负反馈，此时有

$$A_f = \frac{A}{1+AF} \approx \frac{A}{AF} = \frac{1}{F} \tag{4.2}$$

式（4.2）说明，当放大电路引入深度负反馈时，其闭环放大倍数仅取决于反馈网络中的参数，与基本放大电路中的半导体器件参数基本无关，因此深度负反馈的闭环放大倍数 A_f 十分稳定。

4.1.3　负反馈放大电路的 4 种基本组态

按照输出端取样方式和输入端比较方式的不同，可将负反馈放大电路分为以下 4 种基本组态：

4.1.3.1　电压反馈和电流反馈

按输出端取样方式来分，反馈可以分为电压反馈和电流反馈。图 4.2 所示为两种取样方式的方框图。

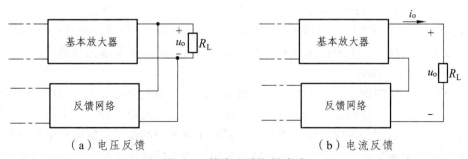

（a）电压反馈　　　　　　　　　　（b）电流反馈

图 4.2　输出回路取样方式

① 电压反馈：反馈信号 x_f 取自输出电压 u_o 的部分或全部，即 x_f 与 u_o 成正比。对交流信号而言，此时基本放大器、反馈网络、负载三者是并联连接的。

② 电流反馈：反馈信号 x_f 取自输出电压 i_o 的部分或全部，即 x_f 与 i_o 成正比。对交流信号而言，此时基本放大器、反馈网络、负载三者是串联连接在输出回路中的。

无论是何种取样方式，反馈到输入端的信号 x_f 可能是电压 u_f，也可能是电流 i_f，究竟反馈信号 x_f 是电压还是电流，这取决于输入回路的比较方式。

4.1.3.2 串联反馈和并联反馈

按照输入回路中原输入信号 x_i 与反馈信号 x_f 的比较方式，反馈又可以分为串联反馈和并联反馈。图 4.3 所示为两种比较方式的方框图。

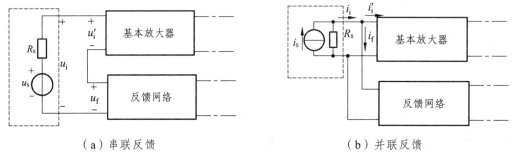

（a）串联反馈　　　　　　　　　　（b）并联反馈

图 4.3　输入回路比较方式

① 串联反馈：对交流信号而言，反馈网络、信号源、基本放大器三者在比较端是串联连接的，则称为串联反馈。此时，在串联回路中比较的只能是电压信号，反馈信号以电压 u_f 形式出现，与原输入电压信号 u_i 进行比较，产生净输入电压信号 u_i'。在负反馈条件下三者满足如下比较关系式：

$$u_i' = u_i - u_f \tag{4.3}$$

② 并联反馈：对交流信号而言，反馈网络、信号源、基本放大器三者在比较端是并联连接的，则称为并联反馈。此时，在反馈节点比较的只能是电流信号，因此反馈信号以电流 i_f 的形式出现，与原输入电流信号 i_i 进行比较，产生净输入电流信号 i_i'。在负反馈条件下三者满足如下比较关系式：

$$i_i' = i_i - i_f \tag{4.4}$$

图 4.3 中还指出了两种比较方式对信号源的要求。对于串联负反馈，应当保持原输入电压信号 u_i 恒定才能起到更好的反馈效果，即要求信号源接近于恒压源，电压源的内阻 R_s 越小越好。对于并联负反馈，则应当保持原输入电流信号 i_i 恒定，即要求信号源接近于恒流源，电流源的内阻 R_s 越大越好。

一般情况下，反馈网络为一无源网络，它由电阻、电容或电感等元件构成，最常见的为电阻网络。由于某一反馈网络只能采取一种取样方式，也只能以一种方式进行比较，因此按照取样方式和比较方式的不同，负反馈放大器就有 4 种不同的类型，即电压串联负反馈、电压并联负反馈、电流串联负反馈、电流并联负反馈。为了反映这 4 种负反馈类型的特点，表

4.1 对它们进行了比较。

表 4.1　负反馈类型及其比较

类　型	反馈信号 (x_f)	比较关系式 $(x_i' = x_i - x_f)$	取样关系式 $(x_f \propto u_o$ 或 $i_o)$	对信号源的要求
电压串联负反馈	u_f	$u_i' = u_i - u_f$	$x_f \propto u_o$	恒压源
电压并联负反馈	i_f	$i_i' = i_i - i_f$	$x_f \propto u_o$	恒流源
电流串联负反馈	u_f	$u_i' = u_i - u_f$	$x_f \propto i_o$	恒压源
电流并联负反馈	i_f	$i_i' = i_i - i_f$	$x_f \propto i_o$	恒流源

4.2　反馈类型及反馈极性的判别

从上一节的分析可知，按输出端取样方式的不同和输入端比较方式的不同，共有 4 种不同类型的负反馈电路，它们对放大电路性能也有着不同的影响。因此，在对负反馈放大电路进一步分析之前，必须从具体电路上对反馈类型和反馈极性进行判别。首先，要确定放大电路有无反馈；其次，确定反馈元件和反馈通路；最后，判断反馈类型和反馈极性。

4.2.1　反馈类型的判别

4.2.1.1　反馈及反馈元件的识别

判断放大电路有无反馈的方法是：观察电路中是否存在连接在输出回路和输入回路之间的元件。如果电路中存在连接在输出回路和输入回路之间的元件或网络，则存在反馈；否则，不存在反馈，不存在反馈的放大电路又称为开环。在确定存在反馈的前提下，再找出反馈元件，并确认反馈通路。

按上述方法可以找出图 4.4（a）所示电路中的 R_f 为反馈元件，图 4.4（b）所示电路中的 R_e 为反馈元件。

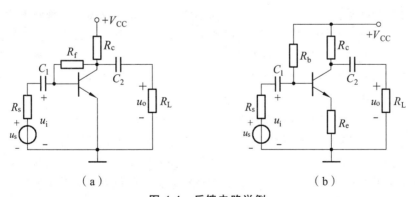

（a）　　　　　　　　　　　　　　　（b）

图 4.4　反馈电路举例

4.2.1.2　直流反馈和交流反馈

按信号的频率不同，反馈可以分为直流反馈和交流反馈。从第 2 章和第 3 章的分析可以知道：在放大电路的输入端加上交流信号后，放大电路中同时存在直流分量和交流分量。设置直流分量的目的，就是要保证放大电路有合适的静态工作点，避免被放大的信号在输出端产生失真。不失真地放大交流信号才是放大电路工作的目的，放大的实质是通过三极管的控制作用将直流电源转换为交流信号输出。因此，分析放大电路引入的反馈是直流反馈还是交流反馈，对分析放大电路的性能十分重要。

① 直流反馈：若反馈环内，直流分量可以流通，则该反馈环可以产生直流反馈。直流负反馈主要用于稳定静态工作点。

② 交流反馈：若反馈环内，交流分量可以流通，则该反馈环可以产生交流反馈。交流负反馈主要用来改善放大器的性能，交流正反馈主要用来产生振荡。

若反馈环内，直流分量和交流分量均可以流通，则该反馈环既可以产生直流反馈又能产生交流反馈。

图 4.4（a）所示电路中的 R_f 既可以引入直流反馈，又可以引入交流反馈。

4.2.1.3　电压反馈和电流反馈

在确定有反馈的情况下，按输出端的取样方式来分反馈类型，可分为电压反馈和电流反馈，而且取样方式只可能是两者之一，非此即彼。通常，判断是否是电压反馈相对容易，判断方法主要有如下两种：

方法一："假设输出（或负载）短路法"。将反馈放大电路的输出端对地短路，若反馈信号随之消失，则为电压反馈；否则为电流反馈。因为输出端对地短路后，输出端的电压为零，若反馈信号随之消失，则说明反馈信号正比于输出电压，即为电压反馈；若反馈信号依然存在，则说明反馈信号不是正比于输出电压，所以不是电压反馈，而是电流反馈。

方法二：按电路连接的结构特点来判定。在输出通路中，若放大电路的输出端与反馈网络的取样端处于同一个放大器件的相同电极，则为电压反馈；否则为电流反馈。

按上述方法可以判定图 4.4（a）所示电路为电压反馈，图 4.4（b）所示电路为电流反馈。

4.2.1.4　串联反馈和并联反馈

按输入端的比较方式分反馈类型，可分为串联反馈与并联反馈，其判定方法也有两种：

方法一："观察法"。对于输入端的比较方式而言，若信号输入端和反馈网络的比较端接在同一个放大器件的相同电极上，则为并联反馈；否则，为串联反馈。这种方法是通过观察反馈信号在输入端的连接方式来判别其反馈类型的，故称之为"观察法"。

方法二："反馈节点短路法"，即假设放大电路输入端的反馈节点对地短接后进行判断。如果是串联反馈，输入端的比较方式一定是在回路中比较电压，根据 KVL 可列出回路电压方程：$u_i' = u_i - u_f$。如果是并联反馈，输入端的比较方式一定是在反馈节点处比较电流，根据 KCL 可列出的节点电流方程：$i_i' = i_i - i_f$。如果把输入回路中的反馈节点对地短路，对于串联反馈来说，相当于 $u_i' = 0$，于是有 $u_i = u_f$，因此输入信号是能够加到基本放大器上去的。而对于并联结构来说，输入信号则因此而被短路，无法加到基本放大电路的输入端。因此，用"反馈节点短路法"比较容易判断是串联反馈或并联反馈。不过这里需要提醒的是：在做实验时，不能在接有输入信号源的情况下直接将反馈端短路，否则将使电源烧坏。

按上述方法可以判定图 4.4（a）所示电路为并联反馈，图 4.4（b）所示电路为串联反馈。

4.2.2 反馈极性的判断

反馈电路按信号的反馈极性可分为负反馈和正反馈。负反馈多用于改善放大电路的性能,正反馈多用于振荡电路产生振荡信号。

反馈极性的判定通常用"瞬时极性法",其步骤如下:

① 在基本放大器输入端,假定输入信号为某一瞬时极性(一般假设对地为"+")。

② 根据各级放大电路输出与输入信号之间的相位关系,判断出反馈信号的极性。可以依据各级放大电路输出与输入的相位关系,确定放大电路各点信号的瞬时极性,从而确定反馈到输入端的信号极性。

对于分立元件放大器:共发射极放大电路的集电极与基极信号反相,发射极与基极信号同相;共集电极放大电路的输出与输入信号同相;共基极放大电路的输出与输入信号同相。

对于集成运算放大器:输出与反相输入信号反相,与同相输入信号同相。

对于纯电阻电路:电阻上的电压与电流同相,即电阻不改变相位。

③ 判定在反馈信号的影响下,净输入信号的变化趋势。若是使净输入信号加强,则为正反馈;若是使净输入信号减弱,则为负反馈。

按上述方法可以判定图 4.4(a)所示电路是负反馈。其判定过程如下:假设三极管的基极输入信号瞬时极性为 +,因为该放大电路是共射放大电路,其集电极输出信号与基极输入信号相位相反,则此时集电极瞬时极性为"–"。由于是并联反馈,反馈信号以电流形式出现,而且电流遵循从高电位流向低电位的原则,则在 R_f 上形成的反馈电流 i_f 是流出比较节点的,使净输入基极电流 i_b 减小,所以是负反馈。综合前面的分析,可知判定图 4.4(a)所示电路是电压并联负反馈。

同理可以判定图 4.4(b)所示电路中的 R_e 也是构成负反馈,即是电流串联负反馈。

4.2.3 举例分析

前面介绍了反馈元件及反馈网络的识别方法、反馈类型和极性的判定方法,在分析具体电路时,可以按以下几个步骤来进行:

① 找出反馈元件,确认反馈通路,辨别是本级反馈还是越级反馈;

② 判别是交流反馈还是直流反馈(本章主要分析交流反馈);

③ 根据输出回路的取样方式,判别是电压反馈还是电流反馈;

④ 根据输入回路的比较方式,判别是串联反馈还是并联反馈;

⑤ 根据"瞬时极性法",判别是正反馈还是负反馈。

现按照以上步骤,判别图 4.5 中各电路的反馈类型。

在图 4.5(a)所示电路中,R_e 和 R_e' 都是反馈电阻,其中 R_e 只反馈直流信号,而 R_e' 既反馈直流信号又反馈交流信号。根据它们在输出回路的取样方式可以判定是电流反馈;根据它们在输入回路的比较方式可以判定是串联反馈,且交流反馈电压 u_f 是电阻 R_e' 两端的电压。假设输入电压 u_i 的瞬时极性如图 4.5(a)所示,根据三极管的共射极放大电路的集电极与发射极反相、发射极与基极同相的原则,可以判定反馈电压 u_f 与原输入电压 u_i 比较的结果是使放大器的净输入电压减小,因此可以确定该放大电路的反馈类型为电流串联负反馈。

在图 4.5(b)所示电路中,电阻 R_{e1}'、R_{e1}、R_{e2} 和 R_f 都具有反馈作用,其中 R_{e1}'、R_{e1}、R_{e2} 是本级直流反馈电阻,具有稳定静态工作点的作用。按照针对图 4.5(a)采用的方法,可以判定它们都构成电流串联负反馈。这里重点分析由 R_{e1} 和 R_f 构成的越级反馈网络的反馈类型。从图 4.5（b）中可知，由于 C_3 隔直流，所以 R_f 在输出端只能取到交流信号，即反馈交流信号。根据它在输出回路的取样方法可判定为电压反馈。由 R_f 从输出端取样得到的信号，通过 R_{e1} 出现在输入回路中，根据其输入回路的比较方式，可以确定为串联反馈。再假设输入电压的瞬时极性如图 4.5（b）所示，沿信号流通方向，最终确定电阻 R_{e1} 两端的电压极性如图 4.5（b）所示，它使放大器的净输入电压减小，可以判定是负反馈。因此，可以确定该放大电路中的 R_{e1} 和 R_f 构成电压串联负反馈。

在图 4.5（c）所示电路中，R_{b1} 是越级反馈元件，而且既反馈交流又反馈直流。从输出回路取样方式可以判定为电压反馈；从输入回路的比较方式可以判定为电流反馈。假设输入电压的瞬时极性如图 4.5（c）所示，根据电流从高电位流向低电位的原则，可以判定反馈电流 i_i 在电阻 R_{b1} 上的流动方向，它使放大器的净输入电流减小，可以判定是负反馈。因此，该放大电路中的电阻 R_{b1} 构成电压并联负反馈。

在图 4.5（d）所示电路中，R_f 和 C_f 是越级反馈元件，只反馈交流信号。从输出回路取样方式可以判定为电流反馈；从输入回路的比较方式可以判定为电流反馈。假设输入电压的瞬时极性如图 4.5（d）所示，根据电流从高电位流向低电位的原则，可以判定反馈电流 i_i 在电阻 R_f 上的流动方向，它使放大器的净输入电流减小，可以判定是负反馈。因此，该放大电路中的电阻 R_f 和 C_f 构成电流并联负反馈。

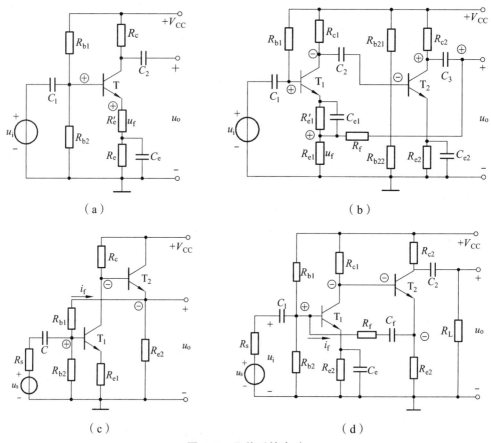

（a）　　　　　　　　　　　　　（b）

（c）　　　　　　　　　　　　　（d）

图 4.5　几种反馈电路

4.3　负反馈对放大电路性能的影响

在第 2 章讨论静态工作点的稳定问题时，曾经看到采用负反馈的好处：当温度改变或器件老化引起半导体器件的参数变化时，直流负反馈可以稳定静态工作点。同时，还看到负反馈的存在使放大电路的放大倍数下降。放大电路引入负反馈以后，虽然损失了一部分增益（放大倍数），却能换取其他性能的改善，例如：提高放大倍数的稳定性，扩展通频带，减小非线性失真，减小放大电路的内部噪声，改变输入、输出电阻等。下面将分别加以讨论。

4.3.1　提高放大倍数的稳定性

引入负反馈以后，放大电路放大倍数稳定性的提高通常用相对变化量来衡量，即比较开环放大倍数的相对变化量 $\dfrac{\mathrm{d}A}{A}$ 和闭环放大倍数的相对变化量 $\dfrac{\mathrm{d}A_\mathrm{f}}{A_\mathrm{f}}$。

由公式（4.1）可知

$$A_\mathrm{f} = \frac{A}{1+AF}$$

将此式对 A 求导数，可得

$$\frac{\mathrm{d}A_\mathrm{f}}{\mathrm{d}A} = \frac{1}{(1+AF)^2} = \frac{A}{1+AF} \times \frac{1}{A(1+AF)} = \frac{A_\mathrm{f}}{A} \times \frac{1}{1+AF}$$

即

$$\frac{\mathrm{d}A_\mathrm{f}}{A_\mathrm{f}} = \frac{1}{1+AF} \times \frac{\mathrm{d}A}{A} \tag{4.5}$$

式（4.5）表明：引入负反馈后，闭环放大倍数的相对变化量是开环放大倍数相对变化量的 $\dfrac{1}{1+AF}$，说明反馈越深，放大电路的稳定性越好。

【例 4.1】　设某放大电路的开环放大倍数 $A = 1\,000$。由于电源电压下降，开环放大倍数降为 900；引入 $F = 1/10$ 的负反馈后，求闭环放大倍数的相对变化量及闭环放大倍数。

解：开环时放大倍数的相对变化量为

$$\frac{\mathrm{d}A}{A} = \frac{1\,000-900}{1\,000} = \frac{1}{10} = 0.1$$

反馈深度为　　　　　$1+AF = 1+1\,000 \times \dfrac{1}{10} = 101$

闭环放大倍数相对变化量为

$$\frac{\mathrm{d}A_\mathrm{f}}{A_\mathrm{f}} = \frac{1}{1+AF} \times \frac{\mathrm{d}A}{A} = \frac{1}{101} \times \frac{1}{10} \approx 10^{-3}$$

闭环放大倍数为　　　$A_\mathrm{f} = \dfrac{A}{1+AF} = \dfrac{1\,000}{101} \approx 10$

可见，引入负反馈以后闭环放大倍数降低了，但其稳定性提高了。

值得注意的是：

① 负反馈只能减小由基本放大电路引起的放大倍数的变化量,对反馈网络元件变化引起的放大倍数变化量是没有改善作用的。因此 F 的不稳定,直接引起 A_f 的不稳定。

② 负反馈的调节作用不能保持输出量的绝对不变,只能使输出量的变化减小。

4.3.2　减小非线性失真和抑制噪声及干扰

一个理想的线性放大电路,其输入波形与输出波形应该是线性放大关系。可是由于电路中存在非线性器件,当输入信号幅度比较大或静态工作点设计不合理时,输出波形会产生一定的非线性失真。如果在放大电路中引入负反馈后,其非线性失真就可以减小。

如图 4.6（a）所示,一个开环放大电路在输入正弦信号时,输出信号产生了失真。假设该失真波形是正半周幅值大、负半周幅值小,引入负反馈后,输出端的失真波形反馈到输入端,与输入波形叠加,因此净输入信号成为正半周幅值小、负半周幅值大的波形。此波形经过放大后,使得输出端正、负半周波形之间的差减小,从而减小了放大电路输出波形的非线性失真,如图 4.6（b）所示。

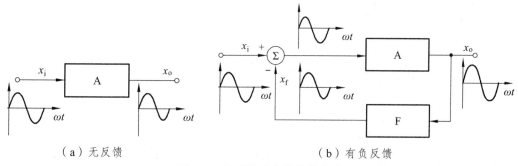

（a）无反馈　　　　　　　　　　　　（b）有负反馈

图 4.6　负反馈减小非线性失真

需要指出的是,负反馈只能减小放大电路自身产生的非线性失真,而对输入信号的非线性失真,负反馈是无能为力的。

放大电路的噪声是由放大电路中各元器件内部载流子不规则的热运动引起的;干扰是指外界因素的影响,如高压电网、雷电等的影响。由于噪声和干扰的影响,放大电路在没有任何输入信号的情况下,输出端也会出现无规则的信号。负反馈的引入可以减小噪声和干扰的影响,但输出端的信号也将按同样规律减小,结果输出端的信号与噪声的比值（称为信噪比）并没有提高。由于负反馈为提高输入信号的幅度创造了条件,而放大电路内部的干扰和噪声又是一定的,因此可以通过人为地提高输入信号的幅度,来提高有用信号对无用信号（即干扰和噪声）的比例（即提高信噪比）。输入信号幅度的提高,就要求信号源必须有足够的带负载能力。

同样的道理,负反馈只能抑制反馈环内的干扰和噪声。如果干扰信号混合在输入信号中,则引入负反馈也是无济于事的。

4.3.3　扩展通频带

在阻容耦合放大电路中,耦合电容和旁路电容的存在,会引起低频区放大倍数下降并产生相移；分布电容和晶体管极间电容的存在，会引起高频区放大倍数下降和相移。由于负反馈可以提高放大倍数的稳定性，所以引入负反馈后，在低频区和高频区放大倍数的下降程度将减小，从而使通频带展宽。

可以证明，引入负反馈后，其闭环上限截止频率是开环放大电路上限截止频率的$(1 + AF)$倍，即

$$f_{\text{Hf}} = (1 + AF)f_{\text{H}} \qquad (4.6)$$

闭环下限截止频率是开环下限截止频率的$1/(1 + AF)$，即

$$f_{\text{Lf}} = \frac{f_{\text{L}}}{1 + AF} \qquad (4.7)$$

按照通频带的定义，开环放大电路的通频带为

$$f_{\text{BW}} = f_{\text{H}} - f_{\text{L}}$$

闭环放大电路的通频带为

$$f_{\text{BWf}} = f_{\text{Hf}} - f_{\text{Lf}}$$

由于$f_{\text{Hf}} \gg f_{\text{H}}$，$f_{\text{Lf}} \ll f_{\text{L}}$，所以，闭环通频带远远大于开环通频带。

当$f_{\text{H}} \gg f_{\text{L}}$时，$f_{\text{BW}} = f_{\text{H}} - f_{\text{L}} \approx f_{\text{H}}$，所以

$$f_{\text{BWf}} = f_{\text{Hf}} - f_{\text{Lf}} \approx f_{\text{Hf}} = (1 + AF)f_{\text{H}} = (1 + AF)f_{\text{BW}} \qquad (4.8)$$

式（4.8）表明，引入负反馈后，可使通频带展宽到原来的（$1 + AF$）倍。当然，这是以牺牲中频放大倍数为代价的。从前面的分析可以知道，负反馈放大电路的放大倍数下降到原来的$1/(+ AF)$。因此，无论开环或闭环放大电路，它的"增益-带宽积"为一个常数。

4.3.4 负反馈对输入电阻的影响

负反馈对输入电阻的影响，只与比较方式有关，而与取样方式无关。

（1）串联负反馈使输入电阻增大

图 4.7（a）所示是串联负反馈的方框图。

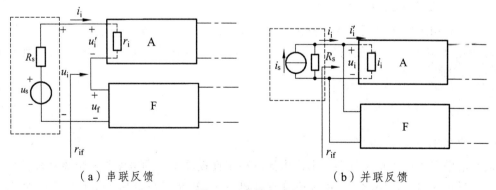

（a）串联反馈　　　　　　　　（b）并联反馈

图 4.7　求输入电阻

r_i 为开环输入电阻，即

$$r_i = \frac{u_i'}{i_i}$$

r_{if} 为闭环输入电阻，即

$$r_{if} = \frac{u_i}{i_i} = \frac{u_i' + u_f}{i_i} = \frac{u_i' + AFu_i'}{i_i} = (1+AF)\frac{u_i'}{i_i} = (1+AF)r_i$$

所以

$$r_{if} = (1+AF)r_i \qquad (4.9)$$

可见，引入串联负反馈后，输入电阻可以提高到开环输入电阻的 $(1+AF)$ 倍。

（2）并联负反馈使输入电阻减小

图 4.7（b）所示是并联负反馈的方框图。

r_i 为开环输入电阻，即

$$r_i = \frac{u_i'}{i_i}$$

r_{if} 为闭环输入电阻，即

$$r_{if} = \frac{u_i}{i_i} = \frac{u_i}{i_i' + i_f} = \frac{u_i}{i_i' + AFi_i'} = \frac{1}{1+AF} \times \frac{u_i}{i_i'} = \frac{1}{1+AF} \times r_i$$

所以

$$r_{if} = \frac{1}{1+AF} \times r_i \qquad (4.10)$$

可见，引入并联负反馈后，输入电阻减小为开环输入电阻的 $1/(1+AF)$。

4.3.5　负反馈对输出电阻的影响

负反馈对输出电阻的影响，取决于反馈网络与放大电路输出端的连接方式，而与输入端的比较方式无关。

（1）电压负反馈使输出电阻减小

放大电路引入电压负反馈后，输出电压的稳定性提高了，即电路具有恒压特性，因此电路的输出电阻减小了。由理论分析可知：引入电压负反馈后，输出电阻 r_{of} 减小到原来的 $1/(1+AF)$，即

$$r_{of} = \frac{1}{1+AF} \cdot r_o \qquad (4.11)$$

（2）电流负反馈使输出电阻增大

放大电路引入电流负反馈后，输出电流的稳定性提高了，即电路具有恒流特性，也就是说电流负反馈使输出电阻增大。由理论分析可知：引入电流负反馈后，输出电阻 r_{of} 增大到原来的 $(1+AF)$ 倍，即

$$r_{of} = (1 + AF) \times r_o \qquad （4.12）$$

以上分析说明，为了改善放大电路的性能，可以适当引入负反馈。引入负反馈应遵循的一般原则是：

① 要稳定静态工作点，应引入直流负反馈。

② 要改善交流性能，应引入交流负反馈。

③ 要稳定输出电压，应引入电压负反馈；要稳定输出电流，应引入电流负反馈。

④ 要提高输入电阻，应引入串联负反馈；要减小输入电阻，应引入并联负反馈。

4.4 深度负反馈放大电路的估算

负反馈放大电路的放大倍数、输入和输出电阻的定量计算，既要考虑反馈信号的作用，又要考虑反馈电路对原电路的各种影响。尤其是在多级反馈系统中，要严格地进行定量计算是很复杂的。通常先进行估算，然后通过实际测量和调试来确定其各项性能指标。下面只讨论在深度负反馈条件下闭环放大倍数的计算。

4.4.1 深度负反馈的特点

在负反馈放大电路中，反馈深度 $(1 + AF) \gg 1$ 时的反馈，称为深度负反馈。通常，只要是多级负反馈放大电路，都可以认为是深度负反馈。或只要 $(1 + AF) \geq 10$ 时，也可以认为是深度负反馈。此时，由于 $1 + AF \approx AF$，因此有

$$A_f = \frac{A}{1 + AF} \approx \frac{A}{AF} = \frac{1}{F} \qquad （4.13）$$

由式（4.13）得出：

① 深度负反馈的闭环放大倍数 A_f 仅由反馈系数 F 来决定，而与开环放大倍数几乎无关。

② 外加输入信号近似等于反馈信号。

因为 $A_f = \dfrac{x_o}{x_i}$，$F = \dfrac{x_f}{x_o}$，所以由式（4.13）可知

$$x_i \approx x_f \qquad （4.14）$$

式（4.14）表明，在深度负反馈条件下，净输入信号 $x_i' = x_i - x_f \approx 0$，通常称之为"虚断"或"虚短"（如果 x_i' 表示电流，即 $i_i' = 0$，则称为"虚断"；如果 x_i' 表示电压，即 $u_i' = 0$，则称为"虚短"）。

需要注意的是：x_i' 不能为零，否则放大电路的输入端就是短路状态，放大电路因此没有输出信号 x_o，反馈也就不存在。

对于串联负反馈，式（4.14）具体表现为

$$u_i \approx u_f \quad （或 \ u_i' \approx 0） \qquad （4.15）$$

由于串联负反馈的闭环输入电阻增大，在深度负反馈条件下，使 $i_i' \approx 0$。

对于并联负反馈，式（4.14）具体表现为

$$i_\mathrm{i} \approx i_\mathrm{f} \quad （或 \; i_\mathrm{i}' \approx 0）\tag{4.16}$$

由于并联负反馈的闭环输入电阻减小，在深度负反馈条件下，使 $u_\mathrm{i}' \approx 0$。

通常，将净输入电压 $u_\mathrm{i}' \approx 0$ 称为"虚短"，将净输入 $i_\mathrm{i}' \approx 0$ 近等于零称为"虚断"。从上面的分析可知：在深度负反馈条件下，无论是串联负反馈还是并联负反馈，"虚短"与"虚断"总是同时存在的，这就是估算深度负反馈放大电路放大倍数的理论依据。

4.4.2　深度负反馈放大倍数的估算

【例 4.2】　估算图 4.8 所示负反馈放大电路的电压放大倍数 A_{uf}。

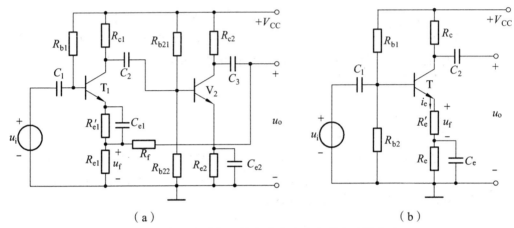

（a）　　　　　　　　　　　　　　　　（b）

图 4.8　电压串联负反馈电路和电流串联负反馈电路

解：

① 在图 4.8（a）所示放大电路中，可以判断 R_f 构成越级电压串联负反馈，因而可认为是深度负反馈，即有 $u_\mathrm{i} \approx u_\mathrm{f}$。其反馈系数为

$$F = \frac{u_\mathrm{f}}{u_\mathrm{o}} \approx \frac{R_\mathrm{e1}}{R_\mathrm{e1}+R_\mathrm{f}}$$

所以闭环电压放大倍数为

$$A_{uf} = \frac{u_\mathrm{o}}{u_\mathrm{i}} \approx \frac{u_\mathrm{o}}{u_\mathrm{f}} = \frac{R_\mathrm{e1}+R_\mathrm{f}}{R_\mathrm{e1}}$$

另外，从电路结构上可以认为，反馈电压是输出电压经电阻 R_f 和 R_e1 串联分压后得到的，所以

$$u_\mathrm{f} = \frac{R_\mathrm{e1}}{R_\mathrm{e1}+R_\mathrm{f}} \times u_\mathrm{o}$$

仍可得

$$A_{uf} = \frac{u_\mathrm{o}}{u_\mathrm{i}} \approx \frac{u_\mathrm{o}}{u_\mathrm{f}} = \frac{R_\mathrm{e1}+R_\mathrm{f}}{R_\mathrm{e1}}$$

② 在图 4.8（b）所示放大电路中，可以判断 R'_e 构成电流串联负反馈。所以在深度负反馈条件下，有 $u_i \approx u_f$。因为 $u_f = i_e \times R'_e$，$u_o = -i_o \times R_c \approx i_e \times R_c$，所以其反馈系数为

$$F = \frac{u_f}{i_o} = \frac{i_e \times R'_e}{i_o} \approx R'_e$$

所以闭环电压放大倍数为

$$A_{uf} = \frac{u_o}{u_i} \approx \frac{u_o}{u_f} = \frac{-i_c \times R_c}{i_e \times R'_e} = -\frac{R_c}{R'_e}$$

【例 4.3】 估算图 4.9 所示负反馈放大电路的源电压放大倍数 A_{usf}。

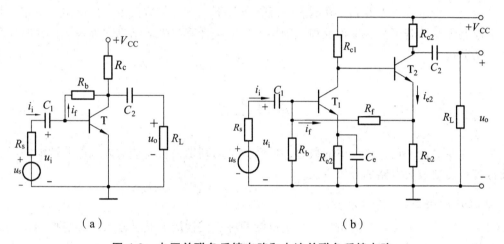

（a） （b）

图 4.9 电压并联负反馈电路和电流并联负反馈电路

解： ① 在图 4.9（a）所示放大电路中，R_b 构成电压并联负反馈。在深度负反馈条件下，由式（4.16）可知 $i_i \approx i_f$（或 $i'_i \approx 0$——虚断），而且还有 $u'_i \approx 0$（虚短）。

由图 4.9（a）所示电路的输入回路可得

$$i_i = \frac{u_s}{R_s + r_{if}} \approx \frac{u_s}{R_s}$$

$$i_f \approx -\frac{u_o}{R_b}$$

所以，闭环源电压放大倍数为

$$A_{usf} = \frac{u_o}{u_s} = \frac{-i_f \times R_b}{i_i \times R_s} = -\frac{R_b}{R_s}$$

② 在图 4.9（b）所示放大电路中，R_f 构成越级电流并联负反馈。在深度负反馈条件下，$i_i \approx i_f$（虚断），并且有 $u'_i \approx 0$（虚短）。所以有

$$i_i = \frac{u_s}{R_s + r_{if}} \approx \frac{u_s}{R_s}$$

$$i_{\text{f}} \approx -\frac{R_{\text{e2}}}{R_{\text{f}} + R_{\text{e2}}} \times i_{\text{e2}}$$

又从图 4.9（b）所示电路的输出端可知

$$i_{\text{e2}} \approx -\frac{u_{\text{o}}}{R'_{\text{L}}} = -\frac{u_{\text{o}}}{R_{\text{L}}//R_{\text{c}}}$$

所以闭环源电压放大倍数为

$$A_{usf} = \frac{u_{\text{o}}}{u_{\text{s}}} = \frac{-i_{\text{e2}} \times (R_{\text{L}}//R_{\text{c}})}{i_{\text{i}} \times R_{\text{s}}} = \frac{R_{\text{f}} + R_{\text{e2}}}{R_{\text{e2}}} \times \frac{(R_{\text{L}}//R_{\text{c}})}{R_{\text{s}}}$$

从以上分析过程可以看到，在深度负反馈条件下，放大倍数仅由一些电阻来决定，几乎与放大电路无关。若不是深度负反馈，则用上述方法计算出来的结果误差较大，此时应采用其他方法分析。

本章小结

本章主要讨论了正、负反馈的概念，反馈类型的判别，负反馈对放大电路性能的影响，以及深度负反馈放大电路的分析方法。

1. 反馈的类型

（1）按反馈的极性划分为正反馈和负反馈两种。反馈的实质是输出量参与控制，反馈使净输入信号减弱的是负反馈，使净输入信号增强的是正反馈。通常用"瞬时极性法"来判别反馈的极性。

（2）按反馈环内流通信号的交、直流性质可分为直流反馈和交流反馈。直流反馈用于稳定静态工作点；交流负反馈用于改善放大电路的交流性能，交流正反馈用于振荡器，其工作原理在第 6 章中讨论。

（3）负反馈按其连接方式可分为 4 种组态。负反馈的类型及其比较如表 4.1 所示。

按输出端的取样方式分为电压反馈和电流反馈，常用"负载短路法"判别。

按输入端的连接方式分为串联反馈和并联反馈，常用"观察法"判别较为直观、简单，但用"反馈节点短路法"比较有效。

2. 负反馈对放大电路性能的影响

负反馈的重要特性是能稳定输出端的取样对象，从而使放大电路的性能得到改善，包括静态和动态性能。改善动态性能是以牺牲放大倍数为代价的，能提高放大电路放大倍数的稳定性，减小非线性失真，抑制噪声和干扰，以及根据要求改变输入、输出电阻。

3. 闭环放大倍数的估算

一般情况下，$(1 + AF) \geq 10$，就认为是深度负反馈。当电路为深度负反馈时，反馈信号近似等于外加的输入信号，利用这个结论可以简便地计算出电压放大倍数。

习　题

1. 判断下列说法是否正确，并在括号内填入"√"或"×"。

（1）若放大电路的放大倍数为负，则引入的反馈一定是负反馈。　　　　　　　（　　）

（2）负反馈放大电路在反馈系数较大的情况下，只有尽可能提高开环放大倍数才能有效地提高闭环放大倍数。　　　　　　　　　　　　　　　　　　　　　　　　　（　　）

（3）若放大电路引入负反馈，则负载电阻变化时，输出电压基本不变。　　　　（　　）

（4）在深度负反馈中，有闭环放大倍数 $A_f \approx 1/F$，说明闭环放大倍数 A_f 只与反馈网络有关，因此只要选择好反馈网络的元件参数就可以获得所需要的放大倍数 A_f，这样三极管的选择就可以不用考虑了。　　　　　　　　　　　　　　　　　　　　　　　　　（　　）

（5）负反馈能抑制输入信号中的干扰和噪声。　　　　　　　　　　　　　　　（　　）

（6）负反馈只能减小反馈环内的干扰和噪声。　　　　　　　　　　　　　　　（　　）

（7）负反馈能消除反馈环内的干扰和噪声。　　　　　　　　　　　　　　　　（　　）

（8）当输入信号发生失真时，通过引入负反馈可以减小失真现象。　　　　　　（　　）

2. 已知交流负反馈有 4 种组态：a. 电压串联负反馈；b. 电压并联负反馈；c. 电流串联负反馈；d. 电流并联负反馈。选择合适的答案填入下列空格内，只填入 a、b、c 或 d 即可。

（1）欲得到电流-电压转换电路，应在放大电路中引入_____；

（2）欲将电压信号转换成与之成比例的电流信号，应在放大电路中引入 _____；

（3）欲减小电路从信号源索取的电流,增大带负载能力,应在放大电路中引入_____；

（4）欲从信号源获得更大的电流，并稳定输出电流，应在放大电路中引入_____；

（5）要提高放大电路的输入电阻并降低其输出电阻，应在放大电路中引入_____。

3. 电压串联负反馈能稳定_____放大倍数；电压并联负反馈能稳定_____放大倍数；电流串联负反馈能稳定_____放大倍数；电流并联负反馈能稳定_____放大倍数。

4. 电路如图 4.10 所示，判断级间引入的反馈类型及反馈极性，并判断反馈量是交流、直流还是交流和直流？

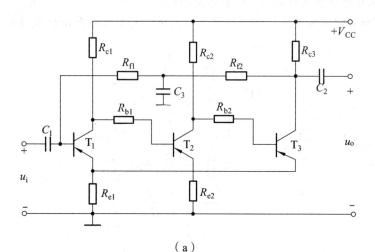

（a）

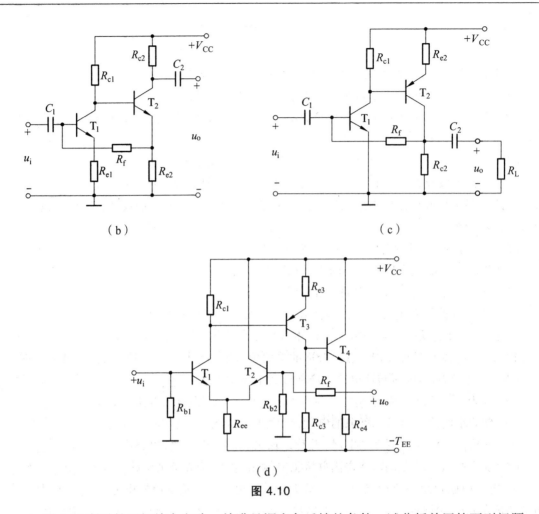

（d）

图 4.10

5. 图 4.11 所示是两级放大电路，并满足深度负反馈的条件，试分析并回答下列问题：

（1）判断反馈类型，并说明反馈类型对放大器性能的影响；

（2）写出闭环电压放大倍数 A_{uf} 的近似表达式。

6. 图 4.11 所示的放大电路中，有哪些反馈措施？对放大电路的性能有何影响？

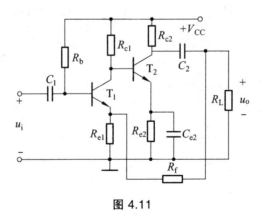

图 4.11

7. 放大电路如图 4.12 所示，估算在深度负反馈条件下电路的闭环源电压放大倍数 A_{usf}（只写出表达式即可）。

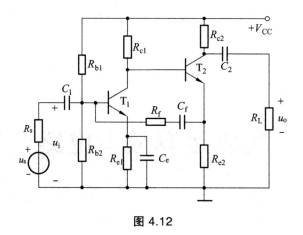

图 4.12

集成运算放大电路

5.1 概　述

5.1.1 集成电路及其制造工艺

在电子技术中，把用晶体管、电阻、电容等各个独立的电子元件组装成的电子电路称为分立元件电路。它体积大、焊点多、组装调试麻烦、工作可靠性差，不能满足现代电子设备的要求。20 世纪 60 年代初期出现了一种新型器件——集成电路（Integrated Circuits，IC），它是一种把元器件和电路融为一体的固体组件。

集成电路是以硅单晶为基础材料制成的一块厚 0.2~0.25 mm 的 P 型硅片，这种硅片是集成电路的基片。基片上可以做出数十个或更多的晶体管或场效应管、二极管、电阻、电容等，并且相互连接形成一个完整的功能电路。集成电路的外壳封装形式有：圆形封装、扁平封装、双列直插式和单列直插式以及大规模集成电路封装，如图 5.1 所示。与分立元件电路相比较，集成电路元件密度高、生产工艺先进，因此具有体积小、质量轻、功耗小、外部连线少、焊点少等优点，从而大大提高了设备的可靠性，降低了成本，推动了电子技术的普及和应用。

目前，集成电路已大量应用于电子计算机、自动控制、通信、雷达、电子工程等电子设备中，而且已广泛应用到人们的日常生活用品中，成为手机、电视接收机、袖珍电子计算器、电子手表等产品的重要组成部分。

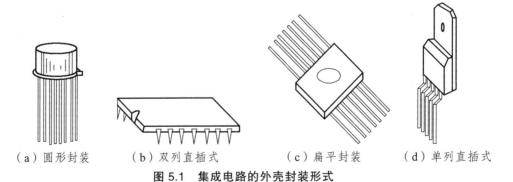

（a）圆形封装　　　（b）双列直插式　　　（c）扁平封装　　　（d）单列直插式

图 5.1　集成电路的外壳封装形式

5.1.2 集成电路的分类

集成电路的种类很多，按其功能不同可分为数字集成电路和模拟集成电路两大类。数字集成电路是用来生产和处理各种数字信号的集成电路；除了数字集成电路以外的所有集成电路统称为模拟集成电路，它是用来产生、放大、处理各种模拟信号或进行模拟信号与数字信号相互转换的电子电路。常用的模拟集成电路有运算放大器、集成宽带放大器、高频/中频放大器、集成功率放大器、集成稳压器、模拟乘法器、集成锁相环等。

模拟集成电路按结构不同可分为单片集成电路和混合集成电路。单片集成电路是一种全集成电路，它将电路的全部元器件制作在一块硅单晶上；混合集成电路是在陶瓷等基片上用印制或蒸发方法制成电阻、电容后，再将单片集成的晶体管三极管、二极管芯片焊接在上面而混合构成的。因此，混合集成电路具有分立电路的形式，电路结构灵活性较大，但制作工艺复杂，生产效率低。

模拟集成电路按用途不同可分为通用型和专用型（也称特殊型）。通用型集成电路一般有多种用途，如集成运算放大电器；专用型集成电路有其特定用途，如电视接收机、手机、电子表等电子产品中使用的专用集成电路。

模拟集成电路按工作状态不同可分为线性集成电路和非线性集成电路。线性集成电路是指输出与输入信号的变化呈线性关系的电路，一般用作放大器；非线性集成电路是指输出与输入信号的变化呈非线性关系的电路，一般用作信号间的变换。

模拟集成电路按有源器件的类型不同可分为双极型、单极型和双-单极混合型。双极型集成电路由电子和空穴两种载流子参与导电的双极型晶体管组成，这种电路的优点是工作速度快、频率高、信号传输延迟时间短，但制造工艺较复杂。单极型集成电路由电子（或空穴）这一种载流子参与导电的场效应管组成，其优点是电路输入阻抗高、功耗小、工艺简单、集成密度高、易于实现大规模集成，但它们的传输延迟时间长、工作速度低、负载驱动能力也较小。双-单极混合型集成电路采用 MOS 管和 BJT 管兼容工艺制成，因而电路兼有单极型和双极型的优点。

5.1.3 模拟集成电路特征

模拟集成电路的一些特点与制造工艺是紧密相关的。目前在集成工艺中尚不能制作电感和可变电容器，只能制作晶体管、场效应管、电阻和固定电容。其主要特征可归纳如下：

① 不用电感，少用电容和电阻。

目前，集成电路中不能制造电感器，制造容量大于 500 pF 的电容器也比较困难，而且性能也很不稳定，所以集成电路中的放大器之间均采用直接耦合方式，在必须使用电容器的场合，大多采用外接电容的办法。由于在硅片上制成一个元件的成本与它在硅片上占据的面积成正比，而集成化电阻、电容所占用的面积要比晶体管所占用的面积大，因此在集成电路中应尽量少用电阻、电容，并且必须避免使用大电阻和大电容。而且受制造工艺的限制，电阻、电容数值误差较大，温度系数也较差。

② 用有源器件代替无源器件。

三极管就是在硅片上按一定工艺制作而成的，具有工艺简单、占据面积小、成本低的优点，所以在集成电路内部用量最多。三极管除用作放大元件外，还大量用作恒流源来代替高阻值的电阻，或接成二极管、稳压管使用。

③ 电路结构与元件参数具有良好的对称性。

电路各元件是在同一硅片上，又是通过相同的工艺过程制造出来的，所以它们的性能参数一致性好，容易制成两个特性相同的管子或两个阻值相等的电阻。

5.2 差分放大电路

在模拟集成电路中，差分放大电路由于其在电路和性能方面具有许多优点，因而成为集成运算放大器中最基本、最重要的单元电路。

5.2.1 直接耦合放大电路的零点漂移问题

运算放大器均采用直接耦合方式，在第 2 章中分析了几个常用的直接耦合电路，对直接耦合方式的特点及问题作了介绍，这里主要讨论直接耦合放大电路中的零点漂移问题。

输入交变信号为零（即 $u_i = 0$）时，输出端的电压值被称为放大器的"零点"。零点不一定是零值，正常情况下是输出端的直流电压值，但希望放大电路在零输入时有零输出。

由于直接耦合使得各级 Q 点相互影响，如果前级 Q 点发生变化，则会影响到后级的 Q 点。由于各级的放大作用，第一级微弱变化将经过多级放大器的放大，使输出端产生很大的变化。最常见的是由环境温度变化引起工作点漂移（称为"温漂"），它是影响直接耦合放大电路性能的主要因素之一。当输入端短路时，输出电压将随时间缓慢变化。这种输入电压为零，输出电压偏离零点的变化就称为零点漂移，简称"零漂"。这种输出显然不是反映输入信号变化规律的输出，这种假象将会造成测量的误差，或使自动控制系统发生错误动作，严重时将会淹没真正的信号。

零点漂移不能以输出电压的大小来衡量。因为放大电路的放大倍数越高，输出漂移必然越大，与此同时输出信号也愈大。例如，两个放大电路 A、B，输出端的零点漂移电压均为 1 V，但 A 放大电路的放大倍数为 1 000，B 放大电路的放大倍数 500，而折算到输入端的零点漂移电压分别是：A 为 1 V/1 000 = 1 mV，B 为 1 V/500 = 2 mV。显然 A 放大电路的零点漂移小于 B 放大电路的。也可以这么说：A 放大电路输入信号只要大于 1 mV，输出信号就大于零点漂移；而 B 放大电路需要输入信号大于 2 mV，输出信号才能大于零点漂移。

产生零点漂移的主要原因是晶体三极管的参数受温度的影响。因此，零点漂移电压的大小还与温度有关，通常把温度每变化 1 ℃时放大电路输出端的漂移电压折算到输入端来衡量零点漂移的大小，即

$$\Delta U_{idr} = \frac{\Delta U_{odr}}{\Delta T A_u}$$

式中，ΔU_{odr} 为输出端的漂移电压；ΔT 为温度变化量；A_u 为电压放大倍数。

为了解决零点漂移，人们采取了多种措施，但最有效的措施之一是采用差分放大电路。

5.2.2 典型差分放大电路

5.2.2.1 典型差分放大电路的组成和静态分析

（1）电路组成

图 5.2 所示是发射极耦合差分放大电路，它由两个特性相同的晶体管 T_1、T_2 组成，且电路两边对称，即 $R_{c1} = R_{c2} = R_c$，$R_{s1} = R_{s2} = R_s$，R_e 为发射极耦合电阻。

（2）静态工作点的计算

静态时，即 $v_{s1} = v_{s2} = 0$ 时，电路完全对称，这时有

$$I_B R_s + U_{BE} + 2I_E R_e = V_{EE} \qquad (5.1)$$

由于 $\qquad\qquad I_E = (1 + \beta)I_B$

所以 $\qquad I_{B1} = I_{B2} = I_B = \dfrac{V_{EE} - U_{BE}}{R_s + 2(1 + \beta)R_e} \qquad (5.2a)$

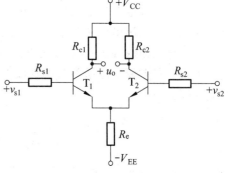

图 5.2　典型差分放大电路

通常 $R_s \ll (1 + \beta)R_e$，$U_{BE} = 0.7\text{ V}$（硅管），所以

$$I_{B1} = I_{B2} = I_B \approx \dfrac{V_{EE} - 0.7}{2(1 + \beta)R_e} \qquad\qquad (5.2b)$$

因为 $\qquad\qquad I_{C1} = I_{C2} = I_C = \beta I_B$

所以 $\qquad U_{CE1} = U_{CE2} = V_{CC} + V_{EE} - I_C R_c - 2I_E R_E$

由式（5.2b）可见，静态工作电流取决于 V_{EE} 和 R_e。同时，在输入信号为零时，输出信号电压也为零（$u_o = V_{C1} - V_{C2} = 0$），即该差放电路有零输入-零输出。由于信号电压是由两管的基极输入，放大后的输出电压可以从两个集电极之间取出（称之为双端输出），也可以从两管的集电极分别取出（称之为单端输出）。因为该放大器的输出电压与两个输入端的输入电压之差成正比，所以称为差分放大电路。

5.2.2.2 差分放大电路的动态分析

（1）差模信号输入时的动态分析

如果两个输入端的信号大小相等、极性相反，即

$$v_{s1} = -v_{s2} = \dfrac{u_{id}}{2} \qquad\qquad (5.3a)$$

或

$$v_{s1} - v_{s2} = u_{id} \qquad\qquad (5.3b)$$

则称 u_{id} 为差模输入信号。

在输入为差模方式时，若一个三极管的集电极电流增大，则另一个三极管的集电极电流一定减小。在电路理想对称的条件下，有

$$i_{c1} = -i_{c2}$$

由于流过发射极电阻 R_e 上的电流 $i_{EE} = i_{E1} + i_{E2} = (I_{E1} + i_{e1}) + (I_{E2} + i_{e2})$，电路对称时有 $I_{E1} = I_{E2} = I_E$、$i_{e1} = -i_{e2}$，使得流过 R_e 上的电流 $i_{EE} = 2I_E$ 不变，则发射极的电位也保持不变。所以，对差模信号而言，发射极可视作接地，所以差模信号的交流通路如图 5.3 所示。

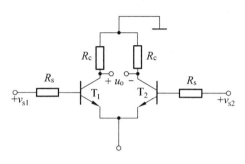

图 5.3　差模等效电路

① 双端输入-双端输出。

当差分放大电路的输入信号从两个三极管的基极间加入，而输出电压从两个三极管的集电极之间输出时，称之为双端输入-双端输出。由图 5.3 所示电路可知，其差模电压增益与单管放大电路的电压增益相同，即

$$A_{ud} = \frac{u_o}{u_{id}} = \frac{v_{o1} - v_{o2}}{v_{s1} - v_{s2}} = \frac{2v_{o1}}{2v_{s1}} = -\frac{\beta R_c}{R_s + r_{be}} \tag{5.4}$$

当两集电极 c_1、c_2 间接入负载电阻 R_L 时，输入端在差模信号作用下，集电极 c_1 和 c_2 点的电位向相反的方向变化，即一边增量为正一边增量为负，并且大小相等。由此可见，负载电阻 R_L 的中点是交流地电位。所以在差模等效电路中，每个差分管的集电极负载电阻为 $R_L/2$。这样，接负载电阻时，双端输入-双端输出时的差模电压放大倍数为

$$A_{ud} = \frac{u_o}{u_{id}} = -\frac{\beta R_L'}{R_s + r_{be}} \tag{5.5}$$

其中　　　　　　　$$R_L' = R_c // \frac{R_L}{2}$$

差分放大电路的差模输入电阻定义为从差模等效电路中两个输入端看入的输入电压与输入电流之比。由图 5.3 可知，两输入端的电压即为差模电压（$v_{s1} - v_{s2} = u_{id}$）减去信号源内阻上的电压降，即有

$$R_{id} = \frac{u_{id} - 2i_b R_s}{i_b} = \frac{2i_b(R_s + r_{be}) - 2i_b R_s}{i_b} = 2r_{be} \tag{5.6}$$

可见，差分放大电路的差模输入电阻正好是单管基本共射放大器输入电阻的两倍。

差分放大电路的输出电阻 R_o 由图 5.3 可求得，在双端输出时，有

$$R_{od} \approx 2R_c \tag{5.7}$$

② 双端输入-单端输出。

如果输出电压取自一只三极管的集电极，则称为单端输出。此时由于输出电压只取自一只三极管集电极电压的变化量，所以这时的电压增益只有双端输出时的一半，即

$$A_{ud} = \frac{u_o}{u_{id}} = \frac{v_{o1}}{v_{s1} - v_{s2}} = \frac{v_{o1}}{2v_{s1}} = -\frac{\beta R_c}{2(R_s + r_{be})} \tag{5.8}$$

单端输出时的等效电阻为

$$R_{od} \approx R_c$$

（2）共模输入时的动态分析

在图 5.2 所示的差分放大电路中，如果两个输入端信号大小相等、相位相同，即

$$v_{s1} = v_{s2} = u_{ic} \tag{5.9}$$

则称为共模输入信号，用 u_{ic} 表示。

在共模信号作用下，两个三极管的各极电流大小相等，变化趋势相同，即有 $i_{e1} = i_{e2} = i_e$，
流过 R_e 上的共模信号电流为 $2i_e$，因此有 $u_e = 2i_e R_e$。即对于单个三极管而言，相当于发射极接了一个 $2R_e$ 的电阻，其共模等效电路如图 5.4 所示。如果电路是完全对称的，则两管的集电极对地电压相等，即 $v_{c1} = v_{c2}$。所以当采用双端输出方式时，输出的共模电压 $u_{oc} = v_{c1} - v_{c2} = 0$，双端输出时的共模电压增益为

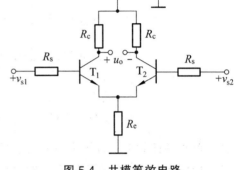

图 5.4 共模等效电路

$$A_{uc} = \frac{u_{oc}}{u_{ic}} = \frac{v_{c1} - v_{c2}}{u_{ic}} = 0 \tag{5.10}$$

实际上，要达到电路完全对称是不容易的，但即使这样，差分放大电路抑制共模信号的能力还是很强。从前面章节可以知道，共模信号就是漂移信号或是伴随输入信号一起加入的干扰信号（对两边有相同的干扰信号），因此共模信号电压增益越小，说明放大电路的性能越好。

当差分放大电路采用单端输出时，其共模电压增益为

$$A_{uc} = \frac{u_{oc}}{u_{ic}} = \frac{v_{c1}}{u_{ic}} = \frac{v_{c2}}{u_{ic}} \approx -\frac{R_c}{2R_e} \tag{5.11}$$

为了说明差分放大电路放大差模信号和抑制共模信号的能力，常用共模抑制比作为一项技术指标来衡量，其定义为差分放大电路的差模电压放大倍数与共模电压放大倍数之比的绝对值，用 K_{CMR} 表示。即

$$K_{CMR} = \left| \frac{A_{ud}}{A_{uc}} \right| \tag{5.12a}$$

或

$$K_{CMR} = 20\lg \left| \frac{A_{ud}}{A_{uc}} \right| \text{ (dB)} \tag{5.12b}$$

由此可知，在电路理想对称情况下，差分放大电路双端输出时的共模抑制比为

$$K_{CMR} = \left| \frac{A_{ud}}{A_{uc}} \right| \approx \infty \tag{5.13}$$

差分放大电路单端输出时的共模抑制比为

$$K_{CMR} = \left| \frac{A_{ud}}{A_{uc}} \right| = \frac{\beta R_e}{R_s + r_{be}} \tag{5.14}$$

（3）任意输入信号时的动态分析

如果图 5.2 所示差分放大电路的两个输入信号 v_{s1}、v_{s2} 是任意数值的信号，可以将这对信号分解为差模信号和共模信号，然后分别采用前述分析方法，并利用线性叠加原理，即可求得输出电压，这种分解大大地简化了差分放大电路的分析过程。为此可将两输入信号 v_{s1}、v_{s2} 写成如下形式：

$$v_{s1} = \frac{1}{2}(v_{s1} + v_{s2}) + \frac{1}{2}(v_{s1} - v_{s2}) = u_{ic} + \frac{1}{2}u_{id}$$

$$v_{s2} = \frac{1}{2}(v_{s1} + v_{s2}) - \frac{1}{2}(v_{s1} - v_{s2}) = u_{ic} - \frac{1}{2}u_{id}$$

令

$$u_{id} = v_{s1} - v_{s2}$$

$$u_{ic} = \frac{1}{2}(v_{s1} + v_{s2})$$

这样，就把两任意信号分解为由差模信号 u_{id} 和共模信号 u_{ic} 组成，如图 5.5 所示。利用叠加定理，由图 5.5 所示电路不难求出两集电极对地输出电压分别为

$$u_{o1} = A_{ud1}u_{id} + A_{uc1}u_{ic}$$

$$u_{o2} = A_{ud2}u_{id} + A_{uc2}u_{ic}$$

式中，A_{ud1}、A_{uc1} 和 A_{ud2}、A_{uc2} 分别表示 T_1、T_2 管单端输出时的差模放大倍数和共模放大倍数；u_{id}、u_{ic} 为差模输入电压和共模输入电压。

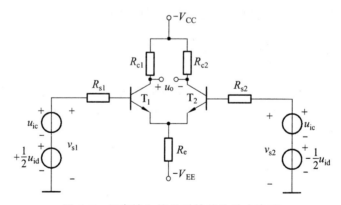

图 5.5　任意输入信号时的差分放大电路

当电路理想对称时，则有

$$A_{ud1} = -A_{ud2} = \frac{1}{2}A_{ud}$$

$$A_{uc1} = A_{uc2} = A_{uc}$$

在电路理想对称情况下，若采用双端输出，由图 5.5 分析可得

$$u_o = v_{o1} - v_{o2} = (A_{ud1} - A_{ud2})u_{id} + (A_{uc1} - A_{uc2})u_{ic}$$

$$= A_{ud}u_{id} = A_{ud}(v_{s1} - v_{s2}) \tag{5.15}$$

如果以上任意信号中有一个输入信号为零，即一个输入端接输入信号，另一输入端接地，通常称之为单端输入。即单端输入也可以看成是一个输入信号为零的两任意信号的双端输入。由此，可以得出以下结论，只要输出方式相同，不管是双端输入还是单端输入，它们的分析结果是相同的。另外需要指出的是，叠加定理只适用于线性电路的分析，因此差分放大电路只有工作在小信号的工作状态，才能使用上述分析方法。

5.2.3 具有恒流源的差分放大电路

为了保证差分放大电路具有较好的抗干扰性，必须要有足够高的共模抑制比。从前面分析可知，只有在电路理想对称的情况下，而且采用双端输出时，差分放大电路的共模抑制比才为无穷大。如果采用单端输出，则根据式（5.14）可知，其共模抑制比与发射极电阻 R_e 成正比。由此说明，可以通过增大 R_e 来提高共模抑制比。但 R_e 的增大一方面要求有较高的电源电压 V_{EE} 以保持差放管有一定的工作电流，另一方面过大的电阻又不便于集成化。解决此矛盾的有效方法是采用恒流源电路来代替电阻 R_e，因为恒流源电路具有直流电阻小、交流电阻大及电流恒定的特点。因此，在设计差分放大电路时采用恒流源电路来代替电阻 R_e，可以有效地提高差分放大电路的共模抑制比。

图 5.6 所示为带恒流源的差分放大电路。其中三极管 T_1、T_2 是差分对管，三极管 T_3、T_4 及电阻 R_1、R_2、R_3 组成恒流源电路。下面简要分析恒流源电路的工作特性。

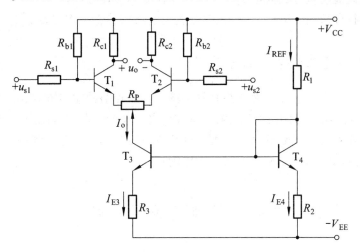

图 5.6 带恒流源的差分放大电路

恒流源电路的基准电流为

$$I_{REF} \approx I_{E4} = \frac{V_{CC} + V_{EE} - U_{BE4}}{R_1 + R_2}$$

又因 $\qquad I_{E3}R_3 \approx I_{E4}R_2$

所以有 $\qquad I_0 \approx I_{E3} \approx \frac{R_2}{R_3}I_{E4} = \frac{R_2}{R_3}I_{REF}$

即三极管 T_3、T_4 及电阻 R_1、R_2、R_3 等值确定，则 I_0 为一定值。由此可知，不管恒流源的外接负载如何，恒流源电路能提供一个一定值的电流。

带恒流源的差分放大电路的发射极等效输出电阻是差分放大电路两对管的发射极电阻。由如图 5.7 所示三极管共射输出特性曲线可见，当恒流源工作在线性放大区时，i_C 受 i_B 的控制与 u_{CE} 的变化基本无关。在静态工作点 Q 处，晶体管 T_3 的集电极和发射极间的直流等效电阻 $R_{CE} = \dfrac{U_{CEQ}}{I_{CQ}}$，一般只有几百欧至几千欧，其大小等于 Q 点与原点连线的斜率的倒数。在 Q 点附近的交流等效电阻等于过 Q 点作切线的斜率的倒数，即 $r_{ce} = \dfrac{du_{CE}}{di_C}\bigg|_{Q(U_{CEQ}, I_{CQ})}$。从图 5.7 可知该交流等效电阻很大，一般为几十千欧至几百千欧。比较两条直线的斜率可知，Q 点附近的交流等效电阻 r_{ce} 远远大于该点处的直流等效电阻 R_{CE}。为了进一步改善恒流源的特性，在 T_3 管发射极串接一个电阻 R_3，由于引入了电流负反馈，可更进一步增大 T_3 管集电极至地的交流等效电阻。

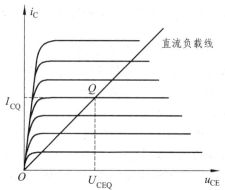

图 5.7 Q 点附近的直流电阻和交流电阻

由此可见：恒流源具有输出直流电阻较小、输出交流等效电阻很大的特点，对共模信号有很强的负反馈作用，因此能使差分放大电路的共模抑制比得到明显提高。

读者可以自行分析图 5.6，并计算该差分放大电路的静态工作点及 A_{ud}、A_{uc}、R_{id} 和 R_{od}。

5.2.4 差分放大电路的 4 种连接方式

从前面的分析可知，差分放大电路有两种输入方式和两种输出方式，组合起来共有 4 种连接方式：双端输入-双端输出、双端输入-单端输出、单端输入-双端输出、单端输入-单端输出。不论是双端输入或是单端输入，都可以分解成一对共模输入分量和一对差模输入分量，只要差分放大电路的输出方式相同，其放大作用相同。

5.3 集成运算放大电路的组成与理想特性

5.3.1 集成运算放大电路的组成与工作原理

5.3.1.1 集成运算放大电路组成框图

集成运算放大器是一种高电压增益、高输入电阻和低输出电阻的多级直接耦合放大电路。虽然它的种类繁多，但不同型号运算放大器的组成却有很多共同之处，一般均由输入级、中间级、输出级以及确定各级静态工作点的恒流源偏置电路所组成，其组成框如图 5.8 所示。

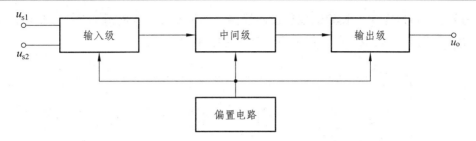

图 5.8 集成运算放大器的组成框图

输入级电路的性能对整个运算放大器性能指标起着关键性作用。要求电路的输入阻抗高、零点漂移小、对共模信号有较强的抑制作用、差模增益高等，因此输入级毫无例外地采用差分放大电路来满足电路要求。各种差分放大电路，如复合管差分放大电路、场效应管差放等都是围绕减小输入电流、提高输入阻抗、减小温度漂移、提高共模抑制比等方面来改进的。

中间级主要进行电压放大，整个运算放大器的增益需要它来满足，所以要求它的电压放大倍数高。中间级一般由共射放大电路组成，其集电极电阻由晶体管构成的恒流源来代替，称为有源负载。中间级一般还要完成双端输入转换为单端输出的功能。

输出级是运算放大器的末级，直接与负载相连。要求其输出阻抗低、带负载能力强、过载时最好有自动保护装置。输出级通常由射极跟随器或互补对称射极跟随器构成。

偏置电路的作用是为上述各级电路提供合适的偏置电流，使各级电路能有合适的静态工作点。它一般由各种形式的恒流源电路构成，这样还能大大地减少偏置电阻的数量，有利于集成。

此外，因为运算放大器是一种高增益的多级直接耦合放大器，并要求输入为零时输出电平也为零，因此还要有电平移动电路。在直接耦合的多级放大电路中，由于前一级的输出端直流电平就是后一级的输入直流电平，这样逐级积累的结果，必将造成电平的递升。在放大器的级间进行直流电平移动，把升高了的电平移动到所需要的电平上，以满足零输入-零输出的需要。电平移动电路一般包括分压式电平移动、NPN 管与 PNP 管交叉联用等。

5.3.1.2 集成运算放大器 μA741 简化电路工作原理图

通用集成运算放大器 μA741 是模拟集成电路的典型例子，其内部原理电路如图 5.9 所示。

从图 5.9 可以看出，这种运算放大器内部电路是很复杂的，但对于使用者来说，重点要掌握的是几个管脚的用途及放大器的主要参数，不一定要详细了解它的内部电路结构。

下面简要介绍电路的组成及工作原理。

（1）输入级

由原理图可见，μA741 集成运算放大器由 24 个三极管、10 个电阻和 1 个电容所组成。输入级由晶体管 $T_1 \sim T_7$ 组成。其中，T_1、T_3 和 T_2、T_4 组成共集-共基复合差分电路，T_1 管的基极是同相输入端，T_2 管的基极是反相输入端；T_5、T_6、T_7 共同组成恒流源电路充当差分电路的有源负载，有利于提高输入级的电压增益、最大差模输入电压，有利于扩大共模输入电压范围、提高输入级的共模抑制比。同时，T_5、T_6、T_7 电路将差分放大的双端输出变成单端输出。另外，还可以在 T_5、T_6 管的发射极两端接一电位器 R_P，中间滑动触头接负电源 $-U_{EE}$，从而改变 T_5、T_6 的发射极电阻，保证静态时输出电压为零。

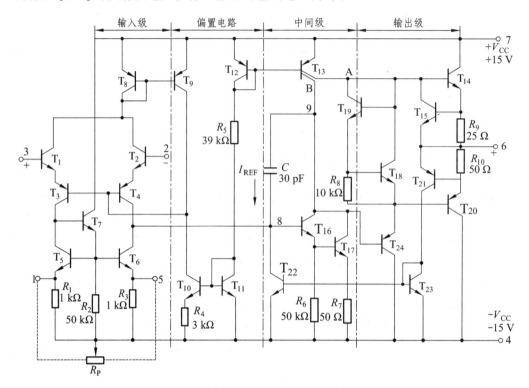

图 5.9　μA741 集成运算放大器的原理电路

在输入级中，T_7 的放大系数 β_7 比较大，I_{B7} 很小，所以 $I_{C3} \approx I_{C5}$。这就是说，无论有无差模输入信号，总有 $I_{C3} \approx I_{C5} \approx I_{C6}$ 的关系。

静态时，即当输入信号 $u_i = 0$ 时，差分输入级处于平衡状态，由于 T_{16}、T_{17} 组成的复合管等效 β 值很大，因而 I_{B16} 可以忽略不计，这时 $I_{C3} \approx I_{C5} \approx I_{C4} \approx I_{C6}$，输出电流 $i_{o1} \approx 0$。

当输入差模信号时，则有 $i_{C6} = i_{C5} \approx i_{C3} = I_{C3} + i_{c3}$，$i_{C4} = I_{C4} + i_{c4}$，而 $i_{c3} = -i_{c4}$，所以输出电流 $i_{o1} = i_{C4} - i_{C6} = (I_{C4} + i_{c4}) - (I_{C3} + i_{c3}) = -2i_{c3}$。这说明，差分输入级的输出电流为输出电流变化量的总和，使单端输出的电压增益提高到近似等于双端输出的电压增益。

当输入共模信号时，$i_{C3} = i_{C4}$，$i_{o1} = 0$，从而使共模抑制比大大提高。

（2）中间级

中间级由 T_{16}、T_{17} 组成复合管共发射极放大电路。集电极负载为 T_{12}、T_{13B} 所组成的恒流源有源负载，其直流电阻小，交流电阻很大，有利于提高中间级的电压增益。

（3）输出级

输出级电路是由 T_{14} 与 T_{20} 组成的互补对称输出电路，该电路工作在甲乙类放大状态。静态工作电流由 T_{18}、T_{19}、R_8 组成的偏置电路提供，T_{18} 管的集电极、发射极两端的电压 U_{CE18} 接在 T_{14}、T_{20} 两管基极之间，给它们提供起始偏压，同时利用 T_{19} 管（接成二极管）的 U_{BE19} 接在 T_{18} 的基极和集电极之间，形成负反馈偏置电路，从而使 U_{CE18} 的值比较恒定，以克服交越失真。该偏置电路由 T_{12}、T_{13A} 所组成的恒流源供给恒定的工作电流。输出级还设有过流保护元件，防止输入级信号过大或输出级短路而造成的损坏。例如当输出端拉电流过大时，流过 T_{14}、R_9 的电流就过大，将使 R_9 两端的电压降增大到足以使 T_{15} 管由截止状态进入导通状态，U_{CE15} 下降，I_{C15} 增加，I_{B14} 减小，从而限制了 T_{14} 的电流。当输出端灌电流过大时，流过 T_{20} 和 R_{10} 的电流过大，将使 R_{10} 两端的电压降增大到使 T_{21} 管由截止状态进入导通状态，同时 T_{23} 和 T_{22} 均导通，降低 T_{16}、T_{17} 的基极电压，使 T_{17} 的集电极电位 U_{C17} 和 T_{24} 的发射极电位 U_{E24} 上升，使 T_{20} 趋于截止，因而限制了 T_{20} 的电流，达到过流保护的目的。

（4）偏置电路

T_{12}、R_5、T_{11} 构成主偏置电路，决定偏置电路的基准电流 $I_{REF}\left(=\dfrac{U_{CC}-U_{BE12}-U_{BE11}+U_{EE}}{R_5}\right)$，晶体管 T_{10} 和 T_{11} 组成微电流源电路。由图分析可知

$$I_{C11} \approx I_{REF}, \quad I_{C10} = \frac{U_{BE11}-U_{BE10}}{R_4}$$

又因为（$U_{BE11}-U_{BE10}$）数值很小，所以用阻值不大的 R_4 即可获得微小的工作电流，故称为微电流源。

T_8 和 T_9 组成镜像电流源，$I_{E8} = I_{E9} \approx I_{C10}$ 是供给输入级 T_1、T_2 的工作电流，且 $I_{C1} = I_{C2} \approx \dfrac{I_{E8}}{2}$。输入级的偏置电路本身构成反馈环节，还可以减小零点漂移。

T_{12} 和 T_{13} 构成双端输出的镜像电流源，T_{13} 是一个双集电极的横向 PNP 型晶体管，可视为两个晶体管，它们的两个基-集结彼此并联。一路输出为 T_{13B} 的集电极，使 $I_{C16} + I_{C17} = I_{C13B}$，主要作为中间级放大电路的有源负载；另一路输出为 T_{13A} 的集电极，供给输出级偏置电流，使 T_{14}、T_{20} 工作在甲乙类放大状态。

5.3.2 集成运算放大器的外形和符号

集成运算放大器实际上是一种高增益的直接耦合放大器，由于当初它主要用于数学方面的运算，因此称之为"集成运算放大器"，而且一直沿用至今。随着电子技术的日益发展，集成运算放大器不仅仅只限于数学运算，它有了更多的功能、更广泛的应用。现在，在应用集成运算放大器时，只需要知道各引脚的用途及主要参数，不必搞清其内部电路结构；在分析由集成运算放大器组成的各种电路原理时，只要知道集成运算放大器电路符号，因为其他接线端子对分析一般的原理电路没有影响。通用集成运算放大器 μA741 的外形及管脚排列如图 5.10 所示。

从 μA741 集成运算放大器的原理图可

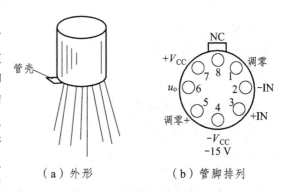

（a）外形　　（b）管脚排列

图 5.10　μA741 的外形图及管脚排列

以看出，该运算放大器有 7 个端点需要与外电路相连，通过 7 个管脚引出。各管脚的用途如下：

1 脚和 5 脚为外接调零电位器的两个端子，一般只需在这两个引脚上接 10 kΩ 线绕电位器，即可调零；

2 脚为反相输入端，由此端接输入信号，则输出信号与输入信号是反相的；

3 脚为同相输入端，由此端接输入信号，则输出信号与输入信号是同相的；

6 脚为输出端；

4 脚为负电源端，7 脚为正电源端，工作电压为 ± 22 V；

8 脚为空脚。

集成运算放大器的电路符号如图 5.11 所示，图中"▷"表示信号的传输方向，"∞"表示放大倍数为理想条件。两个输入端中，"−"表示反相输入端，电位用"v_-"表示；"+"表示同相输入端，电位用"v_+"表示。输出端的"+"表示输出电压为正极性，用"v_o"表示输出电位。

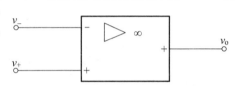

图 5.11   运算放大器的电路符号

5.3.3   集成运算放大器的主要参数

集成运算放大器的参数是衡量其电气性能的标准及设计选用的依据。集成运算放大器的参数很多，这里仅介绍一些主要参数。

（1）开环差模电压增益 A_{od}

集成运算放大器工作在线性区，接入规定的负载，无负反馈情况下的直流差模电压增益，称为开环电压增益，记作 A_{od}。它与频率有关，一般频率高于某一值以后，A_{od} 随频率的升高而减小。

（2）输入失调电压 U_{os}

一个理想的集成运算放大器，当输入电压为零时，输出电压也为零（不加调零装置）。但实际上它的差分输入级很难做到完全对称，通常在输入电压为零时，存在一定的输出电压。为了使运算放大器能够满足零输入-零输出，必须在输入端加入一个补偿电压，称之为运算放大器的输入失调电压 U_{os}，简称失调电压。U_{os} 的大小反映了运算放大器电路元器件的对称程度和电位配合情况。典型运算放大器的 $U_{os} < 2$ mV。

（3）输入失调电流 I_{os}

在 BJT 集成电路运算放大器中，输入失调电流 I_{os} 是指当输出电压为零时运算放大器两个输入端的静态基极电流之差的绝对值，即

$$I_{os} = |I_{B-} - I_{B+}| \tag{5.16}$$

式中，I_{B-} 为反相端偏置电流，I_{B+} 为同相端偏置电流。

由于信号源内阻的存在，I_{os} 会引起一个输入电压，破坏放大器的平衡，使放大器输出电

压不为零。所以，希望 I_{os} 愈小愈好，它反映了输入级差分对管的不对称程度，一般为 1 nA ~ 0.1 mA。

（4）输入偏置电流 I_B

在 BJT 集成电路运算放大器中，输入偏置电流 I_B 是指当输出电压为零时运算放大器两个输入端的静态基极电流的平均值，即

$$I_B = \frac{1}{2}(I_{B-} + I_{B+}) \tag{5.17}$$

输入偏置电流的大小，在电路的外接电阻确定后，主要取决于运算放大器差分输入级的性能。输入偏置电流 I_B 一般是 10 nA ~ 1 mA。

（5）温度漂移

放大器的温度漂移是漂移的主要来源，它是由输入失调电压和输入失调电流随温度的漂移所引起的，它不能通过调零电路予以消除，也是影响运算放大器性能的一个重要参数。在一般运算放大器中为 ± (10 ~ 20) μV/°C。

（6）差模输入电阻 r_{id}

运算放大器在开环条件下，两个输入端间的差模电压增量与由它所引起的电流增量之比值，称为差模输入电阻，用 r_{id} 表示。它是衡量运算放大器向差模输入信号索取电流大小的标志。

（7）输出电阻 r_o

运算放大器开环时，其输出电阻即为运算放大器的输出电阻，用 r_o 表示。r_o 的大小表示运算放大器带负载的能力。

（8）共模抑制比 K_{CMR}

运算放大器的差模放大倍数 A_{od} 与共模放大倍数 A_{oc} 之比的绝对值，称为共模抑制比，用 K_{CMR} 表示，即

$$K_{CMR} = \left| \frac{A_{od}}{A_{oc}} \right| \tag{5.18a}$$

或

$$K_{CMR} = 20\lg \left| \frac{A_{od}}{A_{oc}} \right| \text{ (dB)} \tag{5.18b}$$

（9）最大差模输入电压 U_{idmax}

最大差模输入电压表示反向端与同向端之间所能承受的最大电压值。若输入信号超过此值，则会使输入级某一侧管子发生 PN 结反向击穿，从而使运算放大器性能明显恶化，甚至可能造成永久性破坏。利用平面工艺制成的 NPN 管的 U_{idmax} 约为 ± 5 V，而横向 BJT 的 U_{idmax} 可达 ± 30 V。

（10）最大共模输入电压 U_{icmax}

最大共模输入电压是指运算放大器所能承受的最大共模输入电压。超过此值，它的共模

抑制比将显著下降。

（11）额定输出电压 U_{omax}

运算放大器在标称电源电压及额定输出电流情况下，为保证输出波形不出现明显的非线性失真，运算放大器所能提供的最大电压峰值，即为额定输出电压 U_{omax}。

（12）3 dB 带宽 f_{h}

3 dB 带宽 f_{h} 是指差模电压增益 A_{od} 下降 3 dB 时的信号频率。

（13）单位增益带宽 f_{c}

单位增益带宽 f_{c} 是指 A_{od} 下降到 0 dB 时的信号频率。

（14）转换速率 S_{R}

转换速率是线性区输出电压的最大变化速率，单位为 V/μs，即

$$S_{\text{R}} = \left| \frac{\mathrm{d}u_{\text{o}}}{\mathrm{d}t} \right|_{\max}$$

影响转化速率的因素很多，如运算放大器的电结构、补偿电容以及外接反馈电路等。

除上述各种参数外，集成运算放大器还有静态功耗、共模输入电阻等参数，这些参数的物理意义比较明确，在此就不再列举了。

5.3.4 集成运算放大器的理想特性

由于集成运算放大器具有优良的性能，所以在各种应用电路中，一般情况下，可以把上述各项特性参数理想化。这不仅对于简化电路分析十分必要，而且通过理论分析和实际测试表明，这样也能满足工程设计的要求。理想运算放大器的主要特征是：

① 开环电压增益 $A_{\text{o}}(= A_{\text{od}}) \approx \infty$；
② 输入电阻 $r_{\text{i}}(= r_{\text{id}}) \approx \infty$；
③ 输出电阻 $r_{\text{o}} \approx 0$；
④ 共模抑制比 $K_{\text{CMR}} \approx \infty$；
⑤ 输入失调电压、输入失调电流，以及它们的温度漂移均为 0；
⑥ 转换速率 $S_{\text{R}} \approx \infty$；
⑦ 3 dB 带宽 $f_{\text{h}} \approx \infty$；
⑧ 干扰或噪声均为 0。

5.3.4.1 理想运算放大器的两个重要特征

当运算放大器工作在线性范围内时，由图 5.11 可得

$$u_{\text{o}} = A_u(v_+ - v_-) \tag{5.19}$$

式中，v_+ 为运算放大器同相端电位，v_- 为反相端电位，u_{o} 为输出电压。

理想运算放大器的开环增益为无穷大，而工作电源电压一定时，输出电压 u_{o} 必为一个有

限值。由式（5.19）可知

$$v_+ - v_- = \frac{u_o}{A_o} \approx 0$$

或　　　　　　　　　　　　　$v_+ \approx v_-$　　　　　　　　　　　　　　　　（5.20）

式（5.20）表明，理想运算放大器的同相输入端和反相输入端电位近似相等，或者说电位差接近于 0，这种特性称之为"虚短"，是理想运算放大器的重要特性之一。

又根据理想运算放大器的输入电阻 $r_i(= r_{id}) \approx \infty$，则有

$$i_+ = i_- \approx 0$$　　　　　　　　　　　　　　　　　　　　　　　　　（5.21）

式中，i_+ 为运算放大器同相端电流，i_- 为反相端电流。

理想运算放大器的同相输入端和反相输入端电流相等而且近似等于 0 的特性，称之为"虚断"，是理想运算放大器的又一重要特性。

$v_+ \approx v_-$ 和 $i_+ = i_- \approx 0$ 是理想运算放大器的两个重要特性，也称作两个重要法则。运用这两个法则将大大简化集成运算放大器应用电路的分析，而得到的结果与实际情况相差甚小。

5.3.4.2　理想运算放大器的电压传输特性

当运算放大器工作在开环工作状态时，由于运算放大器的开环电压增益接近于无穷大，而输入电压又为一个有限值，由式（5.19）可知，输出电压 u_o 必将会很大，但其大小又受电源电压的限制（即不会超过电源电压值）。因此，运算放大器工作在开环状态时，会产生非线性失真。理想运算放大器在开环非线性工作状态下，具有如下电压传输特性（即输入电压与输出电压之间的特性）：

（1）当 $v_+ > v_-$ 时，输出电压 u_o 为正的最大值，称为高电平，其电压值记作 V_{OH}（$+ U_{om}$），即 $u_o = V_{OH}$；

（2）当 $v_+ < v_-$ 时，输出电压 u_o 为负的最大值，称为低电平，其电压值记作 V_{OL}（$- U_{om}$），即 $u_o = V_{OL}$。

由此，可以得到如图 5.12 所示的理想运算放大器的电压传输特性曲线。

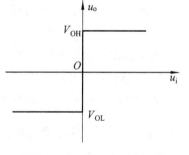

图 5.12　理想运算放大器的电压传输特性曲线

5.4　集成运算放大器的基本运算电路

5.4.1　比例运算电路

比例运算电路有同相比例运算电路和反相比例运算电路两种，下面分别介绍其工作原理。

5.4.1.1　反相比例运算电路

反相比例运算电路如图 5.13 所示，输入信号通过 R_1 加到运算放大器的反相输入端，R_1、R_2 构成负反馈网络，R_2 是反馈电阻。由前面章节所学知识可以判断 R_1、R_2 构成电压并联负反馈。

根据理想运算放大器的"虚断"特征有 $i_+ = i_- \approx 0$，从图 5.13 中可知 $v_+ = 0$，又根据理想运算放大器"虚短"特征有 $v_+ = v_- \approx 0$，即运算放大器的反相输入端电位接近于地电位，有时又称此时的反相输入端为"虚地"。根据基尔霍夫定律有

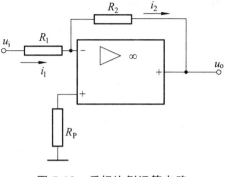

图 5.13　反相比例运算电路

$$i_1 = i_2$$

又因为

$$i_1 = \frac{u_i - v_-}{R_1} = \frac{u_i}{R_1}$$

$$i_2 = \frac{v_+ - u_o}{R_2} = -\frac{u_o}{R_2}$$

所以

$$\frac{u_i}{R_1} = -\frac{u_o}{R_2}$$

则有

$$A_f = \frac{u_o}{u_i} = -\frac{R_2}{R_1} \qquad\qquad (5.22)$$

式（5.22）表明：反相组态的闭环增益 A_f 只与 R_1、R_2 有关，式中负号表示输出电压 u_o 与输入信号电压 u_i 相位相反。

由图 5.13 可知，反相比例运算电路的闭环输入等效电阻为

$$r_{if} = R_1$$

为了确保运算放大器处于对称平衡工作状态，通常在同相输入端接入电阻 R_P，并取 $R_P = R_2 // R_1$。这样使同相输入端与反相输入端的外接电阻相等，以消除运算放大器的偏流及其温度漂移的影响。R_P 称作直流平衡电阻，也称作直流补偿电阻。

5.4.1.2　同相比例运算电路

同相比例运算电路如图 5.14 所示，输入信号加在运算放大器的同相输入端，R_1、R_2 构成负反馈网络，可以判断 R_1、R_2 构成电压串联负反馈。

根据理想运算放大器的"虚短"、"虚断"特征可知

$$v_+ = v_- = u_i$$

$$i_1 = \frac{v_-}{R_1} = \frac{u_i}{R_1}$$

因为

$$i_+ = i_- \approx 0$$

所以根据基尔霍夫定律有

$$i_1 = i_2$$

$$i_2 = \frac{u_o - v_-}{R_2} = \frac{u_o - u_i}{R_2}$$

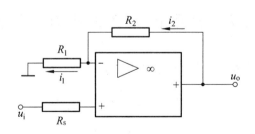

图 5.14　同相比例运算电路

所以

$$\frac{u_i}{R_1} = \frac{u_o - u_i}{R_2}$$

化简可得同相比例运算电路的闭环电压增益为

$$A_f = \frac{u_o}{u_i} = 1 + \frac{R_2}{R_1} \qquad (5.23)$$

可见，闭环增益完全由反馈回路 R_2、R_1 决定。同相比例运算电路的闭环输入电阻为无穷大。

比较同相比例运算电路与反相比例运算电路，它们各有如下特点：

① 对理想运算放大器来说，上述两种比例运算电路的闭环增益仅取决于反馈网络的元件值，而与运算放大器内部电路无关。

② 同相比例运算电路的闭环增益总是大于或等于 1，且输出电压与输入电压同相；反相比例运算电路的闭环增益可以是小于 1、等于 1 或大于 1，且输出电压与输入电压反相。

③ 反相比例运算电路实质是一个电压并联负反馈放大器，同相比例运算电路实质是一个电压串联负反馈放大器。因此，可以用负反馈放大器的理论来分析集成运算放大器的闭环工作特性。

④ 同相比例运算电路的输入电阻为无穷大，而反相比例运算电路的输入电阻近似等于外接元件 R_1 的阻值。

⑤ 同相比例运算电路与反相比例运算电路的输出电阻均为 0。

⑥ 在同相比例运算电路中，由于 $v_+ = v_- = u_i$，因此同相输入端和反相输入端对地电压都等于信号电压，相当于集成运算放大器两输入端存在和输入信号相等的共模输入信号。在反相比例运算电路中，由于同相输入端接地，反相输入端为"虚地"，因此运算放大器输入端共模电压为 0。

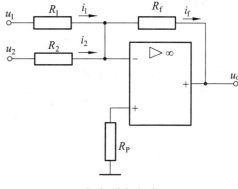

（a）反相加法

5.4.2 加法与减法运算

5.4.2.1 反相加法运算电路

加法运算就是若干个信号的求和。图 5.15（a）所示为反相加法运算电路，它是在基本反相运算电路基础上，增加一个输入支路。根据理想运算放大器的"虚短"和"虚断"特性，有 $i_+ = i_- \approx 0$，$v_- = v_+ = 0$，所以，根据基尔霍夫定律有

$$i_1 + i_2 = i_f$$

即

$$\frac{u_1}{R_1} + \frac{u_2}{R_2} = -\frac{u_o}{R_f}$$

所以

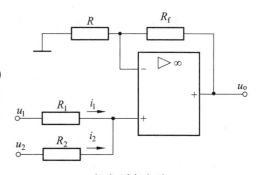

（b）同相加法

图 5.15　加法运算电路

$$u_o = -R_f\left(\frac{u_1}{R_1} + \frac{u_2}{R_2}\right) \qquad (5.24)$$

当 $R_1 = R_2 = R$ 时，就有

$$u_o = -(u_1 + u_2) \qquad (5.25)$$

可见，输出电压的大小正好反映了各输入电压之和。如果在图 5.15（a）所示电路后面再接一个反相器，即得到一个完整的加法器。图 5.15（a）所示加法电路可以扩展到多个输入电压相加。

同相输入端所接电阻 R_P 为补偿电阻，其值为

$$R_P = \frac{1}{\dfrac{1}{R_f} + \dfrac{1}{R_1 /\!/ R_2}} \qquad (5.26)$$

5.4.2.2　同相加法运算电路

图 5.15（b）所示电路为同相加法运算电路，其求和运算不改变电压极性。由同相比例运算电路分析可知

$$u_o = \left(1 + \frac{R_f}{R}\right)v_+$$

式中，同相端电位 v_+ 可用叠加定理求得

$$v_+ = \frac{R_2}{R_1 + R_2}u_1 + \frac{R_1}{R_1 + R_2}u_2$$

代入上式中，即可得

$$u_o = \left(1 + \frac{R_f}{R}\right)\left(\frac{R_2}{R_1 + R_2}u_1 + \frac{R_1}{R_1 + R_2}u_2\right) \qquad (5.27)$$

5.4.2.3　减法运算电路（差动输入电路）

图 5.16 所示是用来实现两个输入信号相减的放大电路，从电路结构上来看，它是反相输入和同相输入相结合的放大电路。利用叠加定理即可求出输出电压 u_o。

u_1 单独作用时，将 u_2 短路，即 $u_2 = 0$，此时输出电压为 u_{o1}，由反相比例运算放大电路分析可得

$$u_{o1} = -\frac{R_2}{R_1}u_1$$

u_2 单独作用时，将 u_1 短路，即 $u_1 = 0$，此时输出电压为 u_{o2}，由同相比例运算放大电路分析可得

$$u_{o2} = \left(1 + \frac{R_2}{R_1}\right)v_+ = \left(1 + \frac{R_2}{R_1}\right) \times \frac{R_4}{R_3 + R_4}u_2$$

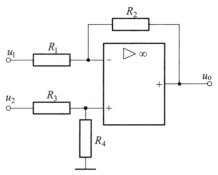

图 5.16　减法运算电路

根据线性叠加原理，可得输出电压 u_o 为

$$u_o = u_{o1} + u_{o2} = -\frac{R_2}{R_1}u_1 + \left(1 + \frac{R_2}{R_1}\right) \times \frac{R_4}{R_3 + R_4}u_2$$

$$= -\frac{R_2}{R_1}u_1 + \frac{R_4}{R_3} \times \frac{1 + \dfrac{R_2}{R_1}}{1 + \dfrac{R_4}{R_3}}u_2$$

当满足 $R_4/R_3 = R_2/R_1$ 时，上式即为

$$u_o = -\frac{R_2}{R_1}(u_1 - u_2) = \frac{R_2}{R_1}(u_2 - u_1) \tag{5.28}$$

可见，图 5.16 所示的减法运算电路是一种差分式放大电路，输出电压 u_o 与两输入电压之差（$u_2 - u_1$）成比例，其闭环增益 A_f 为

$$A_f = \frac{u_o}{u_2 - u_1} = \frac{R_2}{R_1}$$

5.4.3　积分与微分运算电路

5.4.3.1　积分运算电路

积分运算电路如图 5.17 所示。利用"虚地"的概念可知 $v_- = 0$，$i_- = 0$，因此有

$$i_C = i_R = \frac{u_i}{R}$$

$$u_C = -u_o$$

又因为

$$i_C = C\frac{du_C}{dt} = -C\frac{du_o}{dt}$$

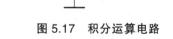

所以

$$u_o = -\frac{1}{C}\int i_C dt = -\frac{1}{RC}\int u_i dt \tag{5.29}$$

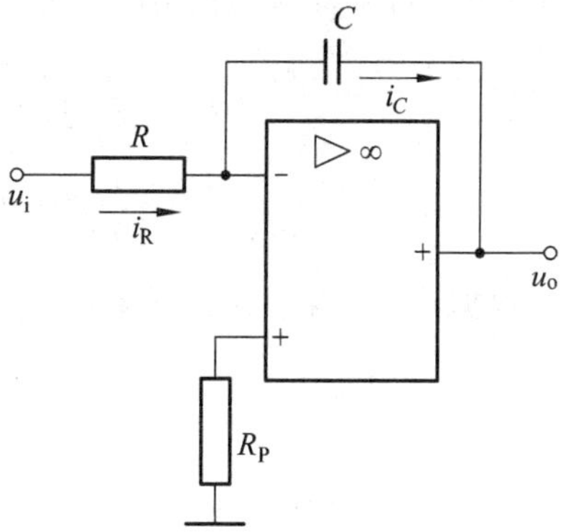

式（5.29）表明，输出电压 u_o 为输入电压 u_i 对时间的积分，负号表示它们在相位上是相反的。

图 5.17　积分运算电路

当输入信号 u_i 为图 5.18（a）所示阶跃电压时，在它的作用下，电容将以恒流方式进行充电，输出电压 u_o 与时间 t 成近似线性关系，如图 5.18（a）所示。因此

$$u_o \approx -\frac{U_i}{RC}t = -\frac{U_i}{\tau}t \tag{5.30}$$

式中，$\tau = RC$ 为积分时间常数。由图 5.18（b）可知，当 $t = \tau$ 时，$-u_o = U_i$。当 $t > \tau$，u_o 增大，直到 $-u_o = +U_{om}$，即运算放大器输出电压的最大值 U_{om} 受直流电源电压的限制，致使运算放大器进入饱和状态，u_o 保持不变，而停止积分。

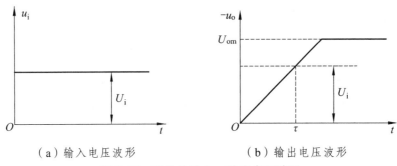

（a）输入电压波形   （b）输出电压波形

图 5.18   积分的输入、输出电压波形

【例 5.1】   设如图 5.17 所示积分电路中，$R = 100\ \text{k}\Omega$，$C = 0.1\ \mu\text{F}$，输入信号 u_i 是幅值等于 $\pm 1\ \text{V}$、周期为 20 ms 的矩形波，如图 5.19 所示。设电容上的初始电压 $u_C(0) = 0$。试画出输出电压 u_o 的稳态波形，并标出 u_o 的幅值。

解： ① 在 $t = 0$ 时，$u_o(0) = u_C(0) = 0$。

② 在 $0 < t \leqslant 10\ \text{ms}$ 期间，$u_i = +1\ \text{V}$，电容 C 近似恒流方式充电，u_o 随时间按近似线性规律下降；当 $t = t_1 = 10\ \text{ms}$ 时，由式（5.30）可知此时的输出电压为

$$u_o(t_1) = -\frac{U_i}{RC}t = -\frac{1}{100 \times 10^3 \times 0.1 \times 10^{-6}} \times 10 \times 10^{-3} = -1\ (\text{V})$$

③ 在 $10\ \text{ms} < t \leqslant 20\ \text{ms}$ 期间，$u_i = -1\ \text{V}$，电容 C 近似恒流方式反向充电，u_o 随时间按近似线性规律上升；考虑到在 $t = t_1 = 10\ \text{ms}$ 时，$u_o(t_1) = -1\ \text{V}$，因此，当 $t = t_2 = 20\ \text{ms}$ 时，由式（5.30）可知此时的输出电压为

$$u_o(t_2) = -\frac{1}{RC}\int_{t_1}^{t_2} u_i \mathrm{d}t + u_o(t_1) = -\frac{-U_i}{RC}(t_2 - t_1) + u_o(t_1)$$

$$= -\frac{-1}{10}(20 - 10) + (-1) = 0\ (\text{V})$$

根据计算结果，可画出输出电压 v_o 的波形如图 5.20 所示。

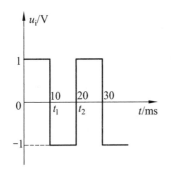

图 5.19   例 5.1 输入电压波形

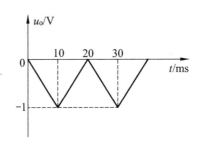

图 5.20   例 5.1 输出电压波形

5.4.3.2   微分运算

如将积分电路中的电阻 R 与电容 C 的位置对换，即变成微分电路，如图 5.21 所示。利用理想运算放大器的"虚断"和"虚短"特征，可知流过电容的电流为

$$i_C = C\frac{\mathrm{d}u_C}{\mathrm{d}t} = i_R$$

而

$$i_R = -\frac{u_o}{R}$$

因此

$$u_o = -RC\frac{\mathrm{d}u_i}{\mathrm{d}t} \qquad (5.31)$$

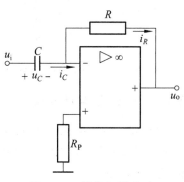

图 5.21　微分运算电路

由此可见，输出电压与输入电压的微分成正比，RC 称为时间常数。

如果输入信号是正弦函数 $u_i = \sin\omega t$，则输出信号 $u_o = -RC\omega\cos\omega t$。可见，输出电压 u_o 的幅度将随频率的增加而线性增加，因此微分电路对高频噪声特别敏感。

5.4.4　集成运算放大器的应用举例

5.4.4.1　电压-电流转换

电压-电流转换电路又称互导放大电路，经常在驱动继电器、模拟仪表、激励显像管的偏转线圈等中应用。根据不同的应用情况，电压-电流转换电路可分别驱动悬浮和接地负载。

如果负载 R_L 两端都不接地（浮置），可采用图 5.22（a）所示电路，它是一个电压串联负反馈电路。同相端输入信号电压为 u_s，按理想运算放大器分析，则流过 R_L 的电流是

$$i_L = i_1 = \frac{u_s}{R_1} \qquad (5.32)$$

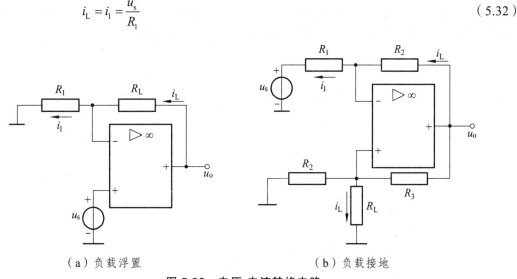

（a）负载浮置　　　　　　　　　（b）负载接地

图 5.22　电压-电流转换电路

可见 i_L 与负载无关，而且由于从同相端输入的输入阻抗极高，几乎不需要从信号源索取电流。

若负载 R_L 的一端接地，则可采用图 5.22（b）所示电路。负载电流由输入电压控制，控制关系由下式给出：

$$i_L = -\frac{u_s}{R_2} \qquad\qquad (5.33)$$

其条件为 $R_3/R_2 = R_f/R_1$，读者可以自行证明。

5.4.4.2　电流-电压转换

　　图 5.23 所示电流-电压转换器可以将电流信号转换为电压信号。由于运算放大器反相输入端是"虚地"，R_s 中电流为 0，因此 i_s 流过反馈电阻 R_f，输出电压是

$$u_o = -i_s R \qquad (5.34)$$

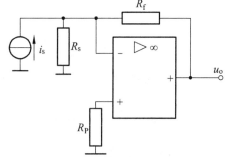

　　由式（5.34）可知，电路的输出电压与输入电流成正比，实现了从电流到电压的转换。

5.4.4.3　测量放大电路

　　测量放大电路是数据采集、精密测量、工业自动控制等系统中的重要组成部分，通常用于将传感器输出的微弱信号进行放大。测量放大电路的性能对测量或控制精度起着关键作用。

图 5.23　电流-电压转换器

　　对测量放大电路的共同要求是高增益、高输入电阻和高共模抑制比。测量放大电路的通用原理电路如图 5.24 所示。电路中的三个运算放大器分为两级。第一级由 A₁ 和 A₂ 组成，它们均为同相比例放大器，由于采用串联反馈的形式，所以输入电阻很大。第二级是 A₃，它是差分放大电路，具有抑制共模信号的能力。实际上，该电路是一个经改进的差分放大电路。下面来分析电路中的输出信号 u_o 与两个输入信号 u_{i1}、u_{i2} 的关系。

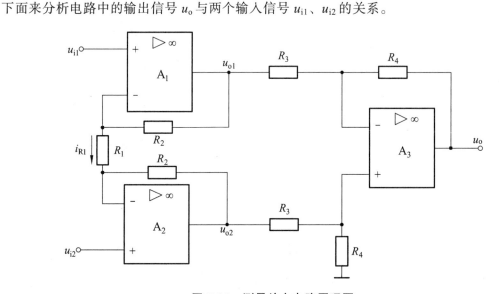

图 5.24　测量放大电路原理图

　　根据理想运算放大器的"虚短"和"虚断"特性可知，电阻 R_1 两端的电压为 $u_{i1} - u_{i2}$，故流过它的电流为

$$i_{R1} = i_{R1} = \frac{u_{i1} - u_{i2}}{R_1}$$

$$u_{o1} - u_{o2} = \frac{2R_2 + R_1}{R_1} \times i_{R1} = \left(1 + \frac{2R_2}{R_1}\right) \times (u_{i1} - u_{i2})$$

根据式（5.28）的关系，可得

$$u_o = -\frac{R_4}{R_3}(u_{o1} - u_{o2}) = -\frac{R_4}{R_3} \times \left(1 + \frac{2R_2}{R_1}\right) \times (u_{i1} - u_{i2})$$

需要指出的是，该放大电路第一级是具有深度电压串联负反馈的电路，所以它的输入电阻很高。如果 A_1、A_2 选用特性相同的运算放大器，则它们的共模输出电压和漂移电压也相等，再经过 A_3 组成的差分式电路，可以互相抵消，所以它有很强的共模抑制能力和较小的输出漂移电压，同时该电路有较高的差模电压增益。该电路对第二级差放中的四个电阻的精度要求很高，否则将会产生一定的误差。

5.4.4.4 桥式放大电路

桥式放大电路往往由电桥式传感器与测量放大电路或差分放大电路所组成，用于精密测量和控制。

图 5.25 所示电路是一个高输入电阻的桥式放大电路，可将温度传感器（如热敏光电阻）置于桥路的某一臂上，桥路的不平衡输出经约 1 000 倍的放大后输出带动指示仪表或其他机构。

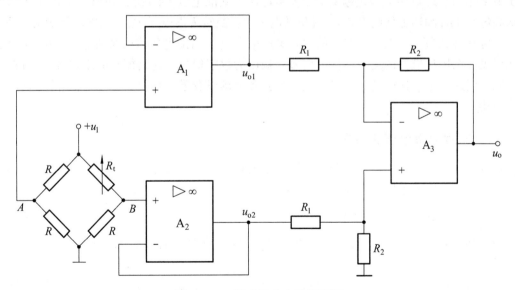

图 5.25 桥式放大电路原理图

根据理想运算放大器的"虚断""虚短"的重要特性，对图 5.25 进行分析可知

$$u_{o1} = u_A = \frac{1}{2}u_1 , \quad u_{o2} = \frac{R}{R + R_t}u_1$$

再根据式（5.28）的关系，可得

$$u_o = -\frac{R_2}{R_1}(u_{o1} - u_{o2}) = -\frac{R_2}{R_1} \times \left(\frac{1}{2} - \frac{R}{R + R_t}\right) u_i$$

5.5 集成运算放大电路的非线性应用

上一节介绍了集成运算放大器的基本运算电路，电路均接为负反馈形式，因此集成运算放大器工作在线性放大区。在线性放大区工作时，集成运算放大器同时具有"虚短"和"虚断"这两个重要特征，电路的分析都是根据这两个重要特征来进行的。这一节主要介绍集成运算放大器的非线性应用。集成运算放大器在非线性应用时，电路一般接成开环或正反馈形式，只有"虚断"的重要特征，不再有"虚短"的特征。从本章第3节已经了解到，当理想集成运算放大器工作在非线性状态时具有如下特性：

① 当 $v_+ > v_-$ 时，输出电压 u_o 为正的最大值，即高电平 V_{OH}；

② 当 $v_+ < v_-$ 时，输出电压 u_o 为负的最大值，即低电平 V_{OL}。

5.5.1 电压比较器

电压比较器是一种用来比较输入信号（被测信号）u_i 和参考电压（基准电压）U_R 的电路。其输出信号只有两种电压值：高电平 V_{OH} 和低电平 V_{OL}。这两种输出电压值与数字逻辑电路的1或0相当。若被测信号超过或低于参考电压（基准电压）U_R 时，输出电压就发生突变：或从高电平 V_{OH} 翻转为低电平 V_{OL}，或从低电平 V_{OL} 翻转为高电平 V_{OH}。把比较器输出电压 u_o 从一个电平跳到另一个电平时对应的输入电压值 u_i 称为门限电压值或阈值电压，用 U_{th} 表示。由此可见，电压比较器的输入为模拟信号，输出为数字信号。它是模拟电路和数字电路之间的桥梁。因此，电压比较器在波形产生、变换和整形以及模数转换、越界报警等方面有着广泛的应用。

5.5.1.1 基本单限电压比较器

只有一个门限电压的比较器称为单限电压比较器，它有两种电路形式：同相输入单限电压比较器、反相输入单限电压比较器。

（1）反相输入单限电压比较器

图 5.26（a）所示电路为反相输入单限电压比较器原理电路，输入信号 u_i 加在运算放大器的反相输入端。

当输入信号 $u_i > U_R$ 时，由于运算放大器具有很高的开环电压增益，此时运算放大器处于负饱和状态，输出电压为低电平，即 $u_o = V_{OL}$。

同理，当输入信号 $u_i < U_R$ 时，运算放大器处于正饱和状态，输出电压为高电平，即 $u_o = V_{OH}$。由此可见，该电路应有如图 5.26（b）所示的传输特性。

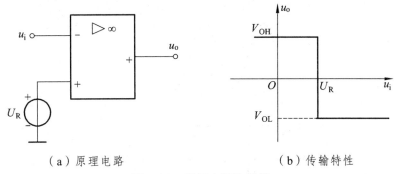

（a）原理电路　　　　　　　（b）传输特性

图 5.26　反相电压比较器

（2）同相输入单限电压比较器

图 5.27（a）所示电路为同相输入单限电压比较器原理电路，输入信号 u_i 加在运算放大器的同相输入端，运算放大器工作在开环工作状态。与反相输入电压比较器分析方式相同，可得到如图 5.27（b）所示的电压传输特性。

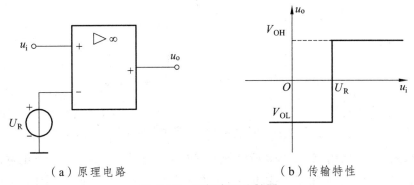

（a）原理电路　　　　　　　（b）传输特性

图 5.27　同相电压比较器

在以上两种单限电压比较器中，参考电压 U_R 的取值可以大于零、小于零或等于零，如果参考电压 $U_R = 0$，则输入电压 u_i 每次过零时，输出就要产生突然的变化。这种比较器称为过零比较器。

【例 5.2】　电路如图 5.28（a）所示，传输特性如图 5.28（b）所示，当输入信号 u_i 为图 5.28（c）所示的正弦波时，试定性地画出图中 u_o、u_o'、u_L 的波形。

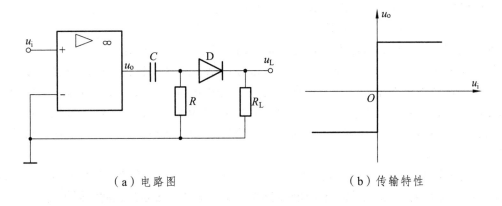

（a）电路图　　　　　　　　　　（b）传输特性

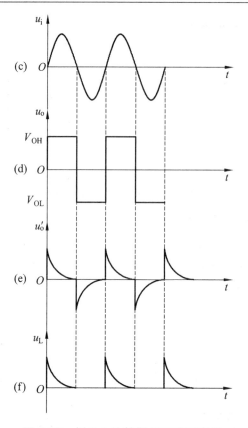

图 5.28　例 5.2 比较器用于波形变换

解： 当输入信号为如图 5.28（c）所示的正弦波时，每过零一次，比较器的输出将产生一次电压跳变，其高电平、低电平均受运算放大器工作电源电压的限制。因此，输出电压波形为如图 5.28（d）所示的具有正负极性的方波。方波电压 u_o 加到 RC 微分电路，且时间常数远远小于正弦波周期 T，那么 R 两端电压 u_o' 就是一连串的正负相间的尖顶脉冲，如图 5.28（e）所示。把 R 两端电压 u_o' 再加到理想二极管限幅器中，那么负载电压 u_L 就只有正脉冲，如图 5.28（f）所示。于是正弦波就变成了一串正脉冲，脉冲间隔为 T。

5.5.1.2　迟滞比较器

单限电压比较器虽然有电路简单、灵敏度高等特点，但其抗干扰能力差。提高抗干扰能力的一种方案就是采用迟滞比较器。

迟滞比较器是一种具有迟滞回环传输特性的电压比较器。如图 5.29（a）所示，它是在反相输入单限电压比较器的基础上引入了正反馈网络，这种比较器又称施密特触发电路。为了得到限定的输出电压，电路在输出端接一个电阻 R 和一个双向稳压管来双向限幅比较器的输出电压，使输出的高电平 $V_{OH} = +(U_Z + U_D)$，低电平为 $V_{OL} = -(U_Z + U_D)$，其中，U_Z 为稳压二极管稳压值，U_D 为其正向导通电压。电阻 R 为限流电阻，保证了稳压二极管的正常工作。

迟滞比较器的工作原理是：假定接通电源时，$v_+ > v_-$，则运算放大器输出高电平，即 $u_o = V_{OH} = +(U_Z + U_D)$，通过正反馈支路加到同相输入端。根据叠加定理，此时同相端的电位为

$$v_+ = \frac{R_1}{R_1 + R_2}U_R + \frac{R_2}{R_1 + R_2}V_{OH} = U_{th1} \tag{5.35}$$

当反相端输入电压 u_s 逐渐增大并略大于 v_+ 时，电路便发生反转，输出电压就从高电平 V_{OH} 跳变到低电平 V_{OL}，即 $u_o = V_{OL} = -(U_Z + U_D)$，并稳定在这个值上。这时同相端的电位即变为

$$v_+ = \frac{R_1}{R_1 + R_2}U_R + \frac{R_2}{R_1 + R_2}V_{OL} = U_{th2} \tag{5.36}$$

如果现在输入电压 u_s 减小，输出电压开始仍保持在低电平 V_{OL} 不变，直到输入电压减小到 $u_s = U_{th2}$ 时，电路才又跳变到高电平 V_{OH}，并保持不变，此时同相端的电位又为式（5.35）中的值。

如果输入电压 u_s 继续变化，电路将循环前述变化过程。

从上述分析过程可见：$U_{th1} = \dfrac{R_1}{R_1 + R_2}U_R + \dfrac{R_2}{R_1 + R_2}V_{OH}$ 是输入信号增大过程中电路跳转时的输入电压值，称为上门限电压；$U_{th2} = \dfrac{R_1}{R_1 + R_2}U_R + \dfrac{R_2}{R_1 + R_2}V_{OL}$ 是输入信号减小过程中电路状态发生改变时的输入电压值，称之为下门限电压。上门限电压与下门限电压之差，称为门限宽度或回差电压 ΔU_{th}，且门限宽度为

$$\Delta U_{th} = U_{th1} - U_{th2} = \frac{R_2}{R_1 + R_2}(V_{OH} - V_{OL}) \tag{5.37}$$

根据上述分析过程，画出迟滞比较器的传输特性如图 5.29（b）所示。

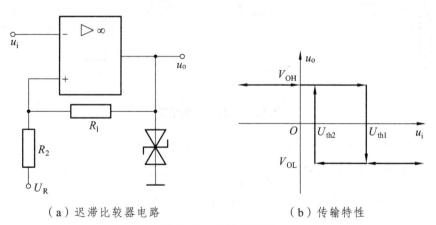

（a）迟滞比较器电路　　　　　　　　　　（b）传输特性

图 5.29　迟滞比较器

5.5.2　方波发生器

方波发生器是一种能直接产生方波或矩形波的非正弦信号发生电路。由于方波或矩形波包含极丰富的谐波，因此，这种电路又称为多谐振荡电路。方波发生器基本电路组成如图 5.30（a）所示，它是在迟滞比较器的基础上，增加了一个由电阻 R_f 和电容 C 组成的积分电路，把

输出电压经 R_f、C 反馈到集成运算放大器的反相输入端。下面对方波发生器的工作原理作简要分析。

由图 5.30 可知，电路的输出电压为 $\pm U_Z$，根据分压关系，可求得参考电位为

$$V_R = \pm \frac{R_1}{R_1 + R_2} U_Z = \pm F U_Z \tag{5.38}$$

式中

$$F = \frac{R_1}{R_1 + R_2}$$

电路无外接输入信号时，电路输出端电平由电容上的电压 u_C 与参考电位 V_R 比较决定。

在电路接通电源的瞬间，输出电压究竟是高电平还是低电平是无法确定的。但一旦运算放大器的输入端出现 $v_+ > v_-$，输出为高电平；反之，当运算放大器的输入端出现 $v_+ < v_-$ 时，输出为低电平。

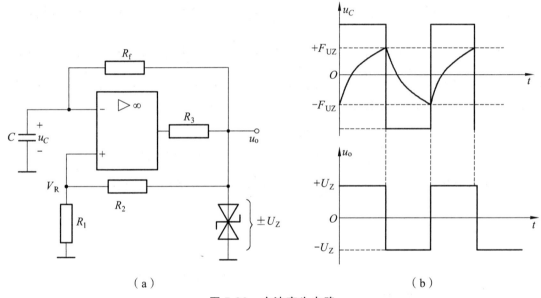

（a）　　　　　　　　　　　　　　　（b）

图 5.30　方波产生电路

假设电路接通电源的瞬间，电容上的初始电压 $u_C(0) = 0\ \text{V}$，且输出电压为高电平，即 $u_o = + U_Z$，同相端的参考电位 $V_R = + \dfrac{R_1}{R_1 + R_2} U_Z$。这时，$R_f C$ 积分电路在输出端高电平作用下，电容 C 开始充电，电容上的电压 u_C 按指数规律增长。当电容上的电压充电到略大于同相端的电位 V_R，即 $v_-(= u_C) \geqslant v_+ \left(= \dfrac{R_1}{R_1 + R_2} U_Z \right)$ 时，输出电压即由高电平跃变到低电平，即 $u_o = - U_Z$，同时参考电位 $V_R = - \dfrac{R_1}{R_1 + R_2} U_Z$。由于电容上的电压不能突变，因此，电容又通过 R_f 放电，电容上的电压 u_C 又开始下降。当电容上的电压 u_C 下降到略小于同相端的电位，即 $v_-(= u_C) \leqslant v_+ \left(= - \dfrac{R_1}{R_1 + R_2} U_Z \right)$，输出电压又由低电平跃变到高电平，$V_R = \dfrac{R_1}{R_1 + R_2} U_Z$，电容 C 又

正向充电……如此循环往复，在输出端获得一定频率（或周期）的方波电压。电容充放电波形及方波发生器的输出波形如图 5.30（b）所示。

5.6 集成运算放大器使用注意事项

集成运算放大器自 1964 年问世以来，已经经历了 4 个阶段的发展。第 4 代集成运算放大器的主要特点是采用了调制和解调技术，即斩波稳零或动态稳零技术，使失调及其漂移大大减小，一般情况下，不需要调零即可使用。从集成度而言，第 4 代运算放大器已达到中、大规模的水平。当前，集成运算放大器朝着两个方向发展，一是提高性能指标，尤其是提高某项性能参数，以适应不同的需要；二是着重于降低成本和提高集成度。集成运算放大器的类型很多，它们各有特点，选用时不能盲目求"新"，要根据电路要求的额定值、直流特性、交流特性等选择符合要求的产品。在使用中要特别注意额定值，以免使运算放大器特性明显恶化或永久性破坏。

5.6.1 调 零

为了提高集成运算放大器的运算精度，消除因失调电压和电流引起的误差，必须采用调零技术，使运算放大器输入为零时，输出也为零。目前，集成运算放大器除了第 4 代运算放大器具有自动调零之外，一般都采用外部调零电路进行调零。对于外接调零端的集成运算放大器，可以依照生产厂家的说明书外接调零元件。与差分放大电路相似，可以采用集电极调零、基极调零。集电极调零是改变输入级集电极电阻的平衡以改变两个集电极之间电位差，达到调零的目的。例如 F001、F002、F003、F004、F005、F006、F007、F741 等，均按厂家说明书指定的调零端接调零电位器进行调零。

对于无调零端的运算放大器，或不用厂家提供的调零端调零时，可以采用输入端调零电路。它的基本原理是在运算放大器的输入端施加一个补偿电压，抵消运算放大器本身的失调电压，以达到调零的目的。它的特点是不受运算放大器内部电路结构的影响，调零范围较宽。图 5.31 所示为几种常用调零电路，其中图（a）所示电路是同相输入端调零，图（b）所示电路是反相输入端调零。这两种调零电路要求电源电压波动小。在要求较高的场合，可采用图（c）所示的稳定的调零电路。

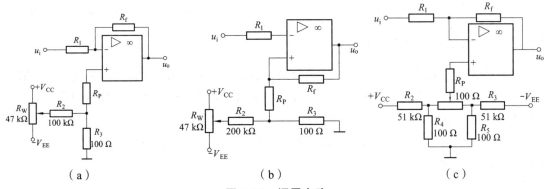

图 5.31 调零电路

对于在小信号作用下工作的运算放大器，无论采用哪种形式的调零电路，在调零电路中都不宜采用碳膜电阻和碳膜电位器作调零元件，因为它们的温漂会产生新的失调，而应采用金属膜电阻、线绕电阻和线绕电位器作调零元件。对于在交流信号作用下工作的集成运算放大器，因常有隔直流元件，也可以不进行调零，但隔直电容最好选用无极性电容器或漏电小的电解电容器。

5.6.2　消除自激振荡

集成运算放大器是一种直接耦合的高增益多级放大器，各种形式的寄生电容都可能引起自激振荡。为了使运算放大器稳定地工作，使用前必须先解决自激振荡问题。消除自激振荡的方法可分为两种：一种是把消除振荡的元件直接制造在元件内部，称为内部消振；另一种是外接阻容元件破坏产生自激的条件，即利用阻容相移原理，在运算放大器电路中加入适当的补偿电容 C 或 RC 补偿网络，以改变运算放大器的开环幅频特性和相频特性，破坏产生自激的条件，使之稳定地工作。

简单的电容补偿，常把补偿电容接在具有高增益的中间级，补偿电容大小与闭环增益有关。简单的电容补偿常常还会使运算放大器的频带变窄太多，若采用阻容补偿，效果就会好一些，它既能消除自激，又能保证有较宽频带。一般集成运算放大器的产品说明书都会给出补偿电容、电阻的参考值，使用时可通过实际调整加以确定。

5.6.3　保护电路

集成运算放大器在使用中，有时会出现突然失效的问题，归结起来大致有以下几方面的原因：

① 输出端不慎对地短路或接到电源造成过大的电流；

② 输出端接有电容性负载，输出瞬间电流过大；

③ 输入信号过大，造成输入级过压或过流；

④ 电源极性接反或电源电压过高；

⑤ 焊接时，烙铁漏电造成高压击穿。

因此，在使用集成运算放大器时，除了精心操作之外，还有必要采取相应的保护措施。

5.6.3.1　输入端保护电路

运算放大器的差模输入电压有一定的范围，假如输入电压超过了最大差模电压，轻者可使输入级晶体管 β 值下降，使放大器性能变坏，重者使管子造成永久性损坏。因此，可在运算放大器输入端加保护电路。图 5.32 所示为常用的输入端保护电路。

当输入差模电压较大时，二极管 D（或稳压管 D_Z）导通，从而保护运算放大器不致损坏。图中 R 为限流电阻。

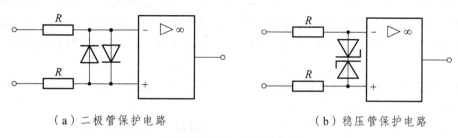

（a）二极管保护电路 （b）稳压管保护电路

图 5.32 输入端保护电路

5.6.3.2 输出端保护电路

输出端保护电路起过载保护作用，即当运算放大器过载或输出与地短路时，保护运算放大器。有些运算放大器内部有过载保护电路，如 F007、F006、F010、F013 和 XFC-76、XFC-77、FXC-78 等，因此，在过载或输出短路时能保护运算放大器。而有些运算放大器，如 F001、F005、FC3 等，在内部没有过载保护电路，当输出端与地短路时，就可能损坏运算放大器。为了保护这类运算放大器，可以采用图 5.33 所示的输出端保护电路。

图 5.33（a）所示电路为限流保护电路，一般运算放大器的输出电流应限制在 5 mA 以内，当负载电阻较小时，限流电阻 R_3 限制了运算放大器的输出电流。图 5.33（b）所示电路为过电压保护电路，反馈回路由两对接的稳压管与电阻 R_f 并联组成。电路正常工作时，输出电压的幅值小于稳压管的稳定电压 U_Z，稳压管支路相当于开路，不起作用。当输出电压的幅值大于稳压管的稳定电压 U_Z 时，两对接的稳压管中总有一个工作在反向击穿状态，另一个正向导通，负反馈加强，从而使输出电压限制在 $\pm U_Z$ 范围内。

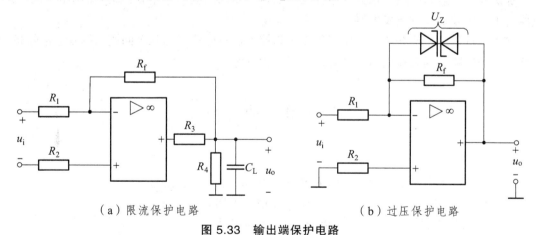

（a）限流保护电路 （b）过压保护电路

图 5.33 输出端保护电路

本章小结

集成运算放大电路是一种应用十分广泛的模拟集成电路，具有输入电阻高、开环增益大及零点漂移小等优点。因此，随着电子技术的日益发展，集成运算放大电路在应用中逐步取代了分立器件放大电路。

（1）集成运算放大电路从内部结构上看，它由 4 个部分组成：输入级、输出级、中间级及偏置电路。输入级通常采用带有恒流源的差分电路，可以克服零点漂移，提高集成运算放大器的共模抑制比。偏置电路主要由恒流源电路构成，可以给各级电路提供稳定的静态电流。

（2）差分放大电路由于其电路的对称性及公共发射极电阻的共模负反馈作用，它在放大差模信号的同时能有效地抑制零点漂移。

差分放大电路有 4 种连接方式：双端输入-双端输出、双端输入-单端输出、单端输入-双端输出、单端输入-单端输出。只要输出连接方式相同，其放大效果相同。

差分放大电路采用直接耦合方式，利用对称性，可以调节零点漂移影响。差分放大电路若采用双端输出方式，可以具有零输入-零输出的特点。

差分放大电路主要性能指标有：A_{ud}、A_{uc}、K_{CMR}。

输入为任意信号，可先分解为差模信号和共模信号两部分，再用叠加定理分别对这两种信号进行分析。

（3）理想集成运算放大电路可以工作在线性状态和非线性状态。如果运算放大器接成负反馈闭环形式，一般是工作在线性状态；如果接成开环或正反馈闭环形式，一般工作在非线性状态。

工作在线性状态时，具有两个重要特征：虚短（$v_+ = v_-$）和虚断（$i_+ = i_- = 0$）。

工作在非线性状态时，只有虚断（$i_+ = i_- = 0$）特征。当 $v_+ > v_-$ 时，输出高电平；当 $v_+ < v_-$ 时，输出低电平。

（4）本章还重点讨论了集成运算放大器的各种应用电路。线性应用电路有：比例运算电路、加法和减法运算电路、积分和微分运算电路。非线性应用电路有：基本的单限电压比较电路、迟滞比较器及方波发生器。

（5）本章最后一节介绍了在使用集成运算放大器时应注意的几个问题：调零、消除自激振荡和保护电路。读者在使用器件时，可以作为参考。

习　题

1. 选择填空题。

（1）差分放大电路中，长尾电阻 R_e 的主要作用是＿＿＿＿＿＿。

　　a. 提高输入电阻　　　　b. 提高差模放大倍数

　　c. 提高共模放大倍数　　d. 提高共模抑制比

（2）差分放大电路由双端输入改为单端输入，差模电压放大倍数约＿＿＿＿＿＿＿；差分放大电路由双端输出改为单端输出，差模电压放大倍数约＿＿＿＿＿＿＿。

　　a. 增加一倍　　　　b. 减小一半　　　c. 不变

（3）差分放大电路＿＿＿＿＿＿。

　　a. 能放大交流信号，不能放大直流信号

　　b. 能放大直流信号，不能放大交流信号

　　c. 既能放大交流信号，又能放大直流信号

（4）差模输入信号与两个输入端信号的_____有关，共模输入信号与两个输入端信号的_____有关。

　　　　a. 差　　　　　b. 和　　　　　c. 比值　　　　　d. 平均值

（5）输入失调电压 U_{IO} 的值是_____。

　　　　a. 两个输入端的电压之差　　　　　　　b. 输入端都为零时的输出电压

　　　　c. 输出端为零的等效补偿电压

（6）输入失调电流 I_{IO} 的值是_____。

　　　　a. 两个输入端的电流之差　　　　　　　b. 输入端电流都为零时的输出电流

　　　　c. 两输入端静态电流之差

（7）电压比较器通常工作在_____状态或_____状态。

　　　　a. 负反馈　　　　　b. 正反馈　　　　　c. 开环

（8）电压比较器的功能是_____，用_____表明实现该功能的结果，比较器中的运算放大器处于_____。

　　　　a. 放大信号　　　　b. 对输入信号进行鉴别比较　　　c. 输出电平的高或低

　　　　d. 输出电压的数值　　　e. 线性工作　　　　　f. 非线性工作

2. 集成运算放大器一般由哪几部分组成？每一部分的主要作用是什么？

3. 双端输出和单端输出差分放大电路各自是怎样抑制零点漂移的？

4. 图 5.34 所示为一个差分放大电路，调零电位器 R_P 动点处于中间位置，两三极管的电流放大系数是 $\beta_1 = \beta_2 = 40$，$r_{be1} = r_{be2} = 8.2~\text{k}\Omega$，$R_L = 2~\text{k}\Omega$。当 $u_{s1} = 603~\text{mV}$，$u_{s2} = 597~\text{mV}$ 时，求电路在理想对称条件下的输出电压 u_o 值。

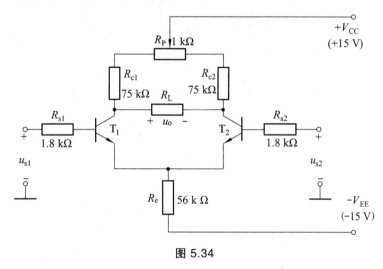

图 5.34

5. 图 5.35 所示为一双端输入-双端输出的理想差分放大电路。求下列问题：

（1）若 $u_{s1} = 1.5~\text{mV}$，$u_{s2} = 0.5~\text{mV}$，求差模输入电压 u_{id} 以及共模输入电压 u_{ic}；

（2）若 $A_{ud} = 100$，求输出电压 u_o；

（3）当输入电压为 $u_{id} = u_{s1} - u_{s2}$ 时，若从 T_2 的集电极输出，则输出电压 u_{c2} 与输入电压 u_{id} 的相位关系如何？

（4）若输出电压 $u_o = 1~000u_{s1} - 999u_{s2}$ 时，求电路的 A_{ud}、A_{uc}、K_{CMR} 的值。

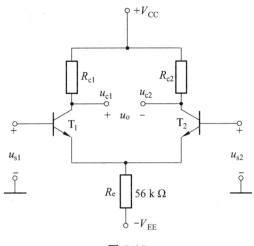

图 5.35

6. 图 5.36 所示电路是用运算放大器组成的电流放大器。光电池产生的电流 I_S 很微弱，设 I_S = 0.1 mA，经运算放大器放大后足以推动发光二极管发光。图中 R_1 为反馈电阻，R_2 为输出电流取样电阻。试用运算放大器的两个重要特征"虚短"和"虚断"，求使 LED 发光的电流 I_L 值。

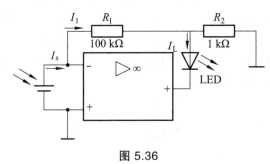

图 5.36

7. 写出图 5.37 所示双运算放大器电路的输出电压与输入电压关系。

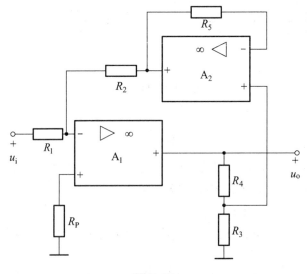

图 5.37

8. 电路如图 5.38 所示，求出开关 K 闭合和断开两种情况下的闭环电压放大倍数 A_{uf}。

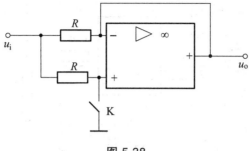

图 5.38

9. 由运算放大器组成的三极管电流放大系数 β 的测试电路如图 5.39 所示，设三极管的 $U_{BE} = 0.7 \text{ V}$，求：

（1）三极管各极的电位值；

（2）若电压表读数 200 mV，求测得的 β 值。

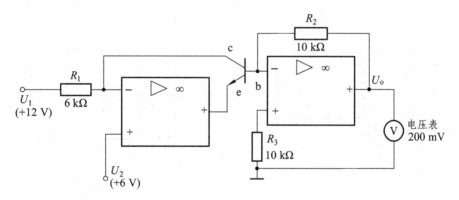

图 5.39

10. 图 5.40 所示为电流放大电路，试证明负载电流 I_L 与负载电阻 R_L 无关。

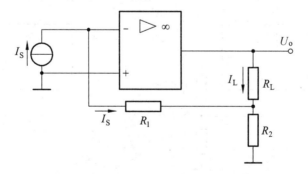

图 5.40

11. 图 5.41 所示电路是电流-电压转换器，试证明：

$$I_o = I_S \left(1 + \frac{R_f}{R}\right)$$

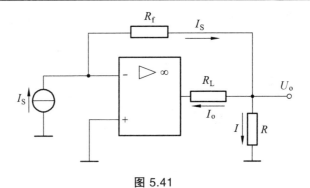

图 5.41

12. 图 5.42（a）所示为一个积分电路，设运算放大器是理想的，电容上的初始电压值为 $u_C(0) = 0$，试求：

（1）输出电压 u_o 与输入电压 u_i 的关系；

（2）如果输入图 5.42（b）所示波形，请画出输出电压 u_o 波形。

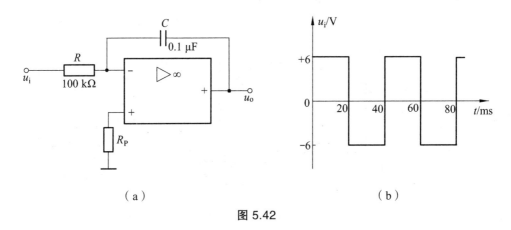

（a）　　　　　　　　　　　　　　　　　（b）

图 5.42

13. 有如图 5.43（a）和（b）所示的两个电路，试说明分别是什么类型的电路。

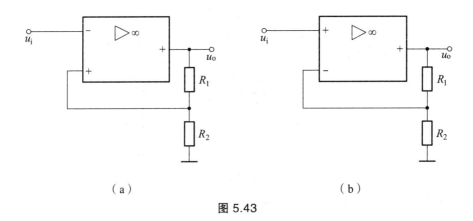

（a）　　　　　　　　　　　　　　　　　（b）

图 5.43

14. 图 5.44(a)所示电路中，集成运算放大器的 $\pm U_{om} = \pm 10\ \text{V}$，当输入信号波形如图 5.44（b）所示时，画出电路的输出波形。

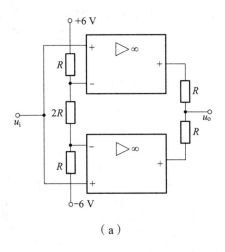

（a）

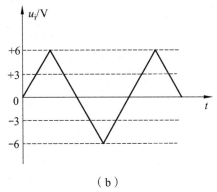

（b）

图 5.44

15. 电路如图 5.45 所示，设稳压管的稳压值 $U_Z = \pm 6.4$ V，正向导通电压为 0.6 V，画出电路的传输特性。

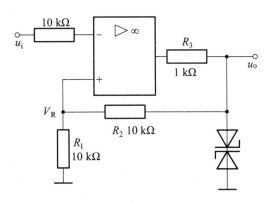

图 5.45

16. 水位报警监控器电路如图 5.46 所示，运算放大器组成方波发生器，经过三极管跟随器驱动无源扬声器发出声音。请根据下列问题选择正确选项填空。

（1）水位正常时，两探测电极浸在水中而导通，0.01 μF 电容被短路，此时_____。

（2）水位下降到探测电极之下，电极开路，0.01 μF 电容充放电，此时_____。

　　a. 扬声器不发出声音　　　　　　b. 扬声器发出声音

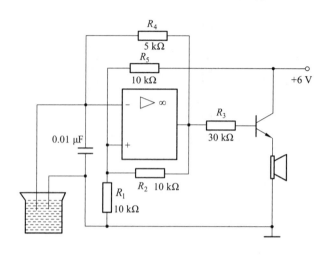

图 5.46

正弦波振荡电路

振荡电路分为自激式振荡电路和它激式振荡电路两种。自激式振荡电路是一种不需要外加激励信号就能自动地将直流能量转换成周期性交变能量输出的电路，这种现象又称为自激现象。根据电路所产生的振荡信号波形的不同，振荡电路分为正弦波振荡电路和非正弦波振荡电路两大类，前面第 5 章中所介绍的方波发生器，就是一种非正弦波振荡电路。本章只讨论正弦波振荡电路。

6.1 自激振荡的基本原理

6.1.1 自激式正弦波振荡电路的组成

从第 4 章对负反馈放大电路的分析讨论，可以了解到负反馈在放大电路中应用时，可能会因为电路中电抗元件的存在而产生 180° 的相移，形成正反馈，从而引起自激振荡。由此可见，要想人为地使一个电路产生振荡，又没有外加输入信号，必须通过引入正反馈来实现，这种电路称为反馈式自激振荡电路。反馈式自激振荡电路一般由基本的放大电路和反馈网络组成，在基本放大电路和反馈网络环路中还包含有一个具有选频特性的网络，其原理框图如图 6.1 所示。

反馈式振荡电路根据反馈环路中选频网络形式的不同，还可分为 RC 正弦波振荡电路、LC 正弦波振荡电路、石英晶体正弦波振荡电路等。

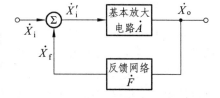

图 6.1 正弦波振荡电路的原理框图

6.1.2 自激式正弦波振荡的产生及稳定条件

6.1.2.1 产生正弦波振荡的条件

由图 6.1 可见，基本放大电路的开环增益为 $\dot{A} = \dfrac{\dot{X}_\text{o}}{\dot{X}'_\text{i}}$，反馈网络的反馈系数为 $\dot{F} = \dfrac{\dot{X}_\text{f}}{\dot{X}_\text{o}}$。

为使电路产生振荡，电路中应引入正反馈，即有 $\dot{X}_\text{f} = \dot{X}'_\text{i}$，并使 $\dot{X}_\text{i} = 0$，因此，自激振荡

器稳定振荡的条件是:

$$\dot{A}\dot{F} = 1 \tag{6.1}$$

式（6.1）包含了两个方面的意义，即产生振荡的两个条件:

① 振幅平衡条件:

$$\left|\dot{A}\dot{F}\right| = 1 \tag{6.2}$$

即基本放大器的放大倍数与反馈网络的反馈系数的乘积的模等于 1。

② 相位平衡条件:

$$\varphi_A + \varphi_F = 2n\pi \tag{6.3}$$

即基本放大电路的相移（φ_A）和反馈网络的相移（φ_F）之和等于 $2n\pi$，其中 n 为整数。

6.1.2.2　自激振荡的建立与稳定

（1）自激振荡的建立过程

实际的振荡电路在合上电源的瞬间，由于电路中存在噪声，放大电路的输入端接收了含有各种频率分量的电冲击，当其中某一频率分量（f_0）满足上述振荡条件时，该频率分量（f_0）的电压经过放大、正反馈、再放大、正反馈……不断地增大电压幅度，保证每次反馈回输入端的信号（X_f）总是大于原输入信号（X_i'），即 $X_f > X_i'$。这就是振荡器的自激建立过程。

（2）起振条件

从上面的起振过程可以知道，振荡电路起振的必要条件是

$$\left|\dot{A}\dot{F}\right| > 1 \tag{6.4}$$

即起振的振幅条件和相位条件是

$$\begin{cases} \left|\dot{A}\dot{F}\right| > 1 \\ \varphi_A + \varphi_F = 2n\pi \end{cases}$$

（3）稳定过程

满足上述振荡条件的某一频率分量（f_0），经过放大、正反馈、再放大、正反馈……不断地增大电压幅度，其输出幅度是否会无限制地增大呢？从前面所学过的章节可以知道，由于振荡器中的三极管具有饱和与截止的非线性特性，因此振荡器的输出信号幅度总会受到工作电压的限制，最终输出电压不会无限制地增大，但输出波形会产生严重失真。为此，振荡电路中需要有稳定输出幅度的环节，以使振荡器起振后能自动地由起振条件过渡到平衡条件，使振荡器的输出波形既稳定又基本不失真。振荡电路中除了利用三极管的非线性失真来稳幅外，通常还引入负反馈电路来稳幅。

综上所述，正弦波振荡电路一般由以下几个基本电路和环节组成:

① 放大电路:能放大信号电压，提供振荡器所需能量。

② 反馈电路:在振荡器中形成正反馈，以满足振荡的相位平衡条件和振幅平衡条件。

③ 选频网络:使振荡器从各种频率的信号中选择出所需振荡频率的信号进行放大、反馈,并使之满足振荡的条件,最终使振荡器输出单一频率的正弦信号。

④ 稳幅环节:保证振荡器输出的正弦波稳定且基本不失真。

6.2 LC 振荡电路

LC 振荡电路一般分为变压器反馈式振荡电路、电感三点式振荡电路、电容三点式振荡电路,常用来产生几兆赫兹以上的高、中频信号。LC 振荡电路和 RC 振荡电路的原理基本相同,它们在电路组成方面的主要区别在于:RC 振荡电路的选频网络由电阻和电容组成,而 LC 振荡电路的选频网络由电感和电容组成。

LC 振荡电路的选频作用主要由 LC 并联谐振回路来决定。LC 并联谐振回路的选频特性与 RC 串并联网络的非常相似,它们的选频原理也十分类似。

6.2.1 互感耦合式振荡电路

6.2.1.1 电路的组成

变压器反馈式 LC 振荡电路如图 6.2 所示。R_{b1}、R_{b2} 组成基本放大电路的基极偏置电路;发射极电阻 R_e 具有直流负反馈作用,R_e 与 R_{b1}、R_{b2} 给三极管提供一个稳定的静态工作点,保证三极管工作在放大状态;L、C 是三极管的集电极选频负载,且 L 为集电极直流电流提供通路;L_2 是振荡电路的反馈线圈;C_b 是基极耦合电容,C_e 为发射极旁路电容。由图 6.2 可以看出,三极管与其他元件组成共发射极放大电路,LC 并联网络作为选频电路接在晶体管集电极回路中,反馈信号是通过变压器线圈的互感作用,由 L_2 将反馈信号送回到输入端。

6.2.1.2 振荡条件

(1) 相位平衡条件

为满足相位平衡条件,变压器的初级、次级之间的同名端必须正确连接。如图 6.2 所示电路,由瞬时极性法可以判断由 L_2、C_b 构成的反馈网络的反馈类型。假设某一瞬间基极对地信号电压极性为"+",由于共射放大电路具有反相的作用,因此集电极的瞬时极性为"−",即 $\varphi_A = 180°$。

当频率 $f = f_0$ 时,LC 回路的谐振阻抗为纯电阻,由图中互感线圈的同名端可知,反馈信号与输出电压极性相反,即 $\varphi_F = 180°$。于是有 $\varphi_A + \varphi_F = 360°$,$L_2$、$C_b$ 反馈网络构成正反馈,因此满足振荡的相位条件。

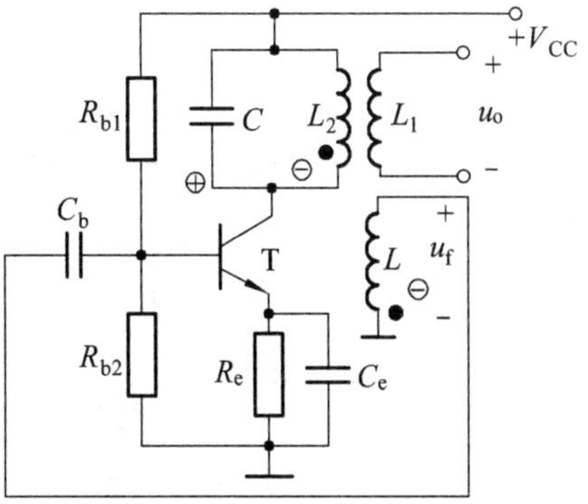

图 6.2 变压器反馈式 LC 正弦波振荡电路

当频率 $f \neq f_0$ 时,LC 回路的谐振阻抗不是纯电阻,而是呈感性或容性,此时 LC 回路对信号会产生附加相移,致使 $\varphi_A \neq 180°$,那么 $\varphi_A + \varphi_F$

$\neq 360°$，不满足相位平衡条件，电路也不可能产生振荡。由此可见，LC 振荡电路只有在 $f = f_0$ 时，才有可能产生振荡。

（2）起振及平衡的振幅条件

为了满足振荡的振幅条件 $|\dot{A}F| \geq 1$，对三极管的 β 值也有一定的要求，一般只要 β 值较大，就能满足此条件。反馈线圈匝数越多，耦合越强，电路越容易起振。

6.2.1.3　振荡频率

振荡频率由 LC 并联回路的固有频率来确定，即

$$f \approx f_0 = \frac{1}{2\pi\sqrt{LC}} \qquad (6.5)$$

6.2.1.4　电路优缺点

① 易于起振，输出电压大。由于采用变压器耦合，容易满足阻抗匹配的要求。

② 调频方便，一般在 LC 回路中采用接入可变电容器的方法来实现，调频范围较宽。工作频率通常在几兆赫兹左右，故常用在一般收音机中作为本机振荡器。因其频率稳定度较差，分布电容影响大，在高频段用得很少。

③ 输出波形不理想。由于反馈电压取自电感两端，它对高次谐波的阻抗大，反馈也强，因此在输出波形中含有较多的高次谐波成分。

6.2.2　电感三点式振荡电路

6.2.2.1　电路的组成

图 6.3（a）所示电路是电感三点式 LC 振荡电路，又称哈特莱振荡电路。电路中 R_{b1}、R_{b2}、R_e 为三极管的直流偏置电阻；C_b 为基极旁路电容，C_e 为发射极耦合电容；L_1、L_2、C 组成的并联回路既是选频网络，又是共基极放大电路的集电极负载。其交流通路如图 6.3（b）所示，由于电感 L_2 将谐振电压部分反馈回发射极，因此是电感反馈式振荡电路。又由于电感的 3 个端子分别与三极管的 3 个电极相连，所以称为电感三点式振荡电路。

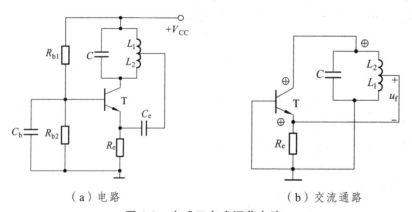

（a）电路　　　　　　　　　　（b）交流通路

图 6.3　电感三点式振荡电路

6.2.2.2 振荡条件

（1）相位条件

在图 6.3（b）中，假设在发射极输入的信号瞬间极性为正，由于共基极放大电路是同相放大器，因此集电极的瞬时电压极性与发射极的瞬时电压极性相同（也为正），则从电感 L_2 两端获得的反馈信号对地极性也为正，即反馈信号与原假设的输入信号极性相同，形成了正反馈，满足相位起振及平衡条件。

（2）振幅条件

从图 6.3（b）中可以看出，反馈电压取自电感 L_1 两端，并通过 C_e 耦合到三极管发射极，所以改变线圈抽头的位置，即改变 L_1 的大小，当满足振幅条件 $|\dot{A}\dot{F}| \geq 1$ 时，电路便可以起振。通常 L_1 的匝数是电感线圈总匝数的 1/8～1/4，就能满足振幅起振条件。线圈抽头的位置可通过调试决定。

6.2.2.3 振荡频率

$$f \approx f_0 = \frac{1}{2\pi\sqrt{LC}} = \frac{1}{2\pi\sqrt{(L_1 + L_2 + 2M)C}} \tag{6.6}$$

式中，$(L_1 + L_2 + 2M)$ 为 LC 回路的总电感，M 为 L_1、L_2 的互感系数。

6.2.2.4 电路的优缺点

① 因电感 L_1、L_2 之间的耦合很紧，所以电路易于起振，输出幅度大。
② 调频方便，电容 C 若采用可变电容器，就能获得较大的频率调节范围。
③ 因反馈电压取自电感 L_2 的两端，它对高次谐波的阻抗大，反馈也强，因此在输出波形中含有较多的高次谐波成分，输出波形不理想。

6.2.3 电容三点式振荡电路

6.2.3.1 电路的组成

电容三点式 LC 振荡电路又称考比兹振荡电路，它也是一种应用十分广泛的正弦波振荡电路。其电路的基本组成与电感三点式振荡电路类似，只要将电感三点式电路的电感 L_1、L_2 分别用电容代替，而在电容的位置接入电感 L，就构成了电容三点式 LC 振荡电路，具体电路如图 6.4 所示。

从电路图中可以看出，R_{b1}、R_{b2}、R_e 构成三极管的直流偏置电路；C_b、C_c 为耦合电容，C_e 为发射极旁路电容；C_1、C_2、L 组成的并联回路既是选频网络，又是共射极放大电路的集电极负载。其交流通路如图 6.4（b）所示，由于电感 C_2 将谐振电压部分反馈回基极，因此是电容反馈式振荡电路。又由于电容的 3 个端子分别与三极管的 3 个电极相连，所以称为电容三点式振荡电路。

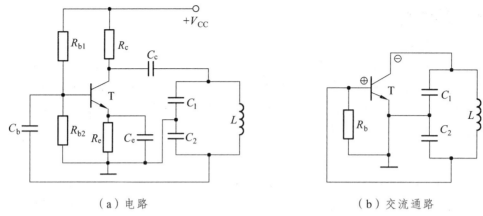

（a）电路   （b）交流通路

图 6.4   电容三点式振荡电路

6.2.3.2 振荡条件

（1）相位条件

其分析方法与电感三点式振荡电路的相位分析相同，该电路也满足相位平衡条件。

（2）振幅条件

从图 6.4（b）中可以看出，反馈电压取自电容 C_2 两端，并通过 C_b 耦合到三极管基极，所以适当地选择 C_1、C_2 的数值，并使放大器有足够的放大倍数，电路便可以起振。

6.2.3.3 振荡频率

$$f \approx f_0 = \frac{1}{2\pi\sqrt{LC}} = \frac{1}{2\pi\sqrt{L\dfrac{C_1 C_2}{C_1 + C_2}}} \tag{6.7}$$

6.2.3.4 电路的优缺点

① 容易起振，振荡频率高，一般可以达到 100 MHz 以上。

② 输出波形好。这是由于电路的反馈电压取自电容 C_2 两端的电压，而电容 C_2 对高次谐波的阻抗小，反馈电路中的谐波成分少，因此振荡波形较好。

③ 调节频率不方便。因为 C_1、C_2 的大小既与振荡频率有关，也与反馈量有关，改变 C_1（或 C_2）时会影响反馈系数，从而影响反馈电压的大小，造成工作性能不稳定，甚至停振。

6.2.3.5 改进型电容三点式振荡电路

改进型电容三点式振荡电路具有电容三点式振荡电路的优点，同时又克服了起频率调节不方便的缺点。

（1）串联改进型振荡电路

如图 6.5（a）所示，该电路的特点是在电感支路中串接一个容量较小的电容 C_3。此电路又称为克拉泼电路，其交流通路如图 6.5（b）所示。在满足 $C_3 \ll C_1$、$C_3 \ll C_2$ 时，回路总电

容 C 主要取决于电容 C_3。在该电路中，影响频率稳定性的电容主要是晶体管极间电容 C_{ce}、C_{be}、C_{cb}。在接入 C_3 后，晶体管极间电容对振荡频率的影响将减小，而且 C_3 越小，极间电容影响越小，频率的稳定性就越高。

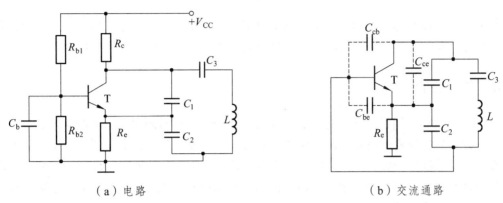

（a）电路　　　　　　　　　　　　　（b）交流通路

图 6.5　克拉泼振荡电路

回路总电容 C 为

$$\frac{1}{C} = \frac{1}{C_1} + \frac{1}{C_2} + \frac{1}{C_3} \approx \frac{1}{C_3}$$

该振荡电路的振荡频率为

$$f_0 = \frac{1}{2\pi\sqrt{LC}} \approx \frac{1}{2\pi\sqrt{LC_3}} \tag{6.8}$$

值得注意的是，减小 C_3 来提高回路的稳定性是以牺牲环路增益为代价的。如果 C_3 取值过小，振荡就会不满足振幅起振条件而停振。

（2）并联改进型振荡电路

这种电路又称西勒电路，如图 6.6（a）所示，其交流通路如图 6.6（b）所示。

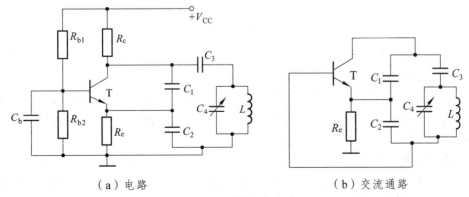

（a）电路　　　　　　　　　　　　（b）交流通路

图 6.6　西勒振荡电路

该电路与克拉泼电路的差别仅在于电感 L 上又并联了一个调节振荡频率的可变电容 C_4。C_1、C_2、C_3 均为固定电容，且满足 $C_3 \ll C_1$、$C_3 \ll C_2$。通常 C_3、C_4 为同一数量级的电容，因

而回路总电容 $C \approx C_3 + C_4$。西勒电路的振荡频率为

$$f_0 = \frac{1}{2\pi\sqrt{LC}} \approx \frac{1}{2\pi\sqrt{L(C_3 + C_4)}} \tag{6.9}$$

与克拉泼电路相比，西勒电路不仅频率稳定性高，输出幅度稳定，频率调节方便，而且振荡频率范围宽，振荡频率高，因此，是目前应用较广泛的一种三点式振荡电路。

6.3.4　应用举例

LC 振荡电路应用十分广泛，这里仅介绍使用十分广泛的接近开关。接近开关是一种不需要接触，仅通过接近就能因感应而起作用的开关。它具有寿命长、工作可靠、反应灵敏、定位准确、防爆性能好等优点，广泛应用于机械设备的定位、自动控制、检测等领域。目前接近开关的种类很多，其中最常用的有高频振荡式和光电式两大类。图 6.7 所示电路就是一个实用的高频振荡式接近开关电路。

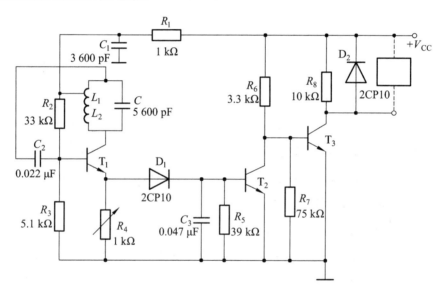

图 6.7　晶体管接近开关电路图

该接近开关电路由 3 部分组成：T_1、L_1、L_2 及 C 组成电感三点式振荡电路，T_2 构成开关控制电路，T_3 为功率输出级。

振荡线圈 L 是用高强度漆包线绕在罐形高频磁芯上，中间有一中心抽头，正反馈电压由线圈 L_1 取出，再送回 T_1 的输入端，高频振荡电压从 T_1 的射极输出。振荡电路的交流通路如图 6.8 所示。

该电路中的 R_1、C_1 组成滤波电路，消除纹波，防止直流电源受高频干扰；D_2 为续流二极管，用来防止 T_3 截止时，继电器线圈产生的自感电动势击穿 T_3 管；线圈的自感电动势被 D_2 短接，从而限制了 T_3 管的集电极与发射极之间施加的感应电压。

接近开关的工作过程如下：

当设备机件运动时，带动金属片移动，当金属片接近振荡线圈时，如图 6.9 所示，金属

片在线圈磁场的作用下感生高频涡流,使振荡电路的 LC 回路损耗增加,品质因素 Q 值下降,振荡减弱,反馈线圈 L_1 上的反馈电压减弱,从而破坏了振荡电路的振幅平衡条件,导致振荡电路停振。T_1 的发射极无高频电压输出,T_2 的基极电压为零,因而 T_2 截止,其集电极电位升高,于是 T_3 导通,继电器开关 K 得到电压而吸合,其触点带动执行机构动作。

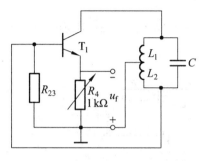

图 6.8 接近开关振荡电路的交流通路

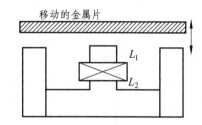

图 6.9 罐形磁芯断面图

当金属片离开振荡线圈后,振荡电路又起振,T_1 射极有高频电压输出,经过整流滤波(整流滤波电路由 D_1 与 C_1 构成)后,T_2 的基极获得一直流偏置电压,因而 T_2 导通并进入饱和工作状态,其集电极电位下降到接近于零,于是 T_3 截止,继电器开关 K 释放,执行机构返回原状态。

6.3 石英晶体谐振器及振荡电路

一般 LC 振荡电路的频率稳定度只有 10^{-5} 数量级,如果要求频率稳定度超过 10^{-5} 数量级,就必须采用石英晶体振荡器,这是因为石英晶体振荡电路的频率稳定度可达 $10^{-9} \sim 10^{-11}$ 数量级。

6.3.1 石英晶体谐振器

6.3.1.1 石英晶体的基本特性

石英是一种硅石,其化学成分是二氧化硅(SiO_2),自然界中的石英是具有晶体结构(外形呈角椎形六棱体)的矿物质。它的物理及化学性能极为稳定,对周围环境条件(如温度、湿度、大气压力)的变化极不敏感。若采用切割工艺按一定方向可将晶体切割成晶片,晶片的形状有正方形、矩形或圆形等。切片的尺寸和厚度直接影响其工作频率,若选择合适形状的晶片,可获得所要求的频率。

石英晶片具有压电效应和反压电效应。从物理学中知道,若在晶片两侧极板上施加机械力,就会在相应的方向上产生电场,电场的强弱与晶片的形变量成正比,这种现象称为“压电效应”;反之,若在晶片的两极板间加一个电场,会使晶体产生机械形变,形变的大小与外加电压成正比,这便是“反压电效应”。如果在极板间所加的电压是交变电压,就会产生机械形变振动,同时机械形变振动又会产生交变电场。但当外加交变电压的频率与晶片的固有频率(决定于晶片的尺寸)相等时,机械振动的幅度将急剧增加且达到最大,同时在晶片的两极板间产生的电场也达到最强，通过石英晶体的电流幅度达到最大，这种现象称为"压电谐振"。石英晶体谐振器就是利用石英晶体的压电效应而制成的一种谐振元件，它是在石英晶片的两面对应表面上涂敷银层并装上一对金属板，一般用金属外壳密封，也有用玻璃壳封装的。

6.3.1.2　石英晶体谐振器的等效电路

石英晶体谐振器的电路符号和等效电路分别如图 6.10（a）、（b）所示。

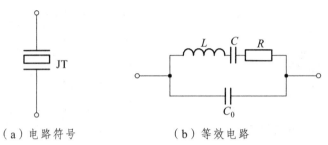

（a）电路符号　　　　　　　（b）等效电路

图 6.10　石英晶体的电路符号及等效电路

在图 6.10（b）所示等效电路中，用 C_0 等效晶片两极板间的静态电容及支架引线的分布电容，用 L 等效表示石英晶体的质量（代表惯性），用 C 等效表示晶体的弹性，用 R 等效表示晶体因摩擦而造成的损耗。L 一般为几十毫亨到上千毫亨，C 的范围为 0.005 pF ～ 0.1 pF，R 约为几欧到几百欧，C_0 约为几皮法到几十皮法。由于 L 很大，C 和 R 都很小，所以它的品质因数 $\left(Q_0 = \dfrac{1}{R}\sqrt{\dfrac{L}{C}}\right)$ 极高，可达 $10^4 \sim 10^6$ 数量级。

由石英晶体的等效电路可知，石英晶体有两个谐振频率，一个是 R、L、C 串联支路发生谐振时的串联谐振频率 f_s，另一个是 R、L、C 串联支路与 C_0 支路发生并联谐振时的并联谐振频率 f_p。

① 当 R、L、C 串联支路发生谐振时，其串联谐振频率为

$$f_s = \frac{1}{2\pi\sqrt{LC}} \tag{6.10}$$

由于 C_0 很小，它的容抗比 R 大很多，因此串联谐振的等效阻抗近似为 R，呈纯电阻特性，且其阻值很小。

② 当工作频率高于串联谐振频率 f_s 时，R、L、C 串联支路呈感性，当与 C_0 发生并联谐振时，其振荡频率为

$$f_p = \frac{1}{2\pi\sqrt{LC}}\sqrt{1 + \frac{C}{C_0}} = f_s\sqrt{1 + \frac{C}{C_0}} \tag{6.11}$$

由于 $C \ll C_0$，因此 f_s 与 f_p 很接近。

石英晶体的电抗-频率特性如图 6.11 所示。从图中可以看出，只有在 $f_s \sim f_p$ 的窄小范围内，石英晶体的阻抗呈感性。

通常石英晶体产品所给出的标称频率既不是 f_s 也不是 f_p，而是外接一个小电容 C_L（又称为负载电容）时校正的振荡频率，C_L 与石英晶体串接电路如图 6.12 所示。利用 C_L 可以使石

英晶体的谐振频率在一个小范围内调整。实际使用时，C_L 是一个微调电容，C_L 的值应选择得比 C 大，使得串联 C_L 后的新的谐振频率在 f_s 与 f_p 之间的一个狭窄范围内变动。

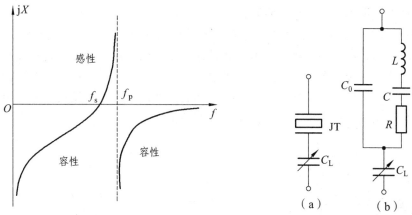

图 6.11 石英晶体的电抗-频率特性　　　图 6.12 石英晶体串联谐振频率的调整

6.3.2 石英晶体振荡电路

石英晶体振荡电路的形式是多种多样的，但其基本电路只有两类，即并联型晶体振荡器和串联型晶体振荡器，前者石英晶体是以并联谐振的形式出现，而后者则是以串联谐振的形式出现。

6.3.2.1 并联型石英晶体振荡电路

并联型石英晶体振荡电路如图 6.13（a）所示，其等效电路如图 6.13（b）所示，从电路图可知，该电路的振荡频率为

$$f_0 = \frac{1}{2\pi\sqrt{L\dfrac{C(C_0 + C')}{C + C_0 + C'}}} \tag{6.12}$$

式中 $C' = \dfrac{C_1 C_2}{C_1 + C_2}$，由于 $C_0 + C' \gg C$，所以 $f_0 \approx f_s$，此时石英晶体呈感性。

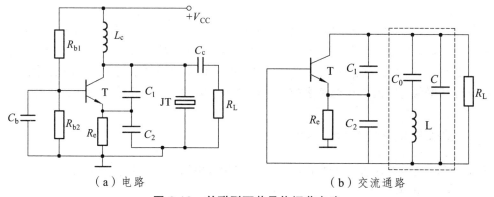

（a）电路　　　　　　　　　　　　（b）交流通路

图 6.13 并联型石英晶体振荡电路

6.3.2.2 　串联型石英晶体振荡电路

串联型石英晶体振荡电路中，石英晶体是作为反馈元件来组成振荡器。石英晶体在串联谐振频率 f_s 处阻抗最小，且呈纯电阻特性。

如图 6.14（a）所示是一个串联型石英晶体振荡电路，其等效交流通路如图 6.14（b）所示。由电路图可知，串联型晶体振荡电路就是在三点式振荡器基础上，将石英晶体作为具有高选择性的短路元件接入到振荡电路的适当地方，只有当振荡频率在回路的谐振频率等于接入晶体的串联谐振频率时，晶体才呈现很小的纯电阻性，电路的正反馈最强。因此，频率稳定度完全取决于晶体的稳定度。谐振回路的谐振频率为

$$f_0 = \frac{1}{2\pi\sqrt{LC_\Sigma}} \tag{6.13}$$

式中 $C_\Sigma = \dfrac{C_2(C_1+C_3)}{C_1+C_2+C_3}$。

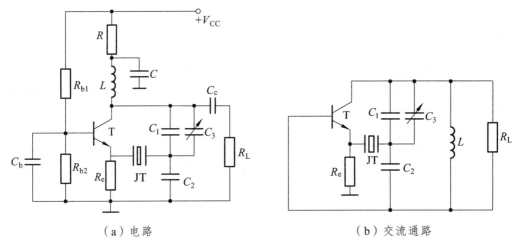

（a）电路　　　　　　　　　　（b）交流通路

图 6.14　串联型石英晶体振荡电路

6.4　RC 正弦波振荡电路

常见的 RC 振荡电路有 RC 桥式正弦波振荡电路（又称文氏电桥振荡电路）和 RC 移相式振荡电路，它们适用于产生频率在几赫兹到几百赫兹的低频信号，本节重点讨论 RC 桥式正弦波振荡电路。在 RC 桥式正弦波振荡电路中，选频和反馈网络是由 RC 串并联网络构成的，所以在分析其振荡电路的工作原理之前，有必要先了解 RC 串并联网络的选频特性。

6.4.1　RC 串并联网络的选频特性

图 6.15 所示是 RC 串并联网络电路，下面将对该电路的选频特性作定性分析。

由图 6.15 可得出：

$$Z_1 = R + \frac{1}{j\omega C} = \frac{1 + j\omega RC}{j\omega C}$$

$$Z_2 = \frac{R \times \frac{1}{j\omega C}}{R + \frac{1}{j\omega C}} = \frac{R}{1 + j\omega RC}$$

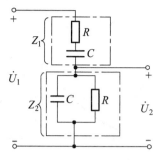

图 6.15　RC 串并联电路

RC 串并联网络的传递函数 $\dot{F}$ 为

$$\dot{F} = \frac{Z_2}{Z_1 + Z_2} = \frac{\dfrac{R}{1 + j\omega RC}}{\dfrac{1 + j\omega RC}{j\omega C} + \dfrac{R}{1 + j\omega RC}}$$

$$= \frac{R}{3R + j\left(\omega R^2 C - \dfrac{1}{\omega C}\right)} = \frac{1}{3 + j\left(\omega RC - \dfrac{1}{\omega RC}\right)} \tag{6.14}$$

如令 $\omega_0 = \dfrac{1}{RC}$ ，则上式变为

$$\dot{F} = \frac{1}{3 + j\left(\dfrac{\omega}{\omega_0} - \dfrac{\omega_0}{\omega}\right)} \tag{6.15}$$

由此可得 RC 串并联选频网络的幅频响应和相频响应为

$$\left|\dot{F}\right| = \frac{1}{\sqrt{3^2 + \left(\dfrac{\omega}{\omega_0} - \dfrac{\omega_0}{\omega}\right)^2}} \tag{6.16}$$

$$\varphi_{\mathrm{F}} = -\arctan \frac{\left(\dfrac{\omega}{\omega_0} - \dfrac{\omega_0}{\omega}\right)}{3} \tag{6.17}$$

由式（6.16）和式（6.17）可知，当 $\omega = \omega_0 = \dfrac{1}{RC}$ 或 $f = f = \dfrac{1}{2\pi RC}$ 时，RC 串并联网络发生谐振，此时幅频响应的幅值为最大值，即

$$\left|\dot{F}\right|_{\max} = \frac{1}{3} \tag{6.18}$$

而此时相频响应的相位角为零，即

$$\varphi_{\mathrm{F}} = 0 \tag{6.19}$$

这就是说，在输入电压的幅值一定而频率可调时，若有 $\omega = \omega_0 = \dfrac{1}{RC}$ ，则输出电压的幅值最大，且是输入电压的 $\dfrac{1}{3}$ ，同时输出电压与输入电压同相位。根据式（6.16）和式（6.17）画出的 RC 串并联选频网络的幅频响应及相频响应特性曲线如图 6.16 所示，说明 RC 串并联网络具有选频特性。

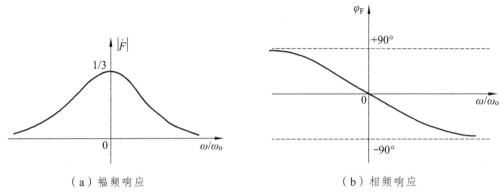

（a）幅频响应   （b）相频响应

图6.16 RC串并联选频网络的频率响应

6.4.2 *RC* 桥式正弦波振荡电路

图6.17所示是 *RC* 桥式正弦波振荡电路的原理电路，该电路由两部分组成，即基本的同相输入比例放大电路和 *RC* 串并联选频网络。基本放大电路的输出电压作为 *RC* 串并联选频网络的输入电压，其输出电阻相当于 *RC* 串并联选频网络的信号源内阻，其值越小，对 *RC* 串并联选频网络的选频特性影响越小。基本放大电路的输入端与 *RC* 串并联网络并联连接，即基本放大电路的输入电阻相当于 *RC* 串并联网络的负载电阻，其输入电阻越高，对 *RC* 串并联选频网络的选频特性影响越小。因此，为减小基本放大电路对 *RC* 串并联选频网络的影响，要求基本放大电路具有较低的输入电阻和较高的输出电阻。

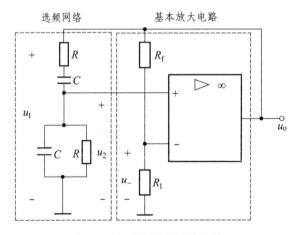

图6.17 RC 桥式振荡电路

其工作原理分析如下：

从前面分析 *RC* 串并联选频网络的选频特性可知，当 $f=f_0$ 时，*RC* 串并联网络的相移为零，即 $\varphi_F = 0$；基本放大电路又是由具有电压串联负反馈的同相放大器组成，即有 $\varphi_A = 0$。因此，有 $\varphi_F + \varphi_A = 0$，满足振荡电路振荡的相位平衡条件。而对于其他频率的信号，*RC* 串并联网络的相移不为零，不满足相位平衡条件。由于串并联网络在 $f=f_0$ 时的电压传输系数 $\left| \dot{F} \right|_{\max} = \dfrac{1}{3}$，只要满足振幅条件 $\left| \dot{A}\dot{F} \right| \geqslant 1$，电路就能产生正弦振荡，因此要求放大电路的总的

电压增益 $|\dot{A}| \geqslant 3$，这对于集成运算放大器组成的同相输入比例放大器来说很容易满足。由图 6.17 分析可得基本放大电路的总的电压增益为

$$A = 1 + \frac{R_f}{R_1}$$

只要适当选择 R_f 与 R_1 的值，使 $R_f \geqslant 2R_1$，就能实现 $|\dot{A}| \geqslant 3$ 的要求。

由集成运算放大器构成的 RC 桥式振荡电路，具有性能稳定、电路简单等优点。其振荡频率由 RC 串并联正反馈选频网络的参数决定，即

$$f_0 = \frac{1}{2\pi RC}$$

【例 6.1】　图 6.18 所示为 RC 桥式正弦振荡电路，已知集成运算放大器的最大输出电压为 ±14 V。
① 图中用二极管 D_1、D_2 作为自动稳幅元件，试分析它的稳幅原理；
② 试定性说明因不慎使 R_{f1} 短路时，输出电压 u_o 的波形；
③ 试定性画出当 R_2 不慎开路时，输出电压 u_o 的波形（并标明振幅）。

解：
① 稳幅原理。

图中 D_1、D_2 的作用是：当 v_o 幅值很小时，二极管 D_1、D_2 接近于开路，由 D_1、D_2 与 R_{f2} 组成的并联支路的等效电阻为 R_{f2}，$A = 1 + \dfrac{(R_{f1} + R_{f2})}{R_1} \approx 3.3 > 3$，有利于起振；反之，当 u_o 幅值较大时，D_1 或 D_2 导通，由 R_{f2}、D_1、D_2 组成的并联支路的等效电阻减小（此时相当于短路），负反馈加强，基本放大器的放大倍数 A 随之下降，u_o 幅值趋于稳定。

② 当 $R_2 = 0$，负反馈增强，$A < 3$，电路停振，u_o 波形为一条与时间轴重合的直线。

③ 当 $R_2 = \infty$，负反馈环路断开，$A \to \infty$，理想情况下，u_o 为方波，但由于受到实际运算放大器参数的限制，输出电压 u_o 的波形将近似如图 6.19 所示。

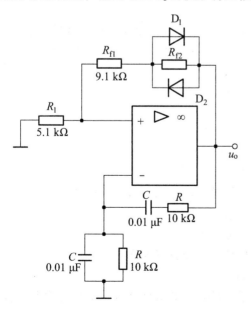

图 6.18　例 6.1 电路图

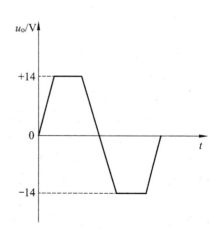

图 6.19　R_2 开路时的输出电压波形

本章小结

反馈式正弦波振荡电路实际上是一种特殊形式的正反馈放大电路。它由两大部分组成，即基本放大电路和反馈网络。基本放大电路完成放大作用，并将直流电源的能量转换成交流信号输出；反馈网络提供能满足振荡的相位平衡条件。基本放大电路或反馈网络还兼有选频特性。

按构成选频网络的形式不同，正弦波振荡电路又分为 LC 正弦波振荡电路、RC 正弦波振荡电路和石英晶体振荡电路。

正弦波振荡电路能正常工作必须满足的平衡条件是：$\left|\dot{A}\dot{F}\right| = 1$，即

振幅平衡条件为：$\left|\dot{A}\dot{F}\right| = 1$

相位平衡条件为：$\varphi_A + \varphi_F = 2n\pi$。

LC 振荡电路的种类繁多，根据取得反馈电压的方式不同，主要分为变压器反馈式、电感三点式和电容三点式。由于电容三点式振荡电路具有波形好、工作频率较高、频率易于调节等特点，因而应用较为广泛。为了克服电容三点式电路的缺点，进一步提高频率的稳定度，实用的电容三点式振荡电路都是改进型的克拉泼振荡电路和西勒振荡电路。

RC 振荡电路是用 RC 电路作选频网络，由于其品质因数较低，受放大电路的输入、输出电阻及晶体管极间电容的影响较大，因此振荡频率不高，产生的频率一般在几百千赫兹以下，常用作低频信号源。

石英晶体振荡器是用石英谐振器的压电效应来选频。它具有品质因数很高和温度稳定性好的优点。一般用在频率稳定度要求很高的场合，适合于产生高频振荡信号。

习　题

1. 选择填空题。

（1）正弦波振荡电路产生振荡的平衡条件是_____，为使电路起振应满足_____。

　　a. $\dot{A}\dot{F} > 1$　　　　　　b. $\dot{A}\dot{F} < 1$　　　　c. $\dot{A}\dot{F} = 1$　　　　d. $\dot{A}\dot{F} = -1$

（2）正弦波振荡电路振荡应满足的相位条件是_____。

　　a. $\varphi_A + \varphi_F = 2n\pi$　　　　b. $\varphi_A + \varphi_F = 2(n+1)\pi$

（3）判断三点式振荡电路是否能振荡的原则是_____。

　　a. X_{ce} 与 X_{be} 电抗性质相同，且与 X_{cb} 电抗性质相反

　　b. X_{ce} 与 X_{cb} 电抗性质相同，且与 X_{be} 电抗性质相反

　　c. X_{cb} 电抗性质相同，且与 X_{ce} 电抗性质相反

（4）产生音频正弦波信号一般可用_____振荡器；产生高频正弦波信号一般可用_____振荡器；频率稳定度要求很高时，则可用_____振荡器，

　　a. LC　　　　　　b. RC　　　　c. 石英晶体

（5）所谓"振荡"是指即使____信号，输出信号也能持续存在。

　　a. 有外加输入　　　　b. 没有外加输入

（6）振荡器属于_____反馈电路，为了保证正弦波振荡器具有良好的输出波形可引入_____反馈来限幅。

　　a. 正　　　b. 负

2. 正弦振荡器一般包括哪几个组成部分？各部分的作用是什么？

3. 正弦波振荡器振荡的幅值条件和相位条件各是什么？电路只满足幅值条件，不满足相位条件时会出现什么现象？

4. 试标出如图 6.20 所示电路中各变压器的同名端，使之满足产生振荡的相位条件。

5. 试用相位平衡条件判断如图 6.21 所示电路中，哪些电路可能振荡，哪些不能振荡，并简述理由。

6. 对于图 6.22 所示的各三点式振荡电路的交流通路，试用相位平衡条件判断哪些可能振荡，哪些不能振荡，指出可能振荡的电路属于什么类型。

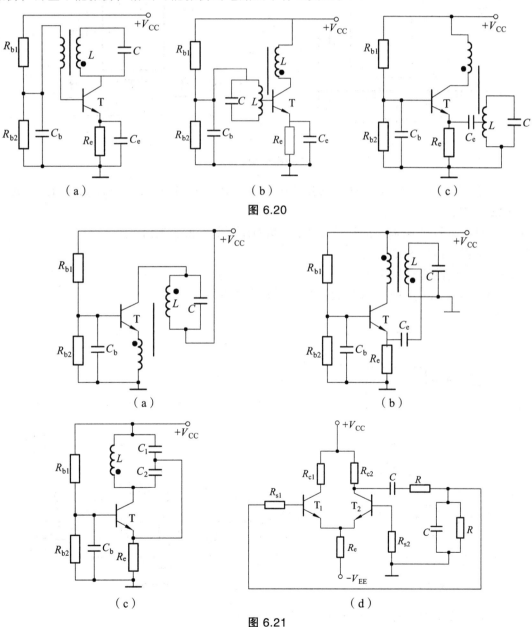

图 6.20

图 6.21

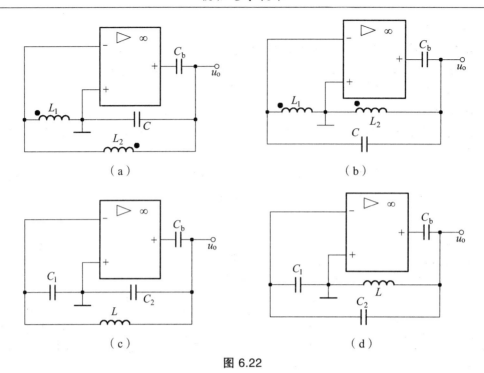

图 6.22

7. 在图 6.23 所示的 RC 桥式正弦波电路中，$R = 100\ \text{k}\Omega$，$C = 0.01\ \mu\text{F}$，$A_u = 100$，$R_1 = 1\ \text{k}\Omega$。求：

（1）热敏电阻 R_t 应采用正温度系数还是负温度系数？说明理由。

（2）估算平衡后 R_t 的阻值。

（3）计算电路的振荡频率。

8. 图 6.24 所示为一个电视接收机的本机振荡电路。

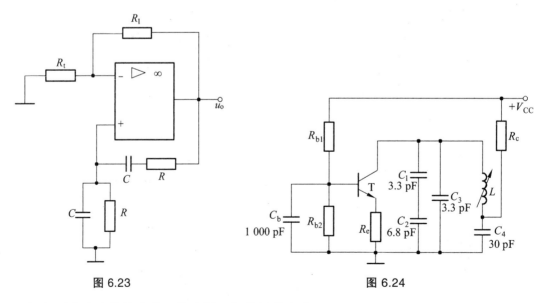

图 6.23　　　　　　　　　图 6.24

（1）画出交流等效电路，指出属于何种振荡电路；

（2）写出振荡频率的表达式。

9. 某超外差式收音机中的本机振荡电路如图 6.25 所示，其中，$C_b = 0.022\ \mu F$，$C_e = 0.01\ \mu F$，$C_1 = 300\ pF$，C_2 的变化范围为 $4 \sim 20\ pF$，C_3 的变化范围为 $12 \sim 250\ pF$。要求：

（1）在图中标出振荡线圈初、次级绕组的同名端。

（2）改变抽头 2 的位置（1 ~ 3 间的总线圈数不变）使 2、3 间的电感量 L_{23} 增加，对振荡电路有什么影响？

（3）画出其交流等效电路，说明它属于什么类型的振荡电路。

（4）计算当 $C_2 = 10\ pF$，$L_{13} = 190\ \mu H$ 时，在可变电容 C_3 的变化范围内其振荡频率的可调范围。

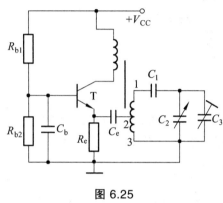

图 6.25

10. 图 6.26 所示是某数字频率计的晶体振荡电路。

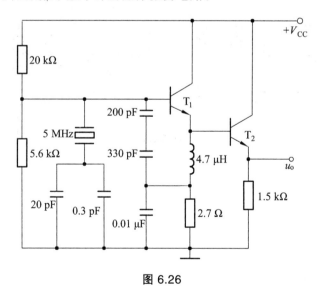

图 6.26

（1）计算 4.7 μH 电感和 330 pF 电容的并联回路的固有谐振频率，将它和晶体的振荡频率比较，说明该回路在振荡电路中的作用。

（2）画出振荡电路的交流等效电路，指出它是什么形式的晶体振荡电路。

11. 画出如图 6.27 所示电路的交流等效电路，说明它属于哪种类型的振荡电路。

12. 试分析图 6.28 所示正弦波振荡电路是否有误，如有错误请更正。

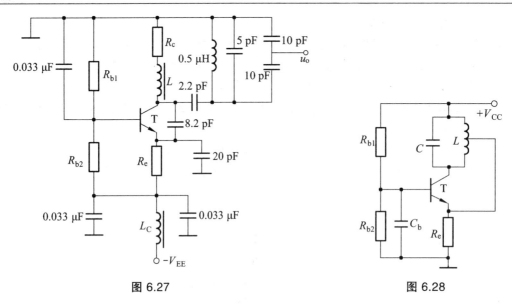

图 6.27   图 6.28

13. 两种石英晶体振荡电路原理图如图 6.29（a）、（b）所示，试说明它属于哪类晶体振荡电路，为什么说这种电路结构有利于提高频率稳定度？

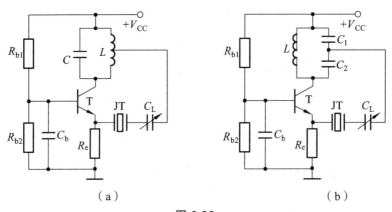

（a）   （b）

图 6.29

低频功率放大电路

一个实用的多级放大电路通常含有 3 个部分：输入级、中间级和输出级，各部分在电路中的作用各不相同。一般来说，输入级与信号源相连，因此要求输入级的输入电阻大、噪声低、共模抑制能力强、阻抗匹配等；中间级主要完成电压放大任务，以输出足够大的电压；输出级主要要求向负载提供足够大的功率，即输出级不但要输出足够大的电压，同时还要提供足够的电流，以便推动功率负载（如扬声器、电动机等）工作。这种用来放大功率的电路称为功率放大电路。

7.1 低频功率放大电路概述

功率放大电路与电压放大电路没有本质的区别，它们都是利用放大器件的控制作用，把直流电源的能量转化为按输入信号规律变化的交变能量输出给负载，只是功率放大电路的主要任务是使负载得到尽可能大的不失真信号功率。

7.1.1 功率放大电路的特点

功率放大电路作为放大电路的输出级，具有以下几个特点：

① 由于功率放大电路的主要任务是向负载提供一定的功率，因而输出电压和电流的幅度足够大。

② 由于要求输出信号幅度大，通常使三极管工作在尽限应用状态，即三极管工作在接近饱和区与截止区的工作状态，因此输出信号存在一定程度的失真。

③ 功率放大电路在输出功率的同时，三极管消耗的能量也较大，因此三极管的管耗不能忽视。

④ 由于功率放大电路工作在大信号运用状态，一般采用图解法分析近似估算。

7.1.2 功率放大器的基本要求

根据功率放大电路在电路中的作用及特点，它必须满足以下基本要求：

（1）输出功率足够大

输出功率是指在输入正弦波信号电压后，输出信号基本不发生非线性失真情况下，负载所能得到的交流有功功率。输出功率的表达式为

$$P_\text{o} = I_\text{o}U_\text{o} \tag{7.1}$$

式中，I_o、U_o 均为有效值。

如果用振幅值表示，将 $I_\text{o} = I_\text{om}/\sqrt{2}$、$U_\text{o} = U_\text{om}/\sqrt{2}$ 代入式（7.1）则有

$$P_\text{o} = \frac{1}{2}I_\text{om}U_\text{om} \tag{7.2}$$

式中，I_om、U_om 分别为负载 R_L 上正弦信号的电流、电压的幅值。

（2）效率要高

放大器实质上是一个能量转换器，它是将电源供给的直流能量转换成交流信号的能量输送给负载。由于功率放大电路工作在大信号状态下，输出的功率高，消耗在功率管的功率也高，因此必须考虑转换效率和管子的损耗问题。要求尽量减小管耗，提高管子的转换效率。

为了定量反映放大电路效率的高低，引入参数 η 来表示效率，它定义为

$$\eta = \frac{P_\text{o}}{P_\text{E}} \times 100\% \tag{7.3}$$

式中，P_o 为信号输出功率，P_E 为直流电源向电路提供的功率。在直流电源提供相同功率条件下，输出信号功率愈大，电路的效率愈高。

（3）非线性失真要小

为了获得足够大的输出功率，应使功率器件尽可能地接近其极限工作参数（如 I_CM、P_CM、$U_\text{(BR)CEO}$）工作，即功率管工作在接近于饱和区和截止区的尽限运用状态。因此，功率管的输出信号不可避免地会产生非线性失真。当输入信号是单一频率的正弦信号时，输出将会存在一定数量的谐波，谐波成分愈大，表明非线性失真愈大。通常情况下，输出功率愈大，非线性失真愈严重。

（4）散热条件要好

直流电源提供的功率，有相当大的部分消耗在放大器上，使得器件的温度升高，如果器件的散热条件不好，极易烧坏放大器件。因此需要采用散热或强迫冷却的措施，比如对器件加散热片或加风扇进行冷却。普通功率三极管的外壳较小，散热效果差，所以允许的散热功率低。当加上散热片，使得器件的热量及时散失后，则输出功率可以提高很多。例如低频功率管 3AD6 在不加散热片时，允许的最大功率 P_om 仅为 1 W，加了 120 mm × 120 mm × 4 mm 的散热片后，其最大输出功率 P_om 可达到 10 W。在实际功率放大电路中，为了提高输出信号功率，功放管一般加有散热片。具体加多大体积的散热片，可在器件手册中查出。

7.1.3　功率放大电路的分类

根据放大电路中三极管静态工作点设置的不同，功率放大电路可以分成甲类、乙类和甲乙类 3 种，如图 7.1 所示。

甲类功率放大电路的工作点设置在放大区的中间。该电路的优点是：三极管在输入信号的整个周期内都导通，输出信号的失真较小。前面各章讨论的放大电路中的三极管都是工作在甲类状态。该电路的缺点是：三极管有较大的静态电流 I_{CQ}，管耗 P_C 大，电路的输出功率和效率均较低，最高转换效率只能达到 50%。

乙类功率放大电路的工作点设置在截止区，三极管仅在输入信号的半个周期内导通，另半个周期内截止。这时，三极管的静态电流 $I_{CQ} = 0$，管耗 P_C 小，所以能量转换效率高，理论上最高可达到约 78.5%。其缺点是：只能对半个周期的输入信号进行放大，非线性失真大。

甲乙类功率放大电路的工作点设置在放大区内接近于截止区的较低位置，即静态时三极管处于微导通状态。三极管的导通时间大于信号的半个周期而小于信号的一个周期，这样可以有效地克服放大电路的失真问题（具体分析在后面介绍），而且能量转换效率也较高。

在甲类功率放大电路中，由于在信号的整个周期内管子均导通，所以失真小，但输出功率和效率均较低，因而在低频功率放大电路中主要使三极管工作在乙类或甲乙类状态。

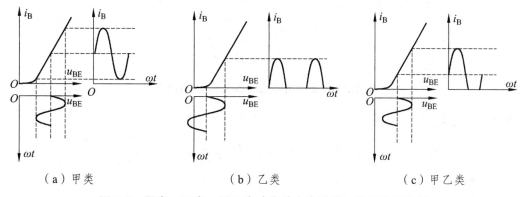

（a）甲类　　　　　　　　（b）乙类　　　　　　　　（c）甲乙类

图 7.1　甲类、乙类、甲乙类功率放大电路的工作状态示意图

7.2　互补对称功率放大电路

单管甲类功率放大电路之所以效率低，是因为要保证管子在输入信号的整个周期内均导通，因此静态工作点较高，具有较大的直流工作电流 I_{CQ}，电源提供的功率 $P_E(= I_{CQ}V_{CC})$ 也大，但效率电源的转换效率低。为了提高效率，可将静态工作点降低，使 $I_{CQ} = 0$，管子工作在乙类状态下，这样不仅可使静态时晶体管不消耗功率，而且在工作时管子的集电极电流减小，使效率得到提高。但是，此时管子仅有半个周期导通，非线性失真太大。为了解决非线性失真问题，通常采用两个导电特性相反的管子（NPN 和 PNP），让一个管子在信号的正半周导通，另一个管子在信号的负半周导通，即两个管子在信号周期内交替工作，各自产生半个周期的信号波形，但在负载上合成一个完整的信号波形，这种功放电路就是互补对称的推挽功率放大电路。

7.2.1　乙类互补对称 OCL 功率放大电路

7.2.1.1　电路组成

双电源的乙类互补对称功率放大电路如图 7.2 所示。图中 T_1 为 NPN 型三极管，T_2 为 PNP 型三极管。为了保证工作状态良好，要求该电路具有良好的对称性，即 T_1、T_2 管的导电类型互补而且性能参数相同，并且正负电源对称。当信号为零时，两个管子的偏置电流为零，它们均工作在乙类放大状态。为了增强带负载的能力，每个管子均接成射极输出器电路，两个管子的发射极接在一起并与负载 R_L 直接耦合，电路采用双电源供电，这种功放电路称为 OCL（Output Capacitorless，无输出电容器）电路。

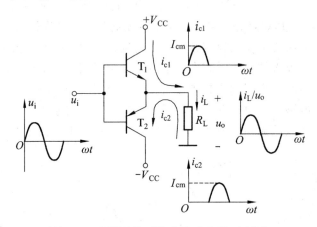

图 7.2　乙类互补对称电路（OCL 电路）

7.2.1.2　工作原理

为了便于说明工作过程，设两个管子的发射结导通电压为零。

（1）静态分析

当输入信号 $u_i = 0$ 时，因两个管子无偏置而截止，此时 $I_{CQ1} = I_{CQ2} = 0$，负载上无电流，故输出电压 $u_o = 0$，$U_{CEQ1} = -U_{CEQ2} = V_{CC}$。

（2）动态分析

设外加输入信号为单一频率的正弦波信号。

① 在输入信号的正半周，由于 $u_i > 0$，因此三极管 T_1 导通、T_2 管截止，T_1 管的电流 i_{c1} 经电源 $+V_{CC}$ 自上而下流过负载电阻 R_L，在负载上形成正半周输出电压，即 $u_o > 0$。

② 在输入信号的负半周，由于 $u_i < 0$，因此三极管 T_2 导通、T_1 管截止，T_2 管的电流 i_{c2} 经电源 $-V_{CC}$ 自下而上流过负载电阻 R_L，在负载上形成负半周输出电压，即 $u_o < 0$。

由上面的分析可以看出，在输入信号 u_i 的一个周期内，T_1、T_2 轮流导通，而且 i_{c1} 和 i_{c2} 流过负载 R_L 的方向相反，合成的负载电流 $i_L = i_{c1} - i_{c2}$，因此负载上形成一个完整的正弦波电压信号输出，波形如图 7.2 所示。由于该电路中两个三极管交替工作，相互补充，电路又对称，因此这类电路称为互补对称推挽功率放大电路。

7.2.1.3　主要性能指标分析

乙类互补对称 OCL 电路的工作图解法分析如图 7.3 所示。图 7.3（a）为 T_1 管导通时的工作情况。图 7.3（b）是将 T_2 管的导通特性倒置后与 T_1 特性画在一起，让它们的静态工作点 Q 重合，形成两管的合成输出特性曲线。图中交流负载线为一条通过静态工作点的斜率为 $-\dfrac{1}{R_L}$ 的直线 AB。由图可看出输出电流、输出电压的最大允许变化范围分别为 $2I_{cm}$ 和 $2U_{om}$，I_{cm} 和 U_{om} 分别为集电极正弦电流和电压的振幅值。有关性能指标计算如下：

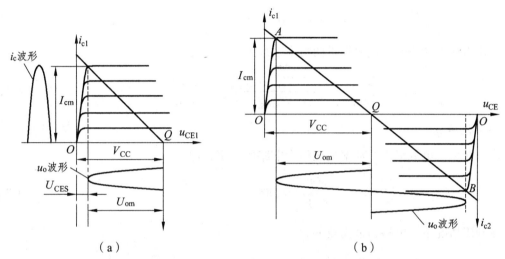

图 7.3　双电源供电互补对称电路的图解分析

（1）输出功率 P_o

$$P_o = \frac{U_{om}}{\sqrt{2}} \times \frac{I_{cm}}{\sqrt{2}} = \frac{1}{2} I_{cm} U_{om} = \frac{1}{2} \cdot \frac{U_{om}^2}{R_L} \tag{7.4}$$

当考虑饱和压降 U_{CES}，并且三极管工作在尽限运用状态下，输出电压的最大幅值为

$$U_{omax} = V_{CC} - U_{CES} \tag{7.5}$$

将（7.5）式代入（7.4）式，得出最大输出功率 P_{omax} 为

$$P_{omax} = \frac{1}{2} \cdot \frac{U_{om}^2}{R_L} = \frac{1}{2} \cdot \frac{(V_{CC} - U_{CES})^2}{R_L} \tag{7.6}$$

若忽略饱和压降 U_{CES}，则最大输出功率 P_{omax} 为

$$P_{omax} \approx \frac{1}{2} \cdot \frac{V_{CC}^2}{R_L} \tag{7.7}$$

（2）直流电源提供的功率 P_E

在乙类互补对称功率放大电路中，每个晶体三极管的集电极电流的波形均为半个周期的正弦波，其波形如图 7.1 所示。每个电源提供的平均电流为

$$I_{\text{DC1}} = I_{\text{DC2}} = \frac{1}{2\pi} \int_0^{\pi} I_{\text{cm}} \sin \omega t \text{d}(\omega t) = \frac{1}{\pi} I_{\text{cm}}$$

因此，直流电源提供的电源功率为

$$P_{\text{E1}} = P_{\text{E2}} = I_{\text{DC1}} V_{\text{CC}} = \frac{1}{\pi} I_{\text{cm}} V_{\text{CC}} = \frac{U_{\text{om}}}{\pi R_{\text{L}}} V_{\text{CC}} \tag{7.8}$$

因考虑到是正负两组对称直流电源，所以两个直流电源提供的总功率为

$$P_{\text{E}} = 2 P_{\text{E1}} = \frac{2}{\pi} I_{\text{cm}} V_{\text{CC}} = \frac{2 U_{\text{om}}}{\pi R_{\text{L}}} V_{\text{CC}} \tag{7.9}$$

当输出最大功率时，电源提供的功率也最大，这时为

$$P_{\text{Emax}} = \frac{2 U_{\text{omax}}}{\pi R_{\text{L}}} V_{\text{CC}} = \frac{2}{\pi} \cdot \frac{V_{\text{CC}} - U_{\text{CES}}}{R_{\text{L}}} V_{\text{CC}} \approx \frac{2}{\pi} \cdot \frac{V_{\text{CC}}^2}{R_{\text{L}}} \tag{7.10}$$

（3）效率 η

输出功率与电源提供的功率之比称为电路的效率，即

$$\eta = \frac{P_{\text{o}}}{P_{\text{E}}} \times 100\% = \frac{\pi}{4} \cdot \frac{U_{\text{om}}}{V_{\text{CC}}} \times 100\% \tag{7.11}$$

在理想情况下，电路的最高效率为

$$\eta_{\text{max}} = \frac{\pi}{4} \cdot \frac{V_{\text{CC}} - U_{\text{CES}}}{V_{\text{CC}}} \times 100\% \approx \frac{\pi}{4} \times 100\% = 78.5\% \tag{7.12}$$

（4）集电极的损耗功率 P_{C}

直流电源提供的功率与输出功率之差就是消耗在三极管上的功率，定义公式为

$$P_{\text{C}} = P_{\text{E}} - P_{\text{o}} = \frac{2 U_{\text{om}}}{\pi R_{\text{L}}} V_{\text{CC}} - \frac{1}{2} \cdot \frac{U_{\text{om}}^2}{R_{\text{L}}} \tag{7.13}$$

由式（7.13）可以看出，管耗大小随输出电压幅度 U_{om} 而变化。最大管耗可由数学函数求极值的方法求得，即将式（7.13）两边对 U_{om} 求导，并令 $\dfrac{\text{d}P_{\text{C}}}{\text{d}U_{\text{om}}} = 0$，则有

$$\frac{2}{\pi R_{\text{L}}} V_{\text{CC}} - \frac{1}{2} \cdot \frac{2 U_{\text{om}}}{R_{\text{L}}} = 0 \tag{7.14}$$

所以在 $U_{\text{om}} = \dfrac{2}{\pi} V_{\text{CC}}$，损耗功率最大，且管子的最大损耗功率为

$$P_{\text{Cmax}} = \frac{2}{\pi^2} \cdot \frac{V_{\text{CC}}^2}{R_{\text{L}}} \tag{7.15}$$

考虑（7.7）式得

$$P_{C\max} = \frac{4}{\pi^2} P_{o\max} \approx 0.4 P_{o\max} \tag{7.16}$$

式（7.16）表示的是两个管子总的集电极损耗功率，而在互补对称电路中，每管仅工作半个周期，所以每管的损耗功率为

$$P_{C1\max} = P_{C2\max} = \frac{1}{2} P_{C\max} \approx 0.2 P_{o\max} \tag{7.17}$$

在功率放大电路中，选择管子的原则是保证三极管在实际工作中，不超过其极限参数（主要是 P_{CM}、I_{CM}、$U_{(BR)CEO}$）。因此，从上面的分析可以得出在互补对称功率放大电路中选用三极管的原则：

$$P_{CM} \geqslant 0.2 P_{o\max} \tag{7.18}$$

$$I_{CM} \geqslant I_{om} = \frac{V_{CC}}{R_L} \tag{7.19}$$

$$U_{(BR)CEO} \geqslant 2 V_{CC} \tag{7.20}$$

需要注意的是，功率三极管的允许管耗 P_{CM} 的大小不是常数，会随散热条件的不同而改变。

【例 7.1】 功放电路如图 7.2 所示，设 $V_{CC} = \pm 12$ V，$R_L = 8$ Ω，晶体管的极限参数为 $P_{CM} = 5$ W，$I_{CM} = 2$ A，$U_{(BR)CEO} = 30$ V，试求：

① 理想尽限运用时的最大输出功率，并验证所给管子是否安全工作；

② 放大器在 $\eta = 0.6$ 时的输出功率。

解：

① 利用式（7.7）得

$$P_{o\max} \approx \frac{1}{2} \cdot \frac{V_{CC}^2}{R_L} = \frac{1}{2} \times \frac{12^2}{8} = 9 \text{ (W)}$$

$$I_{cm} = \frac{U_{om}}{R_L} \approx \frac{V_{CC}}{R_L} = \frac{12}{8} = 1.5 \text{ (A)} \quad (< I_{CM} = 2 \text{ A})$$

由式（7.17）可得

$$P_{E\max} = 0.2 P_{o\max} = 1.8 \text{ (W)} \quad (< P_{CM} = 5 \text{ W})$$

$$u_{CE\max} \approx 2 V_{CC} = 24 \text{ (V)} \quad (< U_{(BR)CEO} = 30 \text{ V})$$

从上面计算可知，所求值均小于所选管子的极限参数，所以管子可以安全工作。

② 由式（7.11）可知

$$\eta = \frac{P_o}{P_E} \times 100\% = \frac{\pi}{4} \cdot \frac{U_{om}}{V_{CC}} \times 100\%$$

$$U_{om} = \frac{4 V_{CC} \eta}{\pi} = 2 \times 12 \times \frac{0.6}{3.14} = 4.6 \text{ (V)}$$

由式（7.4）得

$$P_{\text{o}} = \frac{1}{2} \cdot \frac{U_{\text{om}}^2}{R_{\text{L}}} = \frac{1}{2} \times \frac{4.6^2}{8} = 1.3 \ (\text{W})$$

7.2.2 甲乙类互补对称 OCL 功率放大电路

7.2.2.1 乙类功放的交越失真

图 7.1 所示波形关系，是在假设三极管发射结的导通电压为零，且认为电压电流是线性关系情况下得到的理想波形。而在实际工作中，三极管的发射结总是存在一定的死区电压（硅管约为 0.5 V，锗管约为 0.1 V），且电压、电流关系也不是线性关系。在输入电压小于三极管的死区电压时，三极管处于截止状态，负载 R_{L} 上没有电流流过，输出电压为零。而且在输入电压很小，三极管处于微导通状态时，三极管的电压与电流间不存在线性关系，会产生非线性失真。由于这种失真出现在正负半周交替的零点附近，因而称为交越失真。交越失真波形如图 7.4 所示。

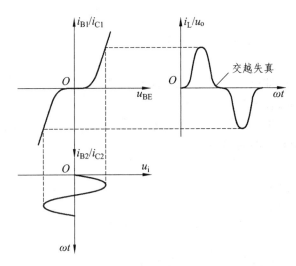

图 7.4 互补对称功率放大电路的交越失真

减小和克服交越失真的有效措施，就是在两个互补管的基极建立一个较小的静态偏置电压，使每一个管子处于微导通状态。输入信号一旦加入，三极管立即进入线性放大区；而在静态时，虽然每一个三极管处于微导通状态，由于电路对称，两个三极管的电流相等，流过负载电流为零，从而消除了交越失真。

7.2.2.2 克服交越失真的实际应用电路

能克服交越失真的电路如图 7.5 所示。

（1）利用二极管进行偏置的甲乙类互补对称功放电路

图 7.5（a）所示电路是利用二极管的正向压降为 T_1、T_2 提供所需要的偏置电压。图中 T_3 管为前置推动级，T_1、T_2 组成互补输出级。

静态时，T_3 管工作在甲类状态，其静态电流 I_{C3} 在二极管 D_1、D_2 产生的直流压降恰好能

为 T_1、T_2 提供一个适当的正向偏置电压，即有

$$U_{BE1} + U_{BE2} = U_{D1} + U_{D2} \tag{7.21}$$

该偏置电压使 T_1、T_2 管在静态时处于微导通状态。由于电路对称，静态时的输出电压 $u_o = 0$。

有信号加入时，因为电路工作在甲乙类状态，即使 u_i 很小，由于 I_{C3} 恒定，且 D_1、D_2 的交流等效电阻很小，仍可保证 T_1、T_2 正负半周输入信号基本对称，且进行不失真的线性放大。

（2）利用 U_{BE} 扩大电路进行偏置的互补对称功放电路

图 7.5（a）所示电路的缺点是偏置电压不易调整。将图 7.5（a）所示电路中的二极管改为三极管则可以改进这个缺点，如图 7.5（b）所示。因为偏置用的三极管 T_4 的基极电流远小于流过电阻 R_1、R_2 的电流，所以由图可求出 T_1、T_2 的偏置电压，其关系推导如下：

$$U_{BE4} \approx \frac{R_2}{R_1 + R_2}(U_{BE1} + U_{BE2})$$

所以

$$U_{BE1} + U_{BE2} \approx \frac{R_1 + R_2}{R_2} U_{BE4} = \left(1 + \frac{R_1}{R_2}\right) U_{BE4} \tag{7.22}$$

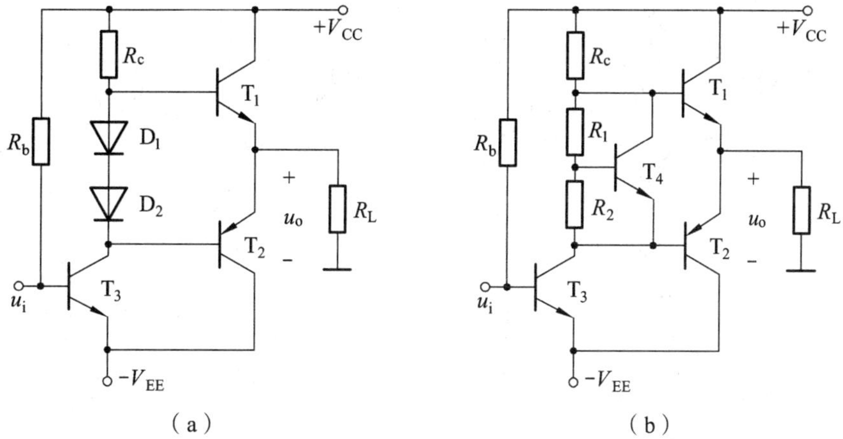

图 7.5　克服交越失真的电路

7.2.2.3　采用复合管的 OCL 功率放大器

在大功率输出情况下，往往要求末前级（又称前置级）提供足够大的推动电流。例如图 7.2 所示电路中，设 $V_{CC} = \pm 12\ V$，$R_L = 8\ \Omega$，则求得最大输出功率 $P_{omax} = 9\ W$，集电极最大电流 $I_{cm} = 1.5\ A$。若互补对称管的电流放大系数 $\beta = 20$，则要求基极的最大电流 $I_{bm} = 1\ 500/20 = 75\ mA$。这样大的基极电流要由末前级提供是十分困难的，为此需要进行电流放大。一般通过复合管解决此问题，以提高电流放大系数，从而降低对末前级的要求。另外，要找出两只性能完全一样的 NPN 和 PNP 管，实现起来比较困难，而要找同类型的管子则比较容易。为此，大功率互补电路中常常采用复合管的接法来实现互补。

复合管又称为达林顿管，是由两个或两个以上三极管按一定方式连接而成的。

（1）复合管的构成原则

图 7.6 所示是 4 种常见的复合管，其中图（a）、（b）是由两只同类型三极管构成的复合管，图（c）、（d）是由两只不同类型三极管构成的复合管。从构成图中，可以看出其构成的基本原则是：串接点的电流必须连续，并接点电流的方向必须保证一致。

（2）复合管等效电极的确定

由图 7.6 可以看出，两管复合后的等效管总是与驱动管（T_1）的管型一致，即复合管的 3 个电极与驱动管的 3 个电极同名。

（3）复合管的等效电流放大系数

复合管的电流放大系数，近似为组成该复合管的各三极管电流系数 β 的乘积，其值很大。由图 7.6（a）可得

$$\beta = \frac{i_c}{i_b} = \frac{i_{c1} + i_{c2}}{i_{b1}} = \frac{\beta_1 i_{b1} + \beta_2 i_{b2}}{i_{b1}}$$

$$= \frac{\beta_1 i_{b1} + \beta_2 (1 + \beta_1) i_{b1}}{i_{b1}}$$

$$= \beta_1 + \beta_2 + \beta_1 \beta_2 \approx \beta_1 \beta_2$$

（a）

（b）

（c）

（d）

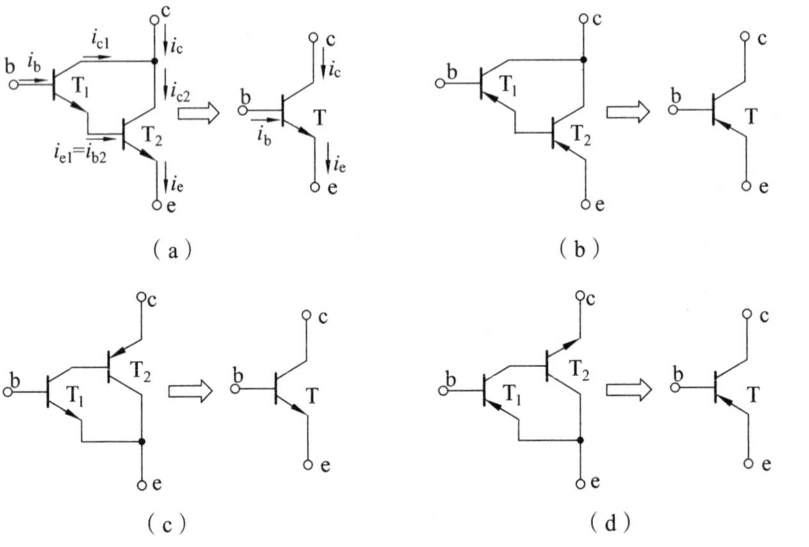

图 7.6　4 种常见的复合管

复合管虽有电流放大倍数高的优点，但它的穿透电流较大，且高频特性变差。这是因为复合管中第一只晶体管的穿透电流会进入下一级晶体管放大，致使总的穿透电流比单管穿透电流大得多。为了减小穿透电流的影响，常在两只晶体管之间并接一个泄放电阻 R，如图 7.7 所示。R 的接入可将 T_1 管的穿透电流分流，R 越小，分流作用越大，总的穿透

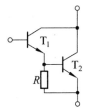

图 7.7　接有泄放电阻的复合管

电流越小。当然，R 的接入同样会使复合管的电流放大倍数下降。

7.2.3　甲乙类互补对称 OTL 功率放大电路

双电源互补对称功率放大电路静态时输出端电位为零，输出端直接接负载，不需要耦合电容，因而它具有低频响应好、输出功率大、便于集成等优点，但因为它需要双电源供电，使用起来有时会感到不便。如果采用单电源供电，只需在两个管子的发射极与负载之间接入一个大容量的耦合电容 C_L 即可。这种电路通常又称为 OTL（Output Transformerless，无输出变压器）电路，如图 7.8 所示。

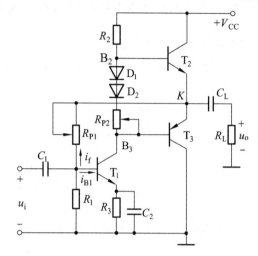

7.2.3.1　电路特点

OTL 电路输出管 T_2、T_3 的输出端 K 点与 R_L 之间增加了一个耦合电容 C_L，该电容除了起隔直流通交流的耦合作用外，还作为 T_3 管的工作电源。图中可调电阻 R_{P2} 与 D_1、D_2 一起为 T_2、T_3 提供合适的偏置电压，用于克服交越失

图 7.8　单电源互补对称功率放大电路（OTL）

真。可调电阻 R_{P1} 与 R_1 一起构成 T_1 管的偏置电路，保证 T_1 管工作在甲类放大状态，而且 R_{P1} 具有电压并联负反馈作用。R_{P1} 的上端不是接向电源 $+V_{CC}$，而是接向输出端的 K 点，因此引入的是交直流负反馈。负反馈的引入不但稳定了 K 点的静态电位 V_K，而且改善了功放电路的交流性能指标。

假设由于某种原因导致 K 点的电位上升，其稳压过程可表述如下：

$$v_K \uparrow \rightarrow i_f \downarrow \rightarrow i_{B1} \uparrow \rightarrow i_{C1} \uparrow \rightarrow v_{B3} \downarrow$$
$$v \downarrow \longleftarrow$$

7.2.3.2　工作原理

①　静态时，由于功率管 T_2、T_3 参数的对称，输出端 K 点电位为电源电压的一半，即 $V_K = \dfrac{V_{CC}}{2}$，耦合电容 C_L 两端的电压也为 $\dfrac{V_{CC}}{2}$（即 $U_{C_L} = \dfrac{V_{CC}}{2}$），负载电阻 R_L 两端的电压 $u_o = 0$。

②　在电路输入端加上信号后，通过 T_2、T_3 的跟随与电流放大作用，K 点有交流电压信号输出经过耦合电容 C_L，到达负载 R_L 成为输出电压 u_o。

在输入信号正半周期，T_2 管导通，T_3 管截止。T_2 管以射极输出器的形式将正向信号传送给负载，同时对电容 C_L 充电。

在输入信号负半周期，T_2 管截止，T_3 管导通。电容 C_L 放电，充当 T_3 管的直流工作电源，使 T_3 管也以射极输出器形式将输入信号传送给负载。这样，负载上得到一个完整的信号波形。

7.2.3.3　性能指标计算

在 OTL 电路中，耦合电容 C_L 的容量应选得足够大，使电容 C_L 的充放电时间常数远大于信号周期。由于该电路中的每个三极管的工作电源已变为 $\dfrac{V_{CC}}{2}$，相当于 OCL 电路中电源 V_{CC} 的一半，因此 OTL 电路的有关计算公式，可以将 OCL 计算公式中的 V_{CC} 用 $\dfrac{V_{CC}}{2}$ 代替即得。

（1）最大输出功率 P_{omax}

功率管在尽限运用时，最大输出电压、电流幅值分别为

$$U_{omax} = \frac{1}{2}V_{CC} - U_{CES}, \qquad I_{omax} = \frac{U_{omax}}{R_L}$$

所以

$$P_{omax} = \frac{1}{2} \cdot \frac{U_{omax}^2}{R_L} = \frac{1}{2} \frac{\left(\frac{1}{2}V_{CC} - U_{CES}\right)^2}{R_L} \approx \frac{1}{8} \cdot \frac{V_{CC}^2}{R_L} \qquad (7.23)$$

（2）电源提供的最大功率 P_{Emax}

$$P_{Emax} = \frac{2U_{omax}}{\pi R_L}V_{CC} = \frac{2}{\pi} \cdot \frac{\frac{1}{2}V_{CC} - U_{CES}}{R_L} \cdot \frac{1}{2}V_{CC} \approx \frac{1}{2\pi} \cdot \frac{V_{CC}^2}{R_L} \qquad (7.24)$$

（3）效率 η

$$\eta = \frac{P_o}{P_E} \times 100\% \qquad (7.25)$$

在有最大功率输出时的效率为

$$\eta_{max} = \frac{\pi}{4} \cdot \frac{\frac{1}{2}V_{CC} - U_{CES}}{\frac{1}{2}V_{CC}} \times 100\% \approx 78.5\% \qquad (7.26)$$

（4）集电极的损耗功率 P_C

$$P_C = P_E - P_o = \frac{U_{om}}{\pi R_L}V_{CC} - \frac{1}{2} \cdot \frac{U_{om}^2}{R_L} \qquad (7.27)$$

与 OCL 电路相同，每个功率管的最大损耗功率相等且为

$$P_{C1max} = P_{C2max} = \frac{1}{2}P_{Cmax} \approx 0.2P_{omax} \qquad (7.28)$$

（5）功率管元件参数的选择

$$P_{CM} \geqslant 0.2P_{omax} \qquad (7.29)$$

$$I_{CM} \geq I_{om} = \frac{V_{CC}}{2R_L} \qquad (7.30)$$

$$U_{(BR)CEO} \geq V_{CC} \qquad (7.31)$$

从上面的分析可以看出，OTL 电路要想获得与 OCL 电路相同的负载功率，其工作电源电压值是 OCL 电路单个电源的 2 倍，对功率管的参数选择也相同。虽然相比之下少了一个电源，但由于输出端的耦合电容容量大，则大容量电容器所呈现的电感效应也大，它对不同频率的信号会产生不同的相移，输出信号有附加失真，这也是 OTL 电路的缺点。

7.2.3.4　实际功率放大电路举例

（1）OTL 互补对称功率放大电路

图 7.9 所示为带有自举电路的 OTL 电路，该电路与图 7.8 相比，多了自举元件 R_3 和 C_3。

在图 7.8 中，前置级 T_1 管始终工作在甲类线性状态。当三极管处于尽限运用时，在输入信号 u_i 的负峰值处，T_1 管在接近于截止区工作，i_{C3} 最小且接近于零。这时，T_1 管的集电极输出电位最高，致使 T_2 管导通且接近于饱和状态。由于 T_2 管导通电流 i_{C2} 最大，对应的 i_{B2} 也最大，T_2 管基极的电位 $v_{B2} = V_{CC} - (i_{C1} + i_{B2})R_2 \approx i_{B2}R_2 < V_{CC}$，即 T_2 管的集电结总是处于反向偏置状态，也就是说 T_2 管不可能工作在（或接近）饱和状态。那么，由于电路在 K 点的输出电位 $v_K = v_{B2} - U_{BE2} < V_{CC}$，输出信号在正峰值处的电压受到削弱，也即经 C_L 耦合到 R_L 的输出电压出现波形失真并导致 U_{om} 的最大值也达不到 $\frac{V_{CC}}{2}$。K 点的电压波形如图 7.10 中实线所示。

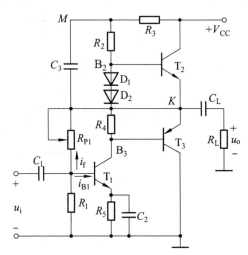

图 7.9　带自举的 OTL 功率放大电路

在图 7.9 中，加入了自举元件 R_3、C_3。在静态时，由于功率管 T_2、T_3 元件参数的对称性，输出端 K 点的静态电位 $V_K = \frac{V_{CC}}{2}$；C_3 因 T_1 管的导通而充电，又由于时间常数 R_3C_3 比信号周期大的多，C_3 两端电压保持为 $\frac{V_{CC}}{2}$ 值，因此 M 点的电位会随 K 点电位而变化$\left(v_M = v_R + \frac{V_{CC}}{2}\right)$。在输出电压的正半周峰值处，$M$ 点的电位会随 K 点电位的增大而升高，而 K 点此时的电位为 $v_K \approx V_{CC} - i_{B2}R_2 - U_{BE2}$，则 M 点的电位为 $v_M \approx \frac{3V_{CC}}{2} - i_{B2}R_2 - U_{BE2}$，这样使得 $v_{B2} \approx v_M - i_{B2}R_2 > V_{CC}$。因此，功率管 T_2 有条件进入饱和状态工作，从而有效地克服了正峰值点附近 K 点波形被压缩的缺陷，保证了最大正向峰值输出电压接近于 $\frac{V_{CC}}{2}$。K 点的电压波形

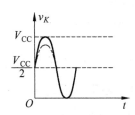

图 7.10　输出端 K 点的电压波形

如图 7.10 中虚线所示。

R_3 的作用是隔离 M 点与电源 V_{CC}，并使 M 点电位可以高于 $+V_{CC}$ 值。

负峰值点附近由于低阻有源驱动（T_1 饱和导通电阻远小于 R_2+R_3），所以失真很小。

图 7.11 所示也是一个典型 OTL 功率放大电路。由运算放大器 A 组成前置级放大电路，对输入信号进行放大。$T_1 \sim T_4$ 组成互补对称电路，其中 T_1 和 T_3 组成 NPN 型复合管，T_2 和 T_4 组成 PNP 型复合管。D_1、D_2 和 D_3 为两复合管基极提供偏置电压，用于克服交越失真。R_7、R_8 用于减少复合管的穿透电流，稳定电路的静态工作点，R_7、R_8 也称为泄放电阻。T_4 集电极所接电阻 R_6 是 T_1、T_2 管的平衡电阻。R_9、R_{10} 分别是 T_3、T_4 的发射极电阻，用以稳定静态工作点，减少非线性失真，还具有过流保护作用。R_{11} 和 R_1 构成电压并联负反馈电路，用来稳定电路的电压放大倍数，提高电路的带负载能力。

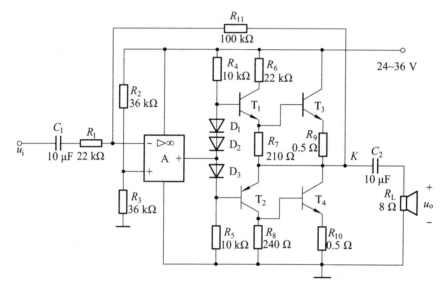

图 7.11　集成运算放大器驱动的 OTL 功放电路

该电路工作原理简述如下：

静态时，由 R_4、R_5、D_1、D_2、D_3 提供的偏置电压使 $T_1 \sim T_4$ 微导通，K 点电位为 $\dfrac{V_{CC}}{2}$，$u_o = 0$。

当输入信号 u_i 为负半周时，经集成运算放大器对输入信号进行放大，使互补对称管的基极电位升高，推动 T_1、T_3 管导通，T_2、T_4 管趋于截止，i_{e3} 自上而下流过负载，输出电压 u_o 为正半周。

当输入信号 u_i 为正半周时，由运算放大器对输入信号进行放大，使互补对称管的基极电位降低，T_1、T_3 管趋于截止，T_2、T_4 管依靠 C_2 上存储电压 $\left(\dfrac{V_{CC}}{2}\right)$ 进一步导通，i_{e4} 自下而上流经负载，输出电压 u_o 为负半周。这样，就在负载上得到了一个完整的正弦电压波形。

（2）OCL 互补对称功率放大电路

图 7.12 所示是一种集成运算放大器驱动的实际 OCL 功率放大电路。集成运算放大器主

要起前置电压放大作用。$T_1 \sim T_4$ 组成 OCL 互补对称电路，其中 T_1 和 T_3 组成 NPN 型复合管，T_2 和 T_4 组成 PNP 型复合管。D_1、D_2 和 D_3 为两复合管基极提供偏置电压，用于克服交越失真。R_3、R_1 和 C_1 构成电压串联负反馈电路，用来稳定电路的电压放大倍数，提高电路输出的带负载能力。该电路的工作原理与前面讨论的 OCL 电路基本相同，这里不再赘述。

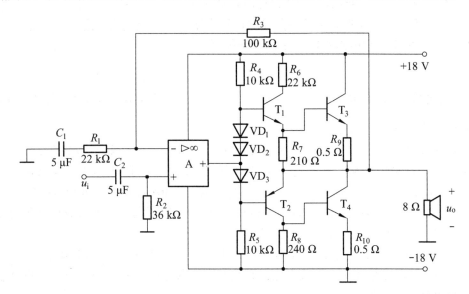

图 7.12　集成运算放大器驱动的 OCL 功放电路

7.3　集成功率放大电路

集成功率放大电路具有输出功率大、外围连接元件少、使用方便等优点，目前使用越来越广泛。它的产品种类很多，通常可以分为通用型和专用型两大类。通用型是指可以用于多种场合的电路，专用型是指用于某种特定场合（如电视、音响专用功率放大集成电路等）。

7.3.1　内部电路简介

本节主要以 LM386 集成功放为例介绍集成功放内部电路，其目的是使大家能正确而熟练地使用集成功放。

LM386 集成功放是目前使用较为广泛的一种集成功率放大电路，经常用作音频信号的功率放大。与其他功放相比，它的主要特点是：频带宽（可达数百千赫兹）、功耗低、电压增益可调节（20 ~ 200 dB）、电源电压适用范围较宽（4 ~ 16 V）、外接元件少、谐波失真小等。它被广泛用于收音机、对讲机、方波发生器、光控继电器等电路中。

LM386 集成功放的电气性能稳定，并在其内部集成了过载和热切断保护电路，能适应长时间连续工作。金属外壳封装的 LM386 的金属外壳与负电源引脚相连，因而在单电源使用时，金属外壳可直接固定在散热片上并与地线（金属机箱）相接，无需绝缘，使用很方便。

7.3.1.1 LM386 的外形及引脚功能

采用双列直插式封装方式的 LM386 的外形与管脚排列如图 7.13 所示。各引脚功能分别是：1 脚和 8 脚是电压增益设定端；2 脚是反向输入端；3 脚是同相输入端；4 脚是接地端；5 脚是输出端；6 脚是电源端；7 脚是外接旁路电容端，用于消除电路可能产生的自激振荡，一般接 10 μF 电容。

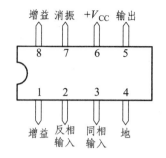

7.3.1.2 内部电路及工作原理

图 7.13　LM386 外形和引脚排列

LM386 集成功放的内部电路如图 7.14 所示。

① 输入级：T_1 与 T_2、T_3 与 T_4 分别构成同型复合管，作为差分输入级放大电路的对称放大管；T_5 和 T_6 组成镜像电流源作为 T_1 和 T_2 的有源负载；信号从 T_1 和 T_4 管的基极输入，从 T_3 管的集电极输出；由 T_1 与 T_2、T_3 与 T_4 组成一个双端输入-单端输出的差分输入级放大电路。

② 中间级：由 T_7 构成共发射极放大电路，负载为一恒流源，因而具有很高的电压放大倍数。

③ 输出级：由 T_8、T_9、T_{10}、D_1 及 D_2 组成。其中，T_8 和 T_9 管复合成 PNP 型管，与 NPN 型的 T_{10} 管组成甲乙类互补功率放大电路的输出级。二极管 D_1 和 D_2 为输出级提供合适的偏置电压，可以克服交越失真。

④ 负反馈网络：R_3、R_4 和 R_5 及增益控制端组成反馈网络，用以改变反馈控制量。电阻 R_5 将输出端的电压引入到输入级 T_3 的发射极，从而形成电压串联负反馈，使整个电路具有稳定的电压放大倍数。通过增益端的控制作用可以调节电路的闭环电压放大倍数。

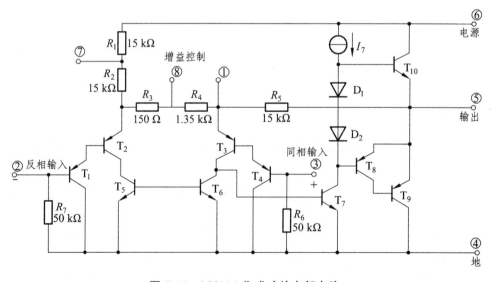

图 7.14　LM386 集成功放内部电路

7.3.1.3 性能指标

LM386 接成单电源 OTL 功率放大电路，按照图 7.14 分析可知：

① 闭环电压放大倍数 A_{uf} 为

$$A_{uf} \approx \frac{R_5 + R_3 + R_4}{R_3 + R_4} = \frac{15 + 0.15 + 1.35}{0.15 + 1.35} \approx 10$$

② 输入电阻（单端输入）r_i 为

$$r_i = R_6 = 50 \text{ k}\Omega$$

③ 静态功耗：LM386 在 6 V 电源电压下可驱动 4 Ω 负载，在 9 V 电源电压下可驱动 8 Ω 负载，在 16 V 电源电压（LM386N 型）下可驱动 16 Ω 负载。

7.3.2 集成功放的应用电路

7.3.2.1 LM386 通用集成功放电路

（1）LM386 组成的 OTL 功放电路

电路如图 7.15 所示，电位器 R_{P1} 用于调节增益，R_{P2} 用于调节音量，C_2、C_4 为电源去耦电容，R_2 和 C_2 组成消振电路。

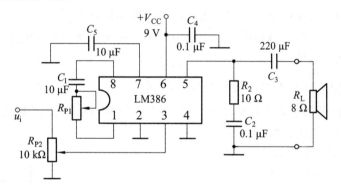

图 7.15　LM386 接成 OTL 电路

（2）LM386 用于光电控制继电器电路

LM386 可以直接驱动中小功率继电器，从而实现各种自动控制，如温度自动控制、光电自动控制。图 7.16 所示是一个光电继电器电路。此电路利用继电器作为执行元件，继电器的触点可以通过照明灯的电源，实现环境对照明的自动控制。工作原理分析如下：

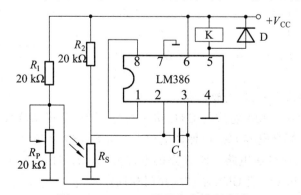

图 7.16　LM386 用于光电控制电路

环境光的检测由光敏电阻 R_S 来完成，环境光线越强光敏电阻阻值越小。LM386 的引脚 3 电位为固定参考电位（由 R_1 和 R_P 分压确定），当光照强度小于某一值时，R_S 值较大，LM386 的反相输入端 2 脚的电位高于同相输入端 3 脚的电位，此时管脚 5 输出低电平，继电器线圈因有电流通过而使其执行机构动作，接通照明电路。反之，光照强度超过设定值，R_S 值较小，引脚 2 的电位低于 3 脚的电位，此时管脚 5 输出高电平，使继电器 K 释放，断开照明电路电源。

图中的管脚 1、8 短接，使电路增益达到其最大值 200，以提高控制的灵敏度；电容 C_1 是为防止高频干扰使电路误动作而设置的；二极管 D 为继电器 K 由吸合变成释放时的线圈磁场能量提供释放（续流）通路，以免产生自感电动势反向击穿集成功放 LM386；R_P 用于调整使电路动作的光照强度。

7.3.2.2 TDA2030A 专用集成功放电路

TDA2030A 是目前使用较为广泛的一种集成功率放大器，与其他功放相比，它的引脚和外部元件较少。

TDA2030A 的电气性能稳定，并在内部集成了过载和热切断保护电路，能适应长时间连续工作。由于其金属外壳与负电源引脚相连，因而在单电源供电时，金属外壳可直接固定在散热片上并与地线（金属机箱）相接，无需绝缘，使用很方便。

TDA2030A 使用于收录机和中功率音响设备中，作为音频功率放大器，也可用作其他电子设备中的功率放大器件。

（1）TDA2030A 的主要性能指标和管脚排列

TDA2030A 的外形及引脚排列如图 7.17 所示，与性能类似的其他产品相比，它的引脚数最少。

TDA2030A 的性能指标如下：

① 电源电压 V_{CC} 为 $\pm 6 \sim \pm 22$ V；

② 输出峰值电流为 3.5 A；

③ -3 dB 功率带宽为 10 Hz ~ 140 kHz；

④ 静态电流 < 60 mA；

⑤ 当电源 $V_{CC} = \pm 14$ V，$R_L = 4$ Ω 时，输出功率为 14 W。

（2）TDA2030A 的典型应用电路

① TDA2030A 组成的 OCL 功放电路。

图 7.18 所示为 TDA2030A 组成的 OCL 功放电路。图中，R_2、R_3 为电压串联反馈电阻，C_3、C_4 为电源高频去耦电容，R_4、C_5 为感性负载消振电容，二极管 D_1、D_2 为输出电压限幅保护电路。

② TDA2030A 组成的 OTL 功放电路。

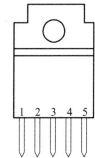

图 7.17 TDA2030A 的外形及
引脚排列
1—同相输入端；2—反相输入端；
3—负电源端；4—输出端；
5—正电源端

图 7.19 所示为 TDA2030A 组成的 OTL 功放电路。图中集成功放采用单电源供电方式，输出端负载 R_L 串联了耦合电容 C_6，以保证输出端的静态电位为 $V_{CC}/2$；在同相输入端用阻值相等的电阻 R_1 和 R_3 构成分压电路，使 K 点的电位为 $V_{CC}/2$，经过 R_2 加到同相输入端；其他元件的作用与 TDA2030A 组成 OCL 功放电路时相同。

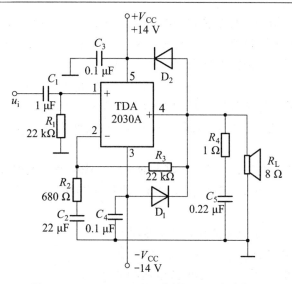

图 7.18 TDA2030A 组成的 OCL 功放电路

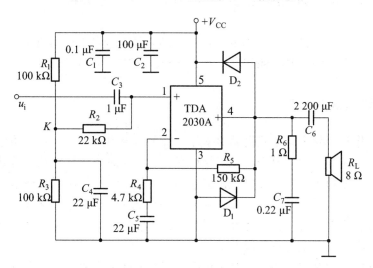

图 7.19 TDA2030A 组成的 OTL 功放电路

7.4 功率管的安全使用与保护

7.4.1 功率管的二次击穿问题

击穿现象对于晶体三极管而言有两种：一次击穿和二次击穿。

在第 2 章中介绍晶体三极管的极限参数时，讨论了击穿电压，那是一次击穿。当集电极电压不再增高，而且适当限制功率管的电流，使管子的功率损耗不超过允许值，只要进入击穿的时间不长，功率管是不会损坏的。所以，一次击穿具有可逆性。

如果一次击穿出现后，集电极电压继续升高，同时又不限制击穿后的集电极电流 i_C，则集电极电流 i_C 在超过某一数值后，三极管的集电极与发射极之间的电压 u_{CE} 会突然减小，而

集电极电流 i_C 却会急剧增加,直至受到外电路限制为止,这种现象称为二次击穿。二次击穿不同于一次击穿,一般来说只要进入二次击穿区,晶体管会在很短的时间内损坏,而且这种损坏是不能恢复的,即二次击穿不具有可逆性。

二次击穿的原因至今尚不清楚。一般来说,二次击穿是一种与电流、电压、功率和 PN 结的结温都有关系的复杂效应。产生的物理过程多数认为是由于晶体管 PN 结表面不平整,使结面的电流不均匀,造成局部温度过高,从而产生热击穿。这与晶体管的制造工艺有关。

为了避免二次击穿的发生,可以从电路方面采取一些补救措施进行保护,具体的做法有:

① 在设计电路时,选择功率管的额定电流、耐压值和功耗都要留有一定的余量,以便使管子工作在安全区内;

② 不宜选择电流放大倍数(β 值)过高的管子;

③ 应有良好的散热条件;

④ 选用较低的电源电压,并减小电源电压的波动;

⑤ 尽可能减小基极与发射极之间回路的电阻,避免基极开路,以防止晶体管击穿电压减小;

⑥ 少用电抗元件,适当引入负反馈,防止电路自激,若电路中的电流、电压的变化率太大,容易使管子工作时的瞬时功耗和电压超过其极限参数,引起二次击穿。

7.4.2 功率管的散热问题

功率管在工作时,除了向负载提供功率外,管子本身也要消耗一部分功率。而管子消耗功率的直接表现是使管子的结温升高。因为功率管在工作时,其集电结总是处于反向偏置状态,所以管子的耗散功率绝大部分集中在集电结上,集电结的结温因此而迅速升高,引起整个管子的温度升高,当升高到一定程度(锗管一般约为 90 ℃,硅管约为 150 ℃)后,就会使输出功率下降,严重时将使管子烧毁。因此,要保证管子的性能及寿命,结温绝对不允许超过规定值,并必须将产生的热量散发出去。

散热条件越好,则对应于相同结温所允许的管耗就越大,输出功率也就越大。因此,功率管的散热问题就是一个关键性的问题。P_{CM} 值与管子的散热条件有关,因为当散热条件好,环境温度低时,集电极功耗产生的热量会很快散发出去,结温升高就会小一些,允许的功耗 P_{CM} 值就可以大些。反之,散热条件不好,环境温度又高,功耗产生的热量又散发不出去,结温就会升得较高,因此这时的 P_{CM} 值就应该小些。

7.4.3 功率管的保护措施

(1)过热保护

过热是指管子产生的热量不能及时散发出去,致使管子温度过高,对管子造成损害,甚至烧毁管子。

发生过热有两种情况。一种是管子的散热不合理或使用不当(如环境温度过高),因而使晶体管的结温过高。只要合理设计并注意工作条件,就可以避免这种情况的发生。另一种过热是由管子的热稳定性差造成的。

过热保护的常见措施有：在满足所需输出功率的前提下，尽量采用低电源电压；还可加散热装置，改善散热外部环境，提高集电结的允许功耗 P_{CM}。

（2）过压和过流保护

过压、过流是指晶体管的电压、电流超过规定的允许值而造成管子的性能下降或损坏。一般设计功率放大电路时，都要注意使管子工作时不超过其击穿电压和允许电流的极限值。然而，即使这样也会因为一些意外因素，如负载的突然开路或短路、温度的突然变化、电源电压的波动等，造成功率管的过压或过流。

为了保证功率管的正常工作，可采取适当的保护措施。例如，为了防止感性负载使管子产生过压或过流，可在负载两端并联二极管和电容（或二极管），以抵消感性负载的不利影响。此外，也可对晶体三极管加以保护，保护的方法很多，如可以选用稳压值 U_Z 值适当的稳压二极管并联在功率管的集电极和发射极之间，以吸收瞬时的过压等。

本章小结

（1）功率放大电路和电压放大电路各有特点，电压放大电路要求有大的电压放大倍数，而功率放大电路要求输出足够大的不失真功率。

功率放大电路是在大信号下工作，为了获得最大的不失真的输出功率，功率管一般工作在尽限运用状态，通常采用图解法进行分析。研究功率放大电路的重点是如何在允许的失真情况下，尽可能提高输出功率和效率，所以功率放大电路的性能指标是：最大不失真输出功率 P_{omax}、效率 η 和非线性失真等。选用管子时还要校验它的极限参数：P_{CM}、I_{CM} 及 $U_{(BR)CEO}$。

（2）与甲类功率放大电路相比，乙类互补对称功率放大电路的主要优点是效率高，在理想情况下，其最大效率约为 78.5%。而在实际低频功率放大电路中，功率管一般工作在甲乙类状态，可以通过设置适当的偏置电路克服乙类状态下产生的交越失真。

（3）甲乙类状态互补对称功率放大电路有 OCL 电路和 OTL 电路。前者为双电源供电，后者为单电源供电。

为了保证管子的安全工作，OCL 电路工作时，器件的极限参数必须满足：$P_{CM} \geqslant P_{C1} = 0.2P_{omax}$，$I_{CM} \geqslant I_{om} = \dfrac{V_{CC}}{R_L}$，$U_{(BR)CEO} \geqslant 2V_{CC}$。而 OTL 电路工作时，器件的极限参数必须满足：$P_{CM} \geqslant P_{C1} = 0.2P_{omax}$，$I_{CM} \geqslant I_{om} = \dfrac{V_{CC}}{2R_L}$，$U_{(BR)CEO} \geqslant V_{CC}$。

（4）由于大功率管对称异型管子不容易选配，实际中通常采用复合管。复合管构成的基本原则有两点，即串接点的电流必须连续，并接点电流的方向必须保证一致。

（5）集成功率放大电路具有体积小、质量轻、工作稳定可靠、性能指标高、外围电路简单、安装调试方便等优点，因而其运用日趋广泛。

习　题

1. 选择填空题。

（1）功率放大电路的主要任务是保证信号失真在允许范围内_____。

　　　a. 输出足够大的电压　　b. 输出足够大的电流　　c. 输出足够大的功率

（2）功率放大电路的最大输出功率是指在基本不失真情况下，负载上可能获得的最大_____。

　　　a. 直流功率　　　　b. 交流功率　　　　c. 交流电压　　　　d. 交流电流

（3）为了输出尽可能大的功率，功率放大电路总是工作在尽限应用状态，一般采用_____分析。

　　　a. 图解分析法　　　　b. 微变等效法　　　　c. 近似估算法

（4）功率放大电路与电压放大电路、电流放大电路的共同点是_____。

　　　a. 都使输出电压大于输入电压

　　　b. 都使输出电流大于输入电流

　　　c. 都使输出功率大于信号源提供的输入功率

（5）功率放大电路与电压放大电路的区别是_____。

　　　a. 前者比后者电源电压高

　　　b. 前者比后者电压放大倍数数值大

　　　c. 前者比后者效率高

（6）功率放大电路与电流放大电路的区别是_____。

　　　a. 前者比后者电流放大倍数

　　　b. 前者比后者效率高

　　　c. 在电源电压相同的情况下，前者比后者的输出功率大

（7）在图 7.9 所示电路中，若输出端 K 点的直流电位过低，可以调节电阻 R_P 来控制该点的电位，应该使该电阻_____。

　　　a. 增大　　　　　　　　b. 减小

（8）在图 7.9 所示电路中，断开 C_3，增大输入信号电压的幅度，输出波形将先出现_____。

　　　a. 正半周顶部失真　　b. 负半周底部失真　　c. 交越失真

2. 对电压放大电路和功率放大电路的要求有何不同？

3. 甲乙类功率放大电路为何可以减小交越失真？

4. OCL 双电源互补对称功率放大电路如图 7.20 所示，已知三极管 T_1、T_2 的饱和管压降 $|U_{CES}| = 1\text{ V}$，$V_{CC} = \pm 18\text{ V}$，$R_L = 8\ \Omega$。试计算：

（1）电路的最大不失真输出功率 P_{omax}；

（2）电路的最大效率 η；

（3）三极管 T_1、T_2 的最大管耗 P_{C1}、P_{C2}；

（4）为保证电路正常工作，所选用三极管的极限参数 I_{CM}、P_{CM}、$U_{(BR)CEO}$ 是多少？

5. 如图 7.21 所示为甲乙类互补对称 OCL 功率放大电路，试分析下列问题：

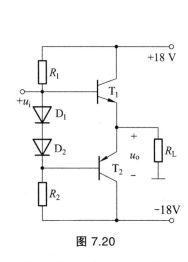

图 7.20

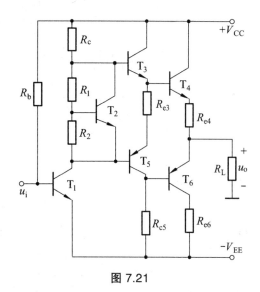

图 7.21

（1）简述图中 $T_3 \sim T_6$ 管的构成形式及作用。

（2）说明图中电阻 R_{e3}、R_{e4}、R_{c5}、R_{e6} 的作用。

（3）要调节输出静态电位时，应调整哪个元件？

（4）调整电阻 R_1 能解决什么问题？

6. 在图 7.22 所示的互补对称功率放大电路中，$V_{CC} = 20\ V$，$R_L = 8\ \Omega$，若负载电流为 $i_L = 0.5\sqrt{2}\sin\omega t\ (mA)$。试求：

（1）负载获得的功率 P_o；

（2）电源提供的直流电源功率 P_E；

（3）放大电路的效率 η；

（4）三极管 T_1、T_2 消耗的功率 P_{C1}、P_{C2}。

7. 图 7.23 所示电路为前级是集成运算放大器的 OCL 功率放大电路，晶体三极管的 T_1、T_2 的饱和压降为 $1\ V$，负载电阻 $R_L = 8\ \Omega$，集成运算放大器的最大输出电压幅值为 $\pm 13\ V$，二极管的导通电压为 $0.7\ V$。试分析电路并回答如下问题：

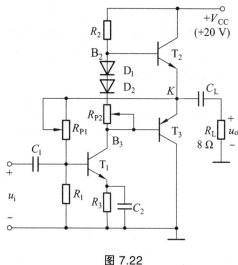

图 7.22

（1）若要提高输入电阻、降低输出电阻，并减小非线性失真，应通过 R_f 引入何种反馈？请在图中画出连接方式。

（2）若输入电压的有效值 $U_i = 100\ mV$，输出电压有效值为 $U_o = 5\ V$，R_f 应为多少？

（3）若输入信号的电压可以足够大，求负载上的最大输出电流 I_{omax} 及最大输出功率 P_{omax}。

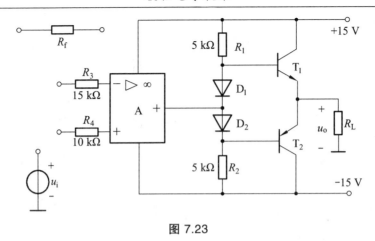

图 7.23

8. OTL 单电源供电的互补对称功放电路如图 7.24 所示。T_1 和 T_2 管的饱和管压降 $|U_{CES}| = 2\ V$，导通时的 $|U_{BE}| = 0.7\ V$，输入电压足够大。试计算：

（1）B_1、B_2、B_3、K 点的静态电位各为多少？

（2）为了保证 T_2 和 T_3 管工作在放大状态，管压降 $|U_{CE}| \geqslant 3\ V$，电路的最大输出功率 P_{omax} 和效率 η 各为多少？

（3）为保证电路正常工作，三极管 T_2 和 T_3 的极限参数 I_{CM}、P_{CM}、$U_{(BR)CEO}$ 如何选择？

9. 已知电路如图 7.25 所示，$V_{CC} = 24\ V$，$R_L = 8\ \Omega$，若三极管 T_1、T_2 的饱和管压降 $|U_{CES}| = 2\ V$。试计算：

（1）电路的最大不失真输出功率 P_{omax}。

（2）电路的最大效率 η_{max}。

（3）为保证电路正常工作，所选用三极管的极限参数 I_{CM}、P_{CM}、$U_{(BR)CEO}$ 是多少？

如果用示波器观察到的输出波形出现（正半周）顶部失真，则调整哪个电阻可克服？该电阻应该增大还是减小？

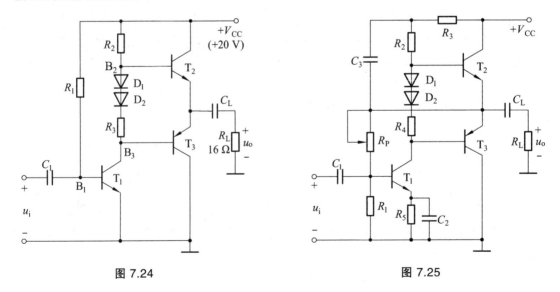

图 7.24　　　　　　　　　　　　图 7.25

10. 图 7.26 所示是 TDA2030A 集成功率放大电路的一种应用。忽略集成放大电路内部输出功率管的饱和压降, 输入信号 u_i 为正弦波电压。试求：

（1）最大输出功率 P_{om}；

（2）输出功率最大时电源提供的功率；

（3）输出功率最大时电源消耗的功率；

（4）当输入电压 $U_i = 2\ mV$ 时, 负载电流 I_L 为多少？此时电路的效率 η 为多少？

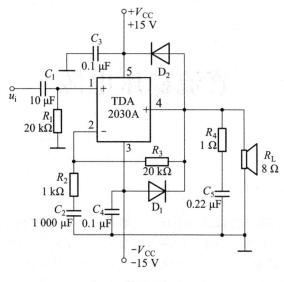

图 7.26

直流稳压电源

8.1 概　述

任何电子设备的内部电路板都必须用直流电源进行供电。获得直流电源的方法很多，如干电池、蓄电池、直流电机等。由于一般的直流电源（如干电池、蓄电池）的电压随着电路工作时间的增加而很快下降，电流也不能满足负载长时间工作的需要，所以在实际应用中，都是把交流电变换成直流电并采取稳压措施来保证电子设备正常工作。在精密仪器和家用电器中，都是采用这种方式供电的。可以说直流稳压电源是电子设备中不可缺少的电路。一般直流稳压电源的组成如图 8.1 所示，它由电源变压器、整流电路、滤波电路和稳压电路 4 部分组成。

图 8.1　直流稳压电源的原理框图

电源变压器是将电网的交流电压变换成所需的交流电压，一般是降压变压器。

整流电路的作用是利用二极管的单向导电特性，将交流电压变换成脉动直流电压。

滤波电路的作用是将脉动直流电压中的交流成分滤掉，使输出电压为平滑的直流电压。

稳压电路的作用是使输出的直流电压在电网电压波动或负载电流变化时，保持基本稳定。

本章首先分析最简单的单相半波整流电路的工作原理，然后分析使用最多的单相桥式整流电路，最后介绍滤波电路、稳压电路的组成和工作原理等。

8.2 整流电路

整流电路的作用是将交流电压变换成直流脉动电压，它的工作原理是利用二极管的单向导电特性。利用二极管可组成单相和三相整流电路，由于它们的工作原理相同，这里只介绍单相整流电路的组成及工作原理。单相整流电路又可分为半波整流、全波整流、桥式整流和倍压整流电路。

8.2.1　单相半波整流电路

8.2.1.1　电路的组成与工作原理

图 8.2 所示电路是单相半波整流电路。为了突出其工作原理，简化分析过程，设该电路中的负载为纯电阻负载，二极管为理想二极管，且忽略变压器的损耗内阻。设变压器次级线圈绕组电压为：$u_2 = \sqrt{2}U_2 \sin \omega t$。

工作原理如下：

① 当 u_2 为正半周时，二极管 D 因正向偏置而导通，电流经过二极管流向负载，在负载电阻 R_L 上得到一个大小、极性与 u_2 相同的电压，即 $u_o = u_2$。此时，理想二极管两端的电压 $u_D = 0$，负载电流 $i_o = \dfrac{u_o}{R}$。

② 当 u_2 为负半周时，二极管 D 因反向偏置而截止，负载电阻 R_L 上的电流 $i_o = 0$，即 $u_o = 0$。此时，二极管因反偏截止，根据 KVL 有 $u_D = u_2$。

由以上分析，根据变压器次级线圈电压 u_2 的波形得到负载上的半波整流波形及二极管上的电压波形，如图 8.3 所示。

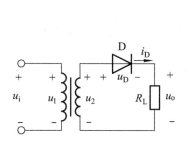

图 8.2　单相半波整流

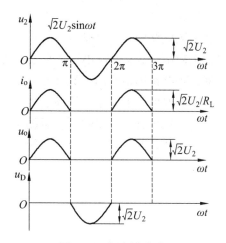

图 8.3　半波整流波形

8.2.1.2　直流输出电压 U_o 与电流 I_o 的计算

直流电压 U_o 是指输出瞬时电压 u_o 在一个周期内的平均值，即

$$U_o = \frac{1}{2\pi} \int_0^{2\pi} u_o \mathrm{d}(\omega t) \tag{8.1}$$

在半波整流情况下，由前面工作原理的分析可知，输出电压 u_o 的数学表达式可写成如下形式：

$$u_{o} = \begin{cases} \sqrt{2}U_2 \sin \omega t & (2n\pi \leqslant \omega t \leqslant 2n\pi + \pi) \\ 0 & (2n\pi + \pi \leqslant \omega t \leqslant 2n\pi + 2\pi) \end{cases}$$

将上式表示的 u_o 代入式（8.1）中得

$$U_o = \frac{1}{2\pi} \int_0^\pi \sqrt{2}U_2 \sin \omega t \mathrm{d}(\omega t) \tag{8.2}$$
$$= \frac{\sqrt{2}}{\pi} U_2 \approx 0.45 U_2$$

式（8.2）说明：在半波整流情况下，负载所得的直流电压只有变压器次级绕组电压有效值的 45%。如果考虑二极管的正向电阻和变压器等效内阻上的电压，则 U_o 数值还要低。

在半波整流电路中，负载上的输出电流与二极管的电流相同，即

$$I_o = I_D = \frac{U_o}{R_L} \approx \frac{0.45 U_2}{R_L} \tag{8.3}$$

8.2.1.3　整流元件的选择

由第 1 章内容可知，若二极管的工作电流超过某一极限值时，容易使二极管因过热烧毁；若二极管承受的反向电压过高时，其反向电流会急剧增大，单向导电性被破坏，甚至因过热而烧坏。因此，在选用二极管时要考虑两个极限参数：最大整流电流 I_{FM} 和最高反向工作电压 U_{RM}。

在半波整流电路中，二极管的电流任何时候都等于输出电流，所以在选用二极管时，二极管的最大正向电流 I_{FM} 不能小于负载电流 I_o，即 $I_{FM} \geqslant I_o$；二极管实际承受的最高反向电压就是变压器次级绕组的最大值，因此 $U_{RM} \geqslant \sqrt{2}U_2$。

半波整流电路的优点是结构简单，使用元件少。但是它也存在明显的缺点：只利用了电源的半个周期，输出直流分量较低，且输出电压波动较大，电源变压器的利用率也比较低。所以半波整流电路只能用在输出电流较小、性能要求不高的场合，如电池充电器、电褥子温控电路等。

8.2.2　单相全波整流电路

8.2.2.1　电路的组成与工作原理

为了提高电源的利用率，可将两个半波整流电路组合起来构成一个全波整流电路，电路组成如图 8.4 所示，o 点为变压器次级线圈绕组的中心抽头。设 $u_{2a} = u_{2b} = u_2 = \sqrt{2}U_2 \sin \omega t$。

工作原理如下：

① 当 u_{2a}、u_{2b} 为正半周时，二极管 D_1 导通，D_2 截止，流过二极管 D_1 的电流 i_{D1} 同时经过负载。回路中电流的流通路径为：由 a 点出发，经 D_1、负载电阻 R_L 回到 o 点。此时有：

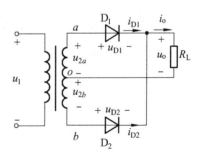

图 8.4　全波整流电路

$$u_o = u_{2a} = u_2 = \sqrt{2}U_2 \sin \omega t$$

$$i_o = i_{D1} = \frac{u_o}{R_L}$$

② 当 u_{2a}、u_{2b} 为负半周时，二极管 D_1 截止，D_2 导通，流过二极管 D_2 的电流 i_{D2} 同时经过负载，而且流过负载的电流方向依然是从上至下。电流 i_{D2} 的流通路径为：由 b 点出发，经 D_2、负载电阻 R_L 回到 o 点。此时有：

$$u_o = u_{2b} = u_2 = \sqrt{2}U_2 \sin \omega t$$

$$i_o = i_{D2} = \frac{u_o}{R_L}$$

从以上分析可以得到整流后的电压、电流波形及二极管上的电流、电压波形，如图 8.5 所示。从波形上分析可知，负载在变压器次级绕组电压的正、负半周都有电压输出，且电压极性相同。因此，称之为全波整流。

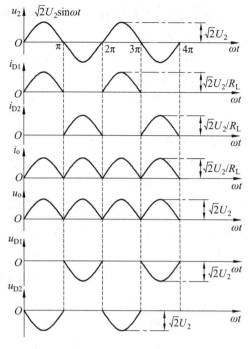

图 8.5 全波整流波形

8.2.2.2 直流输出电压 U_o 与输出电流 I_o 的计算

由输出波形可以看出，全波整流输出波形是 2 个半波整流输出波形的叠加，所以输出直流电压也为半波整流时的 2 倍，即

$$U_o = \frac{2\sqrt{2}}{\pi}U_2 \approx 0.9U_2 \tag{8.4}$$

$$I_o = \frac{U_o}{R_L} \approx 0.9\frac{U_2}{R_L} \tag{8.5}$$

8.2.2.3 整流元件的选择

由于 D_1、D_2 轮流导通，所以流过每个二极管的电流是负载电流的一半，即

$$I_{D1} = I_{D2} = \frac{1}{2}I_o = 0.45\frac{U_2}{R_L} \tag{8.6}$$

那么，选择二极管时要求

$$I_{FM} \geqslant I_{D1} = I_{D2} = \frac{1}{2}I_o \tag{8.7}$$

二极管因承受反向偏置电压而截止。在全波整流电路中，每个二极管截止时所承受的最高反向电压为变压器整个次级线圈绕组 a、b 两端电压的最大值。那么，在选择二极管时要求

$$U_{RM} \geqslant 2\sqrt{2}U_2 \tag{8.8}$$

国产常用整流管型号及主要性能参数见附录二。

【例 8.1】 电路如图 8.6 所示，设变压器及二极管均为理想元件，$R_{L1} = 3R_{L2}$，$U_2 = 20\ \text{V}$，$U_3 = U_4 = 10\ \text{V}$. 求：

① R_{L1} 和 R_{L2} 两端的电压平均值 U_{o1}、U_{o2}，并指出各自的极性；

② 每个二极管所承受的最高反向电压。

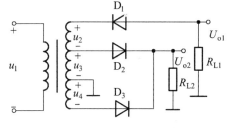

图 8.6 例 8.1 电路图

解：

① 分析图 8.6 所示电路可知：

U_{o1} 是 u_2 和 u_3 串联电压经 D_1 半波整流后在 R_{L1} 上的输出电压，其电压平均为

$$U_{o1} = -0.45(U_2 + U_3) = -0.45(20 + 30) = -13.5\ (\text{V})$$

式中，负号表示 U_{o1} 相对于地为负电压。

U_{o2} 是经 D_2、D_3 全波整流后在负载 R_{L2} 上得到的电压，其平均值为

$$U_{o2} = 0.9U_3 = 0.9 \times 10 = 9\ (\text{V})$$

且 U_{o2} 对地极性为正。

② 同样分析图 8.6 所示电路可知，二极管 D_1、D_2 及 D_3 所承受的最高反向电压分别为

$$U_{D1(RM)} = \sqrt{2}(U_2 + U_3) = 30\sqrt{2} = 42.4\ (\text{V})$$

$$U_{D2(RM)} = U_{D3(RM)} = 2\sqrt{2}U_3 = 20\sqrt{2} = 28.3\ (\text{V})$$

全波整流电路的优点是：电源利用率高，输出电压波动小，输出电压比半波整流提高了 1 倍，且每个管子通过的电流仅为负载电流的 1/2。但是，该电路要求管子的耐压值比半波整流时的耐压值提高了 1 倍，且需要有中心抽头的变压器，工艺复杂，成本高。因此，常采用全波整流的另一种形式——桥式整流电路。

8.2.3 单相桥式整流电路

8.2.3.1 电路的组成与工作原理

桥式整流电路克服了全波整流电路的缺点。它只用一个无中心抽头的次级线圈绕组，同样可以达到全波整流的目的。桥式整流电路如图 8.7 所示，采用 4 个二极管接成电桥形式。桥式整流电路中的二极管可以是 4 个分立的二极管，也可以是一个内部装有 4 个二极管的桥式整流器（桥堆）。桥式整流电路通常可画成图 8.7（b）所示的简化形式。

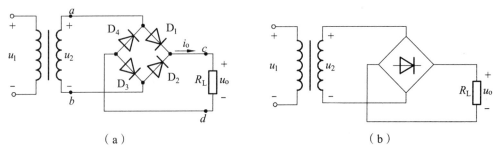

（a）   （b）

图 8.7 桥式整流电路

其工作原理如下：

① 当 u_2 为正半周时，二极管 D_1、D_3 导通，D_2、D_4 截止。输出端电流 i_o 的流经路径为：a 点→D_1→c 点→R_L→d 点→D_3→b 点；输出电压 $u_o = u_2$；两个截止的二极管 D_2、D_4 所承受的反向电压亦为 u_2，承受的最高反向电压为 u_2 的正峰值电压，即 $\sqrt{2}U_2$。

② 当 u_2 为负半周时，二极管 D_1、D_3 截止，D_2、D_4 导通。输出端电流 i_o 的流经路径为：b 点→D_2→c 点→R_L→d 点→D_4→a 点；输出电压 $u_o = -u_2$；两截止的二极管 D_1、D_3 所承受的反向电压也为 $-u_2$，承受的最高反向电压为 u_2 的负峰值电压，也是 $\sqrt{2}U_2$。

桥式整流电路的波形如图 8.8 所示。图中坐标符号 i_{D1}、i_{D2}、i_{D3}、i_{D4} 分别表示流过二极管的正向电流，u_{D1}、u_{D2}、u_{D3}、u_{D4} 分别表示二极管两端的正向电压。

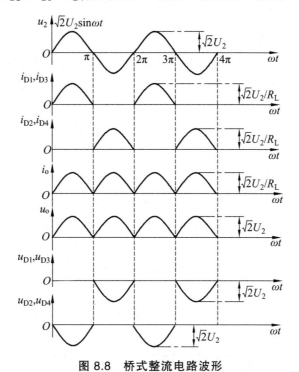

图 8.8 桥式整流电路波形

由上述分析可知，桥式整流电路中，除了二极管所承受的反向电压不同于全波整流外，其他参数均与全波整流电路相同。

8.2.3.2 直流输出电压 U_o 与输出电流 I_o 的计算

$$U_o = \frac{2\sqrt{2}}{\pi}U_2 \approx 0.9U_2 \tag{8.9}$$

$$I_o = \frac{U_o}{R_L} \approx 0.9\frac{U_2}{R_L} \tag{8.10}$$

8.2.3.3 整流元件的选择

由于 D_1、D_3 与 D_2、D_4 交替导通，所以流过每个二极管的电流也是负载电流的一半，即

$$
\left.
\begin{aligned}
I_{D1} = I_{D3} = \frac{1}{2} I_o = 0.45 \frac{U_2}{R_L} \\
I_{D2} = I_{D4} = \frac{1}{2} I_o = 0.45 \frac{U_2}{R_L}
\end{aligned}
\right\}
\tag{8.11}
$$

那么，选择二极管时要求

$$
I_{FM} \geqslant \frac{1}{2} I_o
\tag{8.12}
$$

在桥式整流电路中，每个二极管截止时所承受的最高反向电压为变压器整个次级线圈绕组 a、b 两端电压的最大值。那么，在选择二极管时要求

$$
U_{RM} \geqslant \sqrt{2} U_2
\tag{8.13}
$$

由此可见，桥式整流具有全波整流的全部优点，而且避免了全波整流电路的缺点，因此桥式整流应用最为广泛。随着电子技术的日益发展，已研制出桥式整流的组合器件，通常叫做桥堆，它是将 4 个二极管集中制作成一个整体。

8.3　滤波电路

无论哪种整流电路，它们的输出电压中都含有较大的脉动成分，除了在一些特殊场合（如电镀、电解和充电电路）可以直接应用外，一般是不能直接作为电源给电子电路供电的，因此必须采取措施，尽量降低整流输出电压中的交流成分，同时还要尽量保留其中的直流成分，使输出电压更加平滑，接近于理想的直流电压。这种措施就是采用滤波电路。

滤波电路一般由电抗元件组成，常用作滤波的电抗元件有：电容器和电感器。由于电容器和电感器对交流电和直流电呈现的电抗不同，如果把它们合理地连接在电路中，就可以达到减小交流成分、保留直流成分的目的，从而实现滤波的作用。如在负载两端并联电容器 C，或与负载串联电感器 L，以及由电容、电感组合而成的各种复式滤波电路。常用的结构如图 8.9 所示。

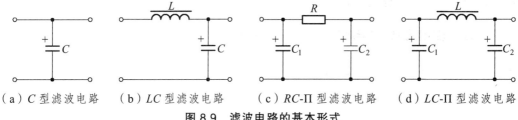

（a）C 型滤波电路　　（b）LC 型滤波电路　　（c）RC-Π 型滤波电路　　（d）LC-Π 型滤波电路

图 8.9　滤波电路的基本形式

由于电抗元件在电路中有储能作用，并联的电容器 C 在电源供给的电压升高时，能把部分能量存储起来，而当电源电压降低时，就把能量释放出来，使负载电压较平滑，即电容具有平波作用（利用电容上的电压不能突变特点）；与负载串联的电感 L，当电源供

给的电流增加（由电源电压增加引起）时，它能把能量存储起来，而当电流减小时，又把能量释放出来，使负载电流比较平滑，即电感 L 也有平波作用（利用电感上的电流不能突变的特点）。

8.3.1 电容滤波电路

图 8.10 所示电路为单相桥式整流电容滤波电路。

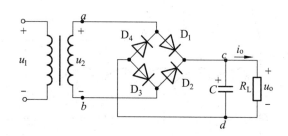

图 8.10 桥式整流电容滤波电路

8.3.1.1 工作原理

设电容 C 上的初始电压 $u_C = 0$，u_1 为正弦交流。

刚接通电源时，u_2 处于正半周，且 u_2 由零逐渐增大，二极管 D_1、D_3 正偏导通，而二极管 D_2、D_4 则反偏截止，此时 u_2 经二极管 D_1、D_3 向负载提供电流，同时向电容 C 充电，因充电时间常数很小（ $\tau_{充} = rC$，r 是由变压器次级线圈内阻、二极管的正向导通电阻构成的总的等效电阻），电容 C 很快充电到 u_2 的峰值。当 u_2 到达峰值以后，再按正弦规律下降，当 u_2 下降到满足条件 $u_2 < u_C = u_o$ 时，二极管 D_1、D_3 因反偏而截止，且在 u_2 的正半周二极管 D_2、D_4 仍因反偏而截止，这时电容 C 只能通过负载 R_L 放电。放电时间常数 $\tau_{放} = R_L C$ 越大，放电就越慢，输出电压 u_o（也是电容电压 u_C）的波形就越平滑。

在 u_2 的负半周，且当 $|u_2| > u_C = u_o$ 时，二极管 D_2、D_4 因正向偏置而导通，二极管 D_1、D_3 反偏截止，u_2 通过 D_2、D_4 向电容充电，使电容 C 上的电压很快充到 u_2 的峰值。当电容 C 上的电压充电逐渐增大，而 u_2 按正弦周期下降至小于电容两端的电压时（即 $|u_2| < u_C = u_o$），二极管 D_1、D_3 和 D_2、D_4 均反偏截止，这时 C 又通过负载 R_L 放电。只要放电时间常数很大，放电就会很慢。在放电不多的情况下，下一个周期的正弦峰值的到来又对电容进行充电，而后又放电，如此周而复始。负载上得到的是脉动成分大大减小的直流电压。

图 8.11（a）所示为变压器次级线圈的电压波形。

当负载开路（空载），即 $R_L = \infty$ 时，电容一旦充电至 u_2 的峰值电压，因没有放电回路，所以理想情况下，电容两端电压将保持 $\sqrt{2}U_2$ 不变，对应的输出波形如图 8.11（b）所示。

桥式整流电容滤波电路负载时的输出电压波形及二极管的电流波形分别如图 8.11（c）、（d）所示。

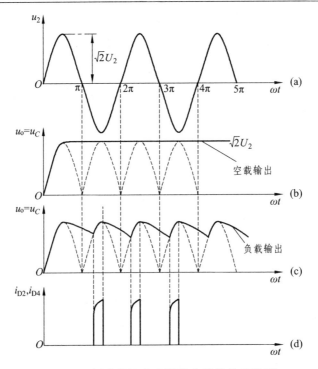

图 8.11 桥式整流电容滤波电路的输出波形

8.3.1.2 输出直流电压 U_o 和负载电流 I_o 的估算

按求平均值的定义，可以知道输出电压的平均值数值上等于输出电压波形与横坐标间的面积。从波形比较可以看出，电容滤波后，其输出电压 u_o 的平均值大于全波整流输出的平均值，即电容滤波后使整流输出电压大大提高，一般按经验公式来估算整流电容滤波电路的输出直流电压 U_o 值。

桥式整流电容滤波时，计算输出电压平均值的经验公式为

$$U_o = 1.2U_2 \quad （负载） \tag{8.14}$$

因而，负载电流为

$$I_o = 1.2\frac{U_2}{R_L} \tag{8.15}$$

半波整流电容滤波时，计算输出电压平均值的经验公式为

$$U_o \approx U_2 \quad （负载） \tag{8.16}$$

空载时，因无放电回路，输出电压均为

$$U_o \approx 1.4U_2 \quad （空载） \tag{8.17}$$

需要注意的是：在上述电压的估算中，都没有考虑二极管的导通电压降及变压器次级线圈绕组的直流电阻。在设计直流电源时，当输出电压较低时，应该把上述因素考虑进去，否则实际结果与理论设计差别较大。

此外，负载的变化对输出电压 u_o 的影响较大。R_L 越大，电容放电的时间常数越大，放电速度越慢，负载电压就越平滑；当 R_L 很小时，其输出电压的平均值就接近于电容滤波的整流输出电压值。滤波电路的负载能力可用其外特性描述。所谓外特性是指电路输出端电压与输出电流的关系，如图 8.12 所示。由此图可以看出，电容滤波电路的输出电压随输出电流的增大下降很快，表明该电路的外特性较软、电路带负载能力差。因此，电容滤波电路仅适用于负载电流变化不大的场合。

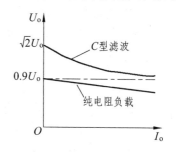

图 8.12 电容滤波电路的外特性

8.3.1.3 整流元件和滤波元件的选择

（1）整流元件的选择

由电容滤波的工作过程及波形可以看出，电容滤波电路中整流二极管的导电时间缩短了，导电角小于 180°，这使得通过二极管的电流 i_D 的峰值必然增大。在短时间内通过较大的电流，称为浪涌电流或瞬时冲击电流。电容 C 的容量越大，电容两端的充电电压建立越缓慢，冲击电流的瞬时峰值也越大。有了电容滤波后，整流滤波输出直流电压提高了，二极管的导电角却减小了，整流管在短时间内将流过一个很大的冲击电流，这样容易损坏整流管，所以应选择 I_{FM} 较大的整流二极管。一般选择二极管时使 I_{FM} 满足如下条件：

$$I_{FM} \geqslant (2 \sim 3)\frac{1}{2}I_o \tag{8.18}$$

桥式整流滤波电容滤波电路中，二极管所承受的最高反向电压是 $\sqrt{2}U_2$，因此选择二极管时，要使 $U_{RM} \geqslant \sqrt{2}U_2$。在半波整流电容滤波电路中，二极管承受的最大反向电压是 $2\sqrt{2}U_2$；在全波整流电容滤波电路中，二极管承受的最大反向电压是 $2\sqrt{2}U_2$。

（2）滤波元件的选择

在负载一定的条件下，电容越大，滤波效果越好，但流过二极管的冲击电流也越大。实际工作中，一般取电容的放电时间常数 $\tau_{放} = R_L C \geqslant (3 \sim 5)\dfrac{T}{2}$，其中 T 为正弦交流电压周期。则

$$C \geqslant (3 \sim 5)\frac{T}{2R_L} \tag{8.19}$$

由于滤波电容的取值一般较大（为几十微法到几千微法），所以选用电解电容器，其耐压值一般应大于空载时输出电压的最大值 $\sqrt{2}U_2$。若再考虑电网电压的波动，电容的耐压值一般按下式取值：

$$U_{CM} = (1.5 \sim 2)U_2 \tag{8.20}$$

【例 8.2】 某负载要求工作电压为 30 V，额定电流为 200 mA，采用单相桥式整流电容滤波电路供电。已知交流电源频率 $f = 50$ Hz，试选择整流二极管和滤波电容。

解：

① 整流元件的选择。

设桥式整流滤波电路输入变压器的次级线圈电压有效值为 U_2，桥式整流滤波输出电压为 U_o，因为一般有

$$U_o = 1.2U_2$$

则

$$U_2 = \frac{U_o}{1.2} = \frac{30}{1.2} = 25 \text{ (V)}$$

桥式整流滤波电路中，整流二极管的最大反向电压取值为

$$U_{RM} = \sqrt{2}U_2 = 35.35 \text{ (V)}$$

又已知输出电流为 $I_o = 200$ mA，则根据式（8.18），每个二极管的平均电流取值为

$$I_{FM} = 3 \times \frac{1}{2}I_o = 3 \times \frac{1}{2} \times 200 = 300 \text{ (mA)}$$

根据以上计算，查手册（或由附录二）可确定选择 4 只二极管的型号为 2CZ54B，其 $I_{FM} = 0.5$ A，$U_{RM} = 50$ V。

② 滤波元件的选择。

根据式（8.19）取

$$C = 4 \times \frac{T}{2R_L} = 4 \times \frac{\frac{1}{50}}{2 \times \frac{30}{0.2}} = 267 \text{ (μF)}$$

耐压值为

$$U_{CM} = 2 \times U_2 = 2 \times 25 = 50 \text{ (V)}$$

8.3.2 电感滤波电路

在桥式整流电路与负载电阻 R_L 之间串入一个电感器 L，如图 8.13 所示。利用电感对交流呈现较大的阻抗而对直流没有阻碍作用的特点，可在负载上得到比较平滑的直流。当忽略电感器 L 的电阻时，负载上输出的平均电压和负载为纯电阻（不加电感）时相同，即 $U_o = 0.9U_2$。

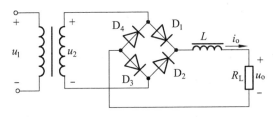

图 8.13 桥式整流电感滤波电路

电感滤波的特点是：整流管的导电角大（电感 L 上的自感电动势使整流管导电角增大），峰值电流很小，输出特性比较平坦。其缺点是：由于铁芯的存在，电路笨重、体积大，容易引起电磁干扰。故电感滤波一般只适用于低电压、大电流场合。

此外，为了进一步提高滤波效果，减小负载电压中的交流谐波分量（又称纹波），可在输出端再并接一个电容，组成 *LC* 型滤波电路或 *LC-Ⅱ* 型滤波电路，如图 8.9（b）、（d）所示。它在负载电流较大时或较小时均有较好的滤波特性，所以 *LC* 型滤波电路对负载的适应能力较强，特别适用于电流变化较大的场合。*LC* 型滤波电路的直流输出电压，如果忽略电感上的压降，其值也与负载为纯电阻（不加电感）时相同，即 $U_o = 0.9U_2$。

8.3.3　各种滤波电路性能比较（见表 8.1）

表 8.1　各种滤波电路性能比较

类型	滤波效果	整流管冲击电流	输出电压	适用场合
C 型滤波电路	小电流时较好	大	$\approx 1.2U_2$	小电流
L 型滤波电路	大电流时较好	小	$0.9U_2$	大电流
LC 型滤波电路	好	小	$0.9U_2$	适应性强
RC-Ⅱ 型滤波电路	小电流时较好	大	$\dfrac{1.2U_2 R_L}{R + R_L}$	小电流，负载较稳定
LC-Ⅱ 型滤波电路	小电流时较好	大	$1.2U_2$	适应性强

8.4　串联型直流稳压电路

交流电通过整流滤波电路可以变换成平滑的直流电。但从各种整流滤波电路的外特性可知，当负载电流变动时，输出电压也随之有不同程度的变动。此外，当电网电压波动时，输出电压也随着波动。因此，为了使输出电压在电网电压波动、负载发生变化时基本保持稳定，必须在整流滤波之后加入稳压电路，才能组成直流稳压电源。

8.4.1　稳压电源的技术指标

稳压电源的技术指标分为两种：一种是特性指标，包括电源的容量、电路允许的输入电压和输入电流、电路允许的输出电压及输出电流等；另一种是质量指标，用来衡量输出直流电压的稳定程度，包括稳压系数、输出电阻、温度系数及纹波电压等。这些质量指标的定义可简述如下：

（1）稳压系数 S_r

稳压系数 S_r 定义为：在环境温度 T（℃）与负载恒定条件下，输出电压 U_o 的相对变化量与输入电压 U_i 的相对变化量之比，即

$$S_r = \left.\frac{\Delta U_o / U_o}{\Delta U_i / U_i}\right|_{\substack{\Delta T=0 \\ \Delta I_o=0}} = \left.\frac{\Delta U_o}{\Delta U_i} \cdot \frac{U_i}{U_o}\right|_{\substack{\Delta T=0 \\ \Delta I_o=0}} \tag{8.21}$$

稳压系数 S_r 是衡量稳压电源质量的重要指标，在相同的输入电压变化和负载电流变化的

条件下，电路的稳压系数 S_r 越小，则电路的输出电压波动越小。

（2）输出电阻 r_o

输出电阻 r_o 定义为：输入电压与环境温度恒定条件下，输出电压的变化量与输出电流变化量之比，即

$$r_o = \left.\frac{\Delta U_o}{\Delta I_o}\right|_{\substack{\Delta T=0 \\ \Delta U_i=0}} \tag{8.22}$$

输出电阻是衡量直流稳压源在输出电流变化时输出电压稳定程度的重要指标。输出电阻越小，则当负载变化时，电路的输出电压波动就越小。

（3）温度系数 S_T

温度系数 S_T 为：在规定温度范围内及输入电压、负载电阻均不发生变化时，单位温度变化引起的输出电压的变化量，即

$$S_T = \left.\frac{\Delta U_o}{\Delta T}\right|_{\substack{\Delta U_i=0 \\ \Delta I_o=0}} \tag{8.23}$$

温度系数 S_T 是衡量电路在环境温度变化时电源的输出电压波动程度的重要指标。温度系数越小，则电源的质量越高。

（4）纹波电压 U_{ov} 及纹波系数 δ_U

纹波电压 U_{ov} 是叠加在直流电压之上的交流分量电压（即各次谐波电压）总的有效值。

纹波系数 δ_U 用来表示直流输出电压中纹波电压的大小，即

$$\delta_U = \frac{U_{ov}}{U_o} \tag{8.24}$$

纹波系数是用来衡量电源中交流成分大小的指标。纹波系数越小，则电源电压越平滑。

8.4.2　电路原理框图及工作原理

在第 1 章中介绍了硅稳压管并联型稳压电路的工作原理，该电路结构简单，由于它只能在一定负载范围内稳压，且输出电流小、稳压性能较差，若要改变稳压值还必须更换稳压管，因此它只适用于小电流的局部电路中。如果要求输出电流大、稳压性能好，可以采用串联型稳压电路。

串联型稳压电路通常由调整元件、基准电压、取样网络、比较放大以及过载或短路保护、辅助电源等辅助环节组成，基本的原理框图如图 8.14 所示。

一般情况下，取样网络及过载或短路保护电路的电流比负载电流小得多，所以调整元件的电流与负载电流 I_o 近似相等，可将输入电压、调整管与负载电阻 R_L 看成串联连接关系，因此称为串联型稳压电路。

（1）取样电路

取样电路通常出一个电阻分压器组成。通过取样电路获取输出电压的变化量，并将取样

电压(FU_o)信号反馈给比较放大器。为了使取样网络所流过的电流远远小于额定负载电流，取样电路的电阻值应远远大于额定负载阻值。同时，为了使取样分压比 F 与比较电路无关，要求取样电阻远远小于比较放大电路的输入电阻。因此，选择取样电阻时，应该考虑上述因素。

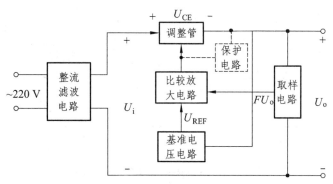

图 8.14 串联型稳压电源原理框图

（2）基准电路

基准电压 U_{REF} 通常由硅稳压管提供。如果基准电压本身不稳定，将直接影响稳压性能。

（3）比较放大电路

比较放大器可以是单管放大电路、差动放大电路或集成运算放大电路，要求有尽可能小的零点漂移和足够的放大倍数。基于这些考虑，后两种放大电路组成的稳压电路性能比较好。

比较放大器的作用是将取样电压 FU_o 与基准电压 U_{REF} 的差值进行放大，然后用放大了的差值信号去控制调整管，使调整管的输出电压 U_{CE} 作相应的变化，从而阻碍输出电压的变化趋势，使输出电压维持在变化前的数值。可见这是一个环路增益足够大的自动控制系统。

（4）调整管

串联型稳压电路的核心部分是调整管组成的射极输出器，负载作为发射极电阻，整流滤波电路的输出电压作为电源。射极输出器是电压串联负反馈电路，它本身就具有稳定输出电压的特点。调整管的工作点必须设置在放大区，才能使之起到电压调节作用。

串联型稳压电路的输出电压 U_o 是输入电压 U_i 与管压降 U_{CE} 之差，即 $U_o = U_i - U_{CE}$。稳压电路的稳压过程如下：

由于输入电压或负载变化等原因而使输出电压 U_o 发生变化，这时通过取样电路获得取样电压 FU_o，取样电压 FU_o 与基准电压 U_{REF} 比较后，由放大电路对其差值进行放大，所放大的差值信号对调整管进行负反馈控制，使其管压降 U_{CE} 作相应的变化，从而将输出电压 U_o 拉回到接近变化前的数值。假设电网电压一定，负载电阻变化使输出电压 U_o 有增加趋势，电路的稳压过程可表示如下：

$$U_o \uparrow \rightarrow F{\cdot}U_o \uparrow \rightarrow (FU_o - U_{REF}) \uparrow \rightarrow U_{CE} \uparrow$$
$$U_o\ (=U_i - U_{CE}) \downarrow \leftarrow$$

（5）保护电路

为了防止短路和长期过载，电路中一般设有能迅速反应的短路保护和限流保护电路。

8.4.3　串联型直流稳压电路

按图 8.14 所示的框图，可画出如图 8.15 所示的两种串联型稳压电路。

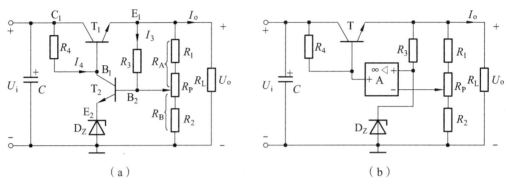

（a）　　　　　　　　　　　　　　　　（b）

图 8.15　两种常见串联型稳压电路

在图 8.15（a）、（b）所示两个稳压电路中，基准电压都是由硅稳压电路提供，取样电路由分压电阻 R_1、R_2、R_P 组成，调整管都是由三极管担任，所不同的是比较放大环节分别由单级放大电路、集成运算放大电路来担任。

下面以图 8.15（a）所示电路为例具体分析稳压电路。

8.4.3.1　稳压工作原理

当输入电压 U_i 或负载 R_L 变化时，输出电压 U_o 将相应变化，其变化量经过 R_1、R_2、R_P 分压取样后，送至调整管 T_1 的基极并与基准电压 U_Z（稳压管的稳压值）比较，得到的取样电压差值 U_{BE2} 经过 T_2 放大管放大后去控制调整管 T_1 的管压降 U_{CE1}，使之发生相应的变化，从而使 U_o 回到原来的值，保持输出电压的稳定。稳定过程可表示如下：

$$U_i \uparrow（或 R_L \uparrow）\rightarrow U_o \uparrow \rightarrow V_{B2} \uparrow \rightarrow U_{BE2}（=V_{B2}-U_Z）\uparrow \rightarrow I_{B2} \uparrow \rightarrow I_{C2} \uparrow \text{——}$$
$$U_o（=U_i-U_{CE1}）\downarrow \leftarrow U_{CE1} \uparrow \leftarrow I_{C1} \downarrow \leftarrow I_{B1} \downarrow \leftarrow U_{BE1} \downarrow \leftarrow V_{B1} \downarrow \leftarrow U_{CE2} \downarrow \leftarrow$$

同理，当 U_i 减小（或 R_L 减小）时，该电路也能自动产生调整作用，不过在稳压过程中，各电量的变化趋势与上述过程相反，而结果仍将使 U_o 基本保持不变。

当比较放大电路放大倍数比较大（如使用运算放大器）时，即使 U_o 有微小的变化也能被放大并控制调整管的 U_{CE1} 变化，这样调整管的灵敏度、稳定精度更高。

8.4.3.2　输出电压 U_o 的调节范围

调节电位器 R_P 的滑动触头位置就可以改变输出电压 U_o 的大小。如果电路设计时能使比较放大器的基极电流 I_{B2} 远远小于取样支路的电流，则

$$V_{B2} = \frac{R_B}{R_A + R_B} \times U_o = FU_o \tag{8.25}$$

式中，$F = \dfrac{R_A + R_B}{R_B}$ 称为取样系数。

则
$$U_o = \frac{1}{F} \times V_{B2} = \frac{1}{F} \times (U_Z + U_{BE2}) \tag{8.26}$$

输出电压的调节范围为 $U_{omin} \sim U_{omax}$。

当 R_P 的滑动触头位于最上端时，$R_A = R_1$，$R_B = R_P + R_2$，取样系数 F 最大，等效于负反馈电压最强，则此时输出电压最小，即 $U_o = U_{omin}$，且

$$U_{omin} = \frac{R_1 + R_P + R_2}{R_P + R_2} \times (U_Z + U_{BE2}) \tag{8.27}$$

当 R_P 的滑动触头位于最下端时，$R_A = R_1 + R_P$，$R_B = R_2$，取样系数 F 最小，等效于负反馈电压最弱，则此时输出电压最大，即 $U_o = U_{omax}$，且

$$U_{omax} = \frac{R_1 + R_P + R_2}{R_2} \times (U_Z + U_{BE2}) \tag{8.28}$$

8.4.3.3 最大负载电流额定值的估算

在输出电压稳定的条件下，电路可能向负载提供最大的额定电流 I_{omax}。在图 8.15（a）中，输出电压为

$$U_o = V_{B1} - 0.7 \text{ V} = (U_i - I_4 R_4) - 0.7 \text{ V}$$

要求输出电压稳定，意味着流过 R_4 的电流 I_4 必须稳定，而 $I_4 = I_{B1} + I_{C1}$。当负载电流 I_o 增大时，要求 $I_{B1} \approx I_o/\beta_1$ 相应增大，为保持 I_4 基本不变，T_2 的集电极电流 I_{C2} 应相应减小，但 I_{C2} 的减小是有限度的。当 $I_{C2} \approx 0$ 时，T_2 再无法控制 T_1 管起调节作用，所以 $I_{C2} = 0$ 时，$I_o \approx I_{omax}$，因此

$$I_{B1} \approx \frac{I_{omax}}{\beta_1} \approx I_4$$

而
$$I_4 = \frac{U_i - U_o - 0.7}{R_4}$$

所以

$$I_{omax} \approx \beta_1 I_4 = \beta_1 \times \frac{U_i - U_o - 0.7}{R_4} \tag{8.29}$$

从式（8.29）可以看出，输出端短路时输出电流最大，这时调整管通过的电流过大，容易烧坏调整管。为了防止短路和长期过载，电路中还应有能迅速反应的短路保护和限流保护。图 8.16 所示电路中是由 R_o 和 D 组成二极管限流保护电路。选取适当的 R_o 值，在 I_o 正常范围内，（$U_{BE1} + I_o R_o$）小于二极管 D 的开启电压，二极管 D 截止。当负载电流达到规定的限流保护整定值 I_{os} 时，R_o 上的压降增加，使二极管 D 导通，对

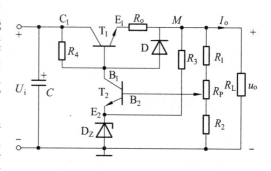

图 8.16 二极管限流保护电路

I_{B1}产生分流，从而限制了负载电流继续增加。I_o恢复正常后，D 又截止，电路也自动恢复正常。检测电阻 R_o 的计算式为

$$R_o = \frac{U_D - U_{BE1}}{I_{os}} \tag{8.30}$$

式中，U_D 为二极管的导通电压，也可用稳压二极管取代二极管 D。

8.4.3.4　调整管的考虑

串联型稳压电路中，调整管承担了全部负载电流，考虑到调整管的安全工作问题，一般调整管选用大功率晶体管。

（1）对 I_{CM} 的考虑

调整管中流过的最大集电极电流为

$$I_{CM} > I_{Cmax} = I_{omax} + I' \tag{8.31}$$

式中，I_{omax} 为负载电流最大额定值；I' 为取样、比较放大和基准电源等环节所消耗的电流。

（2）对 P_{CM} 的考虑

调整管可能承受的最大集电极功耗为

$$P_{Cmax} = U_{CE1max}I_{C1max} = (U_{Imax} - U_{omin})I_{C1max} \tag{8.32}$$

式中，U_{Imax} 为电网电压波动上升 10% 时，稳压电路的输入电压最大值；U_{omin} 是稳压电源的最小额定输出电压；$I_{Camx} = I_{omax} + I'$，选择调整管时要求

$$P_{Cmax} > (U_{Imax} - U_{omin})(I_{omax} + I') \tag{8.33}$$

（3）对击穿电压 $U_{(BR)CEO}$ 的考虑

当输出短路时，输入最大电压 U_{Imax} 全部加在调整管 C、E 间，所以

$$U_{(BR)CEO} \geqslant U_{Imax} \tag{8.34}$$

（4）采用复合调整管

稳压电路工作时，要求调整管始终处于放大状态。通过该管的电流为负载电流，当负载电流较大时，调整管的基极电流也较大，靠放大器来推动时十分困难。与功率放大相似，可用复合管组成调整管，如图 8.17 所示。其中 R_{e2} 为分流电阻，用来减小穿透电流的影响。用硅管作复合管时，可不用分流电阻。

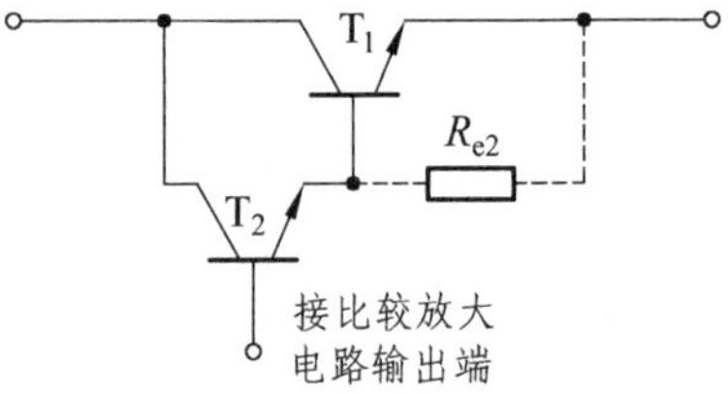

图 8.17　复合调整管

8.5　集成稳压器

随着集成工艺的发展，现在已将调整管、比较放大电路、取样电路、基准电压电路、保护电路等做在一块芯片上，成为集成稳压器。它具有体积小、重量轻、安装调试方便、运行可靠和价格低廉等一系列优点，因而得到广泛的应用。目前集成稳压电源的规格和种类繁多，

按输出电压是否可调，可分为固定式和可调式；按照输出电压的正、负极性，可分为正稳压器和负稳压器；按照引出端子可分为三端和多端稳压器。

下面主要介绍几种三端集成稳压器。

8.5.1   三端固定式输出集成稳压器

8.5.1.1   三端固定式集成稳压器的外形及管脚排列

三端固定式集成稳压器的外形及管脚排列如图 8.18 所示。由于它只有输入、输出和公共地端三个端子，所以称为三端稳压器。

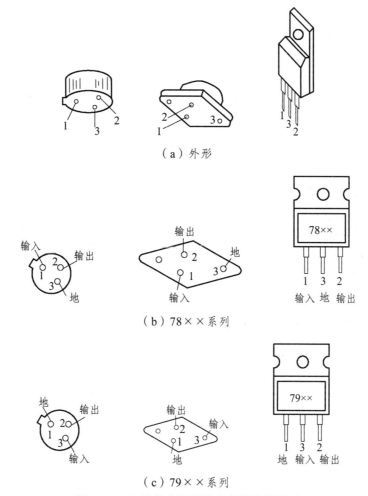

（a）外形

（b）78××系列

（c）79××系列

图 8.18   三端集成稳压器外形及管脚排列

8.5.1.2   三端固定式集成稳压器的型号命名及其意义

三端固定式集成稳压器的型号命名的方法及其意义如下：

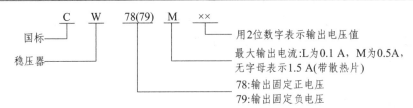

三端固定集成稳压器分为正电压输出（78××系列）、负电压输出（79××系列）两大类。其输出电压有±5 V、±6 V、±9 V、±12 V、±15 V、±18 V、±24 V。最大输出电流有8种规格：0.1 A（78L××系列）、0.25 A（78DL××系列）、0.3 A（78N××系列）、0.5 A（78M××系列）、1.5 A（78××系列）、3 A（78T××系列）、5 A（78H××系列）、10 A（78P××系列）。

8.5.1.3　三端固定式集成稳压器的应用

（1）基本应用电路

三端集成稳压器的基本应用电路如图8.19所示。输出电压为稳压器固定标称值。正常工作时，U_i与U_o之间的电压差不得小于4 V，否则稳压功能得不到保证。当稳压器与整流滤波电路之间的距离较远时，要接入电容C_i，以抵消输入线路较长时所产生的电感效应，防止产生自激振荡，改善纹波输入电压。C_o用于抑制电路中的高频噪声，改善输出的瞬态响应。图中C_1为整流滤波电容，一般C_i和C_o分别取值0.33 μF和0.1 μF。

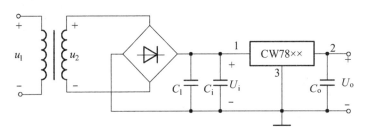

图8.19　CW78××集成稳压器的基本应用电路

（2）提高输出电压电路

当所需电压高于三端集成稳压器的固定标称值电压时，可采用图8.20所示电路。在稳压器的公共端外接稳压二极管，则输出电压U_o为集成稳压器的输出电压标称值U_X与稳压二极管稳压值U_Z之和，即

$$U_o = U_X + U_Z \tag{8.35}$$

（3）可调输出电压电路

图8.21中，调节电位器R_p就可以调节输出电压U_o。因为$I_1 = \dfrac{U_X}{R_1}$，则

$$U_o = U_X\left(1+\frac{R_P}{R_1}\right) + I_W R_P \approx U_X\left(1+\frac{R_P}{R_1}\right) \tag{8.36}$$

式中，U_X为三端集成稳压器的标称电压；I_W为三端集成稳压器的静态电流，一般为几毫安。

由于实际器件的 I_W 较大，且随负载和输入电压 U_i 变化，这些都影响 U_o 的稳定性，因此这种方法只适用于较小范围的电压调节。

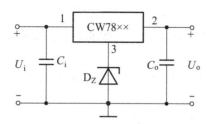

图 8.20 提高输出电压电路

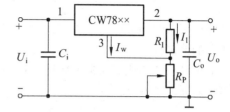

图 8.21 可调节输出电压电路

（4）扩大输出电流电路

当负载电流大于三端集成稳压器的输出电流时，可采用图 8.22 所示电路。为提高三端集成稳压器的输出电流能力，外加了一个 PNP 型功率管，输出电流为 $I_o = I_X + I_C$。其中，I_X 为三端集成稳压器的标称输出电流，I_C 为外接功率管的集电极电流，R 为功率管的基极偏置电阻。忽略稳压管的静态电流 I_W 时，有

$$I_C = \beta I_B \approx \beta(I_X - I_R) = \beta\left(I_X - \frac{-U_{BE}}{R}\right)$$

则

$$I_o = I_X + I_C = I_X + \beta\left(I_X + \frac{U_{BE}}{R}\right) \tag{8.37}$$

可见输出电流增加了。根据式（8.37）可以计算出当扩大电流为 I_o 时的 R 值。

（5）具有正、负电压输出的电路

图 8.23 所示电路可同时输出正、负两组大小相等、极性相反的电压，以适应大多数运算放大器需要。

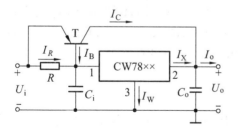

图 8.22 扩大输出电流电路

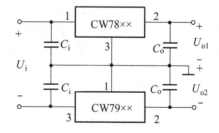

图 8.23 具有正、负电压输出的电路

8.5.2 三端输出可调式集成稳压器

8.5.2.1 三端输出可调式集成稳压器系列

三端输出可调式集成稳压器有输出为正电压的 CW117、CW217、CW317 系列和输出为负电压的 CW137、CW237、CW337 系列两大类。型号命名方法及其意义如下：

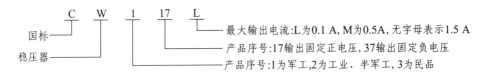

三端输出可调式集成稳压器克服了固定式稳压器输出电压不可调的缺点，继承了三端固定式稳压器的诸多优点。

三端输出可调式集成稳压器 CW117 和 CW137 是一种悬浮式串联调整稳压器，它们的外形及管脚排列如图 8.24 所示。

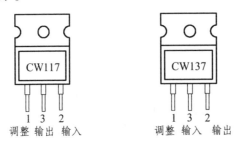

图 8.24 CW117 和 CW137 的外形及管脚排列

三端输出可调式集成稳压器的主要参数有：
① 输出电压连续可调范围为 1.25 ~ 47 V；
② 最大输出电流为 1.5 A；
③ 调整端输出电流 I_A 为 50 μA；
④ 输出端与调整端之间的基准电压 U_{REF} 为 1.25 V。

8.5.2.2 三端可调输出集成稳压器的应用电路

图 8.25 所示电路是三端可调输出集成稳压器的典型应用电路。图中 C_i 和 C_o 的作用与在三端固定式稳压器电路中的作用相同，外接电阻 R_1 和 R_P 构成电压调整电路。为了保证稳压器空载时也能正常工作，要求 R_1 上的电流不小于 5 mA，因此取 $R_1 = U_{REF}/5 = 1.25/5 = 0.25$ kΩ，实际应用中 R_1 取标称值 240 Ω。忽略调整端的输出电流 I_A，则 R_1 与 R_P 是串联关系，因此改变 R_P 的大小即可调整输出电压 U_o 的大小，输出电压可表示如下：

$$U_o \approx \left(1 + \frac{R_P}{R_1}\right) \times 1.25 \text{ V} \qquad (8.38)$$

式中，1.25 V 是集成稳压器输出端与调整端之间的固定参考电压 U_{REF}；R_1 一般取值 120 ~ 240 Ω，此值保证稳压管在空载时也能正常工作；调节 R_P 可改变输出电压的大小，R_P 的取值与负载电阻、输出电压的大小有关。

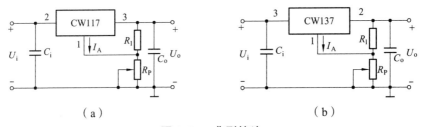

图 8.25 典型接法

8.6 开关型稳压电源

以上讨论的分立元件和集成电路稳压电源都属于线性稳压电路。这种稳压电源虽然优点突出，但调整管功耗大，加上电源变压器笨重、耗能，使电源效率大为降低。近年来研制出了调整管工作在开关状态的开关式稳压电源，其调整管只工作在饱和与截止两种状态，即开、关状态，使管耗降到最小，从根本上克服了放大式稳压电源的缺点，使整个电源体积小、效率高、稳压范围大。它广泛应用于稳压电源要求较高的场合，如彩色电视机、录像机及空间技术中的电子设备等。

8.6.1 电路组成与工作原理

8.6.1.1 开关式稳压电源的组成

开关式稳压电源的电路组成方框图如图 8.26 所示。

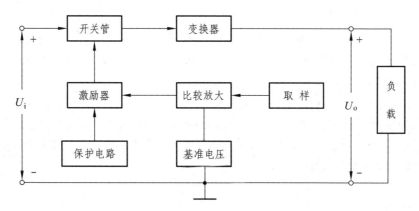

图 8.26 开关电源的电路组成方框图

由图 8.26 可见，开关电源电路是由开关管（调整管）、变换器、取样电路、比较放大电路、基准电源和激励器组成的控制环路及保护电路组成，与串联型稳压电源电路方框图有些相似。它们相同的地方是：都是在通过取样比较的控制环路来检测输出电压的变化，并以此控制调整元件进行调整，进而稳定输出电压的。所不同的是：两种电源调整管工作状态不同，串联型稳压电源调整管工作在线性放大区，而开关型稳压电压调整管（称开关管）工作于开关状态。因此，控制电路及输出、保护等电路也有所不同：

① 输出端多了一个变换器作滤波和续流之用。这是因为开关管输出的是矩形脉冲，必须加以平整，以免在电路中出现电流、电压的跳变现象。

② 开关管基极控制电压是矩形脉冲，而不是直流电压，因此控制电路中取样比较取出的直流误差电压不能直接去控制开关管，而需将其转换为矩形脉冲，这就增加了激励器。

③ 由于开关管工作中易产生浪涌电流及感应尖峰电压，尤其在启动时，此电流或电压往往高于正常值数倍乃至数十倍，为了加强其可靠性，减少元件损坏造成故障，往往要加保护电路和启动电路。

8.6.1.2　工作原理

开关式稳压电路工作过程比较简单，原理也不复杂，属于直-交-直变换电路。它主要是通过开关管来起作用的。由图 8.26 可以看出：U_i 为输入直流电压，它是将电网电压整流滤波后得到的，开关管为稳定输出电压的调整元件，它受控制环路的控制，当控制电路送出一定周期 T 的脉冲控制信号时，便使开关管按一定的规律导通和截止。如开关管的导通时间为 T_{on}，截止时间为 T_{off}，则输入直流电压被开关管截成一个个矩形脉冲，然后由换能器中滤波元件将交流分量滤除后，输出电压 U_o 便为矩形脉冲的平均分量，其大小为

$$U_o = T_{on}/T \cdot U_i = T_{on} \cdot f \cdot U_i$$

由上式可见，在周期 T 一定的条件下，改变开关管后的导通时间 T_{on}，或在 T_{on} 一定的情况下，改变开关管的开关周期 T 或频率 f，都可以改变输出电压的大小。

为了方便地描述开关电源的开关作用，通常把 T_{on}/T 叫做占空系数或占空比 δ，它表示一周期内，开关管导通时间所占的比例，这样输出电压可表示为

$$U_o = \delta U_i$$

上式说明，输入电压 U_i 和输出电压 U_o 两者中任何一个发生变动（如电网电压升高使 U_i 升高，或负载增大使 U_o 降低等），只要改变开关脉冲的占空系数 δ，就可使输出电压保持稳定，达到稳压的目的。

设由于电网电压变动或电源负载变化引起 U_o 上升，则开关式稳压电源的稳压过程如下：
$U_o \uparrow \rightarrow$ 取样电压 $\uparrow \rightarrow$ 误差电压 $\uparrow \rightarrow$ 激励器输出脉冲 $\delta \downarrow \rightarrow$ 开关管导通时间 $T_{on} \downarrow \rightarrow U_o \downarrow$。

反之，如 U_o 下降，则过程与以上相同，只是表示箭头方向相反，使激励脉冲的占空系数增大，U_o 上升，基本维持正常值。

8.6.2　串联型开关稳压电路

串联型开关稳压电路框图如图 8.27 所示。

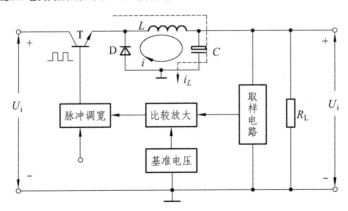

图 8.27　串联型开关稳压电路框图

它由开关管 T、变换器（也称换能器，由贮能电感 L、滤波电容 C 和续流二极管 D 组成）、控制环路（由取样电路、比较放大电路和基准电压电路组成）和脉冲跳宽电路组成。其换能

器的贮能电感是与负载 R_L 相串联的，因而称为串联型开关电路。其中 U_i 为从电网电压直接整流得到的直流电压，开关管的基极输入一个周期为 T 的矩形脉冲，使其导通或截止，输出端（射极）接变换器，R_L 为等效的负载电阻。当开关管基极输入的矩形脉冲为正时，开关管导通二极管 D 处于反偏而截止，电流 i_L（如图 8.27 中虚线所示）经过贮能电感 L 流向负载 R_L，并向滤波电容 C 充电，且在 L 中贮存了磁能；当矩形脉冲为负时，开关管截止，由于电感中的电流不能突变，在它两端感应出左负右正的电动势，使二极管 D 导通，电流便通过二极管 D 维持流通，如图 8.27 中的虚线所示，此即贮存在电感 L 中的能量释放过程。这样，负载上得到连续不断的直流，经过滤波电容 C 的调节，负载 R_L 两端便是平稳的输出电压 U_o。

　　电感 L 在开关管导通时贮存能量（电能转换成磁能），在开关管断开时释放能量（磁能转换成电能），以维持负载上电压的稳定，故称之为贮能电感。

　　二极管 D 有使 L 中电流继续流通的作用，即在开关管截止时，开启一条通路使电流能继续流通，因而称它为续流二极管。此二极管是必不可少的元件，如果无此二极管，开关管不仅不能正常工作，还会在 L 两端感应出很高的自感电势，造成击穿开关管和损坏其他元件的后果。

8.6.3　并联型开关稳压电路

　　并联型开关稳压电路框图如图 8.28 所示。由此图可以看出，并联型开关电源与串联型开关电源相比，只是电路中变换器的贮能电感与续流二极管互换了位置，这样贮能电感 L 便由与负载串联变为与负载并联了，所以称为并联型。

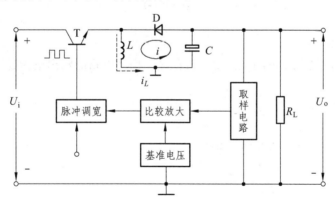

图 8.28　并联型开关稳压电路框图

　　并联型开关稳压电路的工作过程是：当开关管受控导通时，U_i 加到 L 两端，二极管 D 因反偏而截止，电流通过 L 将电能转换成磁能贮存于其中，电流方向如图中虚线所示；开关管受控截止时，L 两端的极性与前相反，二极管 D 正偏导通，给 L 放电提供通道，电流流至输出电容 C 和负载，如图 8.28 中的虚线所示。

　　并联型开关稳压电路与串联型开关稳压电路的主要区别是：开关管导通时，从整流电源取得的全部能量首先贮存于 L 之中，然后转移到 C 和 R_L 上，续流二极管截止期间，负载的电能由电容 C 的放电供给。由于放电时间常数 $R_L C$ 较大，因此 R_L 上的输出电压 U_o 可近似看成是开关管截止时 L 上的感应电压。

本章小结

（1）利用二极管的单向导电性，可组装成整流电路，将交流电转换成单向脉动电流——直流电。其中最基本的是单相半波整流电路，应用最广泛的是单向桥式整流电路。

（2）为了向电子设备提供比较平滑的直流电压，对整流电路输出的单向脉动电流必须进行滤波。最基本的滤波电路有电容滤波电路、电感滤波电路。使用广泛的有 RC-Π 型滤波和 LC-Π 型滤波电路。

（3）串联型稳压电源的三极管均工作在线性放大状态。它主要由调整环节、取样环节、基准环节和比较放大环节组成。为了提高其稳压效果，在要求较高的稳压电源中，调整管多用复合管。

（4）集成稳压管代表了稳压电源的发展方向。广泛使用的是三端集成稳压管，它分为固定输出式和可调式两大类。固定输出式以 CW7800（正电压输出）、CW7900（负电压输出）为代表，可调试以 CW117、CW137 等系列为代表。

（5）开关型稳压电源的调整管工作在饱和导通与截止两种状态，其输出电压的高低由调整管饱和和导通的时间决定。调整管导通的时间越长，供给储能电路能量越多，输出电压越高；反之，输出电压越低。由于它的损耗小、效率高、输出电压稳定，再加上轻便、体积小等，是性能更为优越的新一代稳压电源。

习　题

1. 选择填空题。

（1）在负载电阻变化或电网电压发生波动时，稳压电路的输出电压是_____的。

　　a. 基本不变　　　　　b. 恒定

（2）整流滤波电路得到的电压在负载变化时，是_____的。

　　a. 稳定　　b. 不稳定　　c. 不确定

（3）并联型稳压电路是利用稳压管的_____特性。

　　a. 正向导通　　b. 反向击穿　　c. 反向截止

（4）稳压电路的主要质量指标是_____。

　　a. 输入与输出电阻　　b. 稳压系数与温度系数　　c. 输出电流与输出电压

（5）三端稳压电源输出负电压并可调的是_____。

　　a. CW79×× 系列　　　　b. CW337 系列　　　　c. CW317 系列

（6）开关稳压电源中，_____。

　　a. 开关管截止时，续流二极管提供的电流方向和开关管导通时一样

　　b. 开关管和续流二极管同时导通

　　c. 开关管间断导通，续流二极管持续导通

2. 画出单向半波整流电路和桥式整流电路。试分析各自的工作原理，并分析这两种电路中整流管平均电流及最高反向工作电压的大小。

3. 若将单相桥式整流电路接成如图 8.29 所示形式，将会出现什么后果？为什么？试着改正图中的电路。

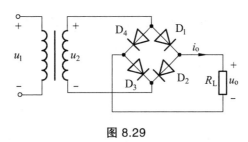

图 8.29

4. 试画出桥式整流电路后的电容滤波电路和电感滤波电路的电路图及电压波形图，并分析各自的滤波原理及主要特点。

5. 电容滤波、电感滤波、RC-Π 型滤波、LC-Π 型滤波电容适用于什么样的场合？

6. 串联型稳压电源主要由哪几部分组成？调整管是如何使输出电压稳定的？

7. 在图 8.15（a）中，如果因温度变化使稳压管的稳压值变低，对输出电压有什么影响？为什么？

8. 试区分 CW7800 和 CW7900 三只引脚的功能。

9. 试区分 CW117 和 CW137 三只引脚的功能。

10. 开关型稳压电源由哪些主要部分组成？试画出其方框图。

11. 简述并联型开关稳压电源的工作原理。

12. 为什么说在开关型稳压电源中，调整管饱和导通时间越长，输出电压越高？

13. 图 8.30 所示电路为串联型稳压电源，已知 2CW13 的稳压值 $U_Z = 6$ V，各晶体管的导通电压 U_{BE} 取 0.3 V。

（1）求输出电压的调节范围；

（2）当电位器调到中间位置时，估算 A、B、C、D 各点电位；

（3）当电网电压升高或降低时，试说明上述各点电位的变化趋势和稳压原理；

（4）若 T_1、T_2 击穿或开路，输出电压如何变化？

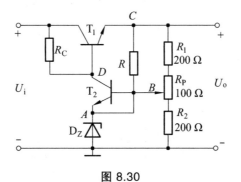

图 8.30

附录一　常用半导体器件的命名与检测

1. 半导体器件的命名方法

半导体器件的种类繁多，国内外都采用各自的命名方法加以区别。我国国产半导体器件的命名方法采用国家标准 GB 249—74。

（1）半导体器件的型号由五个部分组成：

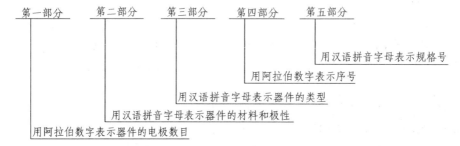

以 3CX6A 为例，其各部分的含义如下：

第一部分 3：表示三极管；

第二部分 C：表示该三极管为硅材料 PNP 型三极管；

第三部分 X：表示该三极管为低频小功率管；

第四部分 6：为产品序列号；

第五部分 A：为规格号。

注：半导体特殊器件、复合管、激光器件的型号命名只有后面三个部分。

（2）五个组成部分的符号及其意义如附表 1.1 所示。

附表 1.1　半导体器件命名各部分含义

第一部分		第二部分		第三部分		第四部分	第五部分
用数字表示器件的电极数目		用汉语拼音字母表示器件的材料和极性		用汉语拼音字母表示器件的类型		用数字表示序号	用汉语拼音字母表示规格号
符号	意义	符号	意义	符号	意义		
2	二极管	A	N 型，锗材料	P	普通管		
		B	P 型，锗材料	V	微波管		
		C	N 型，硅材料	W	稳压管		
		D	P 型，硅材料	C	参量管		
3	三极管	A	PNP 型，锗材料	Z	整流管		
		B	NPN 型，锗材料	L	整流堆		
		C	PNP 型，硅材料	S	隧道管		
		D	NPN 型，硅材料	N	阻尼管		
		E	化合物材料	U	光电器件		

续附表 1.1

第一部分		第二部分		第三部分		第四部分	第五部分
用数字表示器件的电极数目		用汉语拼音字母表示器件的材料和极性		用汉语拼音字母表示器件的类型		用数字表示序号	用汉语拼音字母表示规格号
符号	意义	符号	意义	符号	意义		
				K	开关管		
				X	低频小功率管 $(f_a<3\ \text{MHz}, P_C<1\ \text{W})$		
				G	高频小功率管 $(f_a\geqslant 3\ \text{MHz}, P_C<1\ \text{W})$		
				D	低频大功率管 $(f_a<3\ \text{MHz}, P_C\geqslant 1\ \text{W})$		
				A	高频小功率管 $(f_a\geqslant 3\ \text{MHz}, P_C\geqslant 1\ \text{W})$		
				T	半导体闸流管 （可控整流管）		
				Y	体效应管		
				B	雪崩管		
				J	阶跃恢复管		
				CS	场效应器件		
				BT	半导体特殊器件		
				FH	复合管		
				PIN	PIN 型管		
				JG	激光器件		

2. 半导体器件的分类

半导体器件的分类方式不同，同一器件可能叫法不一。

（1）按电极数目分，有二极管、三极管。

（2）按材料分，有硅管、锗管。

（3）按结构分：
- 二极管：点接触型、面接触型、平面型
- 三极管：NPN 型、PNP 型

（4）按用途分，二极管有整流管、稳压管、开关管、光电管、阻尼管等。

（5）按功率分，有大功率管、中功率管、小高功率管。

（6）按封装方式分，有塑封及金属封等。

此外，三极管还可按工作频率分为高频管、低频管；按工作状态分为放大管和开关管。

附录二 部分国产整流二极管型号及主要性能参数

附表 2.1

部标号	旧型号	额定正向整流电流 I_{FM}/A	正向压降（平均值）U_F/V	反向电流 I_R/μA 125 °C	140 °C	50 °C	不重复正向浪涌电流 I_{SVR}/A	工作频率 f/kHz	最高结温 T_{jM}/°C	散热器规格或面积
2CZ50		0.03	≤1.2	80			0.6		150	
2CZ51		0.05				5	1			
2CZ52A~H	2CP10~20	0.10		100			2			
2CZ53C~K	2CP21~28	0.30	≤1.0				6			
2CZ54B~G	2CP33A~I	0.50					10			
2CZ555C~M	2CZ11A~J	1				10	20	3		60 mm×60 mm×1.5 mm 铝板
2CZ56C~K	2CZ12A~H	3	≤0.8		1000	20	65		140	80 mm×80 mm×1.5 mm 铝板
2CZ57C~M	2CZ13B~K	5					105			100 cm²
2CZ58	2CZ10	10			1500	30	210			200 cm²
2CZ59	2CZ20	20			2000	40	420			400 cm²
2CZ60	2CZ50	50			4000	50	900			600 cm²

部标硅半导体整流二极管最高反向工作电压 U_{RM} 规定如附表 2.2 所示。

附表 2.2

分档标志	A	B	C	D	E	F	G	H	J	K	I	M	N	P	Q	R	S	T	U	V	W	X
U_{RM}/V	25	50	100	200	300	400	500	600	700	800	900	1000	1200	1400	1600	1800	2000	2200	2400	2600	2800	3000

参 考 文 献

[1] 张绪光，刘在娥. 模拟电子技术[M]. 北京：北京大学出版社，2010.

[2] 康华光. 电子技术基础模拟部分[M]. 5 版. 北京：高等教育出版社，2006.

[3] 孙琦. 电子技术基础模拟部分（第五版）全程导学及习题全解[M]. 北京：中国时代经济出版社，2007.

[4] 童诗白，华成英. 模拟电子技术基础[M]. 4 版. 北京：高等教育出版社，2006.

[5] 华成英. 模拟电子技术基础（第四版）习题解答[M]. 北京：高等教育出版社，2010.

[6] 陈光梦. 模拟电子学基础[M]. 2 版. 上海：复旦大学出版社，2009.

[7] 毕满清，高文华. 模拟电子技术基础学习指导及习题详解[M]. 北京：电子工业出版社，2010.

[8] 殷瑞祥. 电路与模拟电子技术[M]. 2 版. 北京：高等教育出版社，2009.

[9] Paul Scherz. 实用电子元器件与电路基础[M]. 2 版. 夏建生，译. 北京：电子工业出版社，2009.

[10] 王松林，吴大正，等. 电路基础[M]. 3 版. 西安：西安电子科技大学出版社，2008.